SPRESENSEではじめるローパワーエッジAI

太田 義則 著

はじめに

IoTという言葉が提唱されてから約20年が経過しました。しかし、あらゆるものがインターネットに接続する世界はまだ道半ばと言っても過言ではないでしょう。世の中には電力供給や通信などのインフラが十分に行き届かない場所が多くあります。そのようなところでもインターネットへ接続するには、電力供給に頼らない省電力の技術が不可欠です。近年、こうした課題を解決するために、省電力プロセッサーとLPWA（Low Power Wide Area）ネットワークの開発が進みつつあります。従来の省電力プロセッサーは計算資源が限られるため、ニーズの高い画像や音を扱うことが困難でした。またLPWAは省電力で長距離通信が可能ですが、扱える情報量が少ないため、そもそも大きなデータの送信が出来ません。

このような省電力システムでも画像や音を扱いたいというニーズに応えるため、ソニーは低消費電力でありながら豊富な計算量をもつスマートセンシングプロセッサー「CXD5602」と、それを搭載したボード「SPRESENSE™」を開発しました。Spresenseは、画像や音をAIと信号処理によって意味ある情報に変換し、LPWAでも送信できる情報量に圧縮できます。また、Spresense LTE-M拡張ボードや各社からリリースされているLPWA通信アドオンボードによってLPWAと組み合わせて使うことができます。Spresenseを活用すれば、今まで十分な電力や電波が行き届かなかったところでも画像や音を利用したIoT端末を実現することが可能になります。

本書では、画像や音、センサーデータを、信号処理やAIを使って意味ある情報に変換する手法を中心に解説しています。AIを生成するツールは、ソニーが開発した「Neural Network Console」を用います。Neural Network Consoleは、グラフィカルユーザーインターフェースによって手軽にAIを開発できる優れたツールです。SpresenseとNeural Network Consoleを使えば、ローパワーエッジAIをご自身の手で開発することが可能になります。本書を読んでいただければ、ローパワーエッジAIがより身近なものになるでしょう。

この本の想定読者

この本は、SpresenseとNeural Network Console を使ったローパワーエッジAIを活用する方法を解説しています。Spresenseの開発には、Arduino IDEを用い、ある程度 Arduino IDE を使った経験があることを前提としています。また、AIの開発には、深層学習の開発ツールであるNeural Network Consoleを用いています。深層学習についての初歩的な知識があると、より理解が進むでしょう。

想定読者は、AIに興味をもっている組み込みシステム開発者です。主に、高等専門学校生から大学生、社会人エンジニアが対象となります。

この本の構成

1章から3章は、Spresenseの基本的な使い方について解説しています。ディスプレイの使い方、画像、音声の取り込み方法からマルチコアによる信号処理方法について学ぶことができます。

4章から5章はNeural Network Consoleの使い方について解説しています。Neural Network Consoleによるニューラルネットワークの設計方法からデータセットの扱い方、ニューラルネットワークの最適化の仕方について学ぶことができます。

6章から11章は、SpresenseとNeural Network Consoleを組み合わせたローパワーエッジAIの開発手法について解説しています。6章ではSpresenseでAIを動かすためのライブラリについて学ぶことができます。7章以降は、応用アプリケーションについて解説しています。カメラを使った画像認識と物体検出、音を使った異常診断と音声コマンド認識、センサーを使ったジェスチャー認識を紹介しています。

本書で取り扱うプログラムについて

本書で取り扱うプログラムやニューラルネットワークプロジェクトは筆者のGitHubで公開をしています。SpresenseとNeural Network Consoleを実際に試しながら学べる構成となっていますので、ぜひダウンロードしてご利用ください。

⇨ https://github.com/TE-YoshinoriOota/Spresense-LowPower-EdgeAI

目次

163 9章 セマンティックセグメンテーションで物体抽出を行う

195 10章 スペクトログラムを使って音声コマンドを実現する

227 11章 加速度・ジャイロセンサーを使ったモーション認識

1 Spresenseとは?

Spresense は、ソニーセミコンダクタソリューションズが2018年夏に発売した、
低消費電力のマルチコアプロセッサーを搭載する開発ボードです。
高い計算能力と豊富なセンシング機能を備え、IoT向けの組み込みAIに活用できます。
本章では、Spresenseのハードウェアの特徴と開発環境「Arduino IDE」について説明します。

Spresenseについて

Spresenseは、2018年夏に発売されたソニー独自開発のIoT向けセンシングプロセッサーを搭載した開発ボードです。このプロセッサーは、156MHzで駆動するARM®社のCortex®-M4F CPUを6つ内蔵するマルチコアで構成されています。通常、これらのCPUは1.1-1.2Vの駆動電圧が必要ですが、最先端のシリコンプロセスの導入により0.7Vで駆動でき、高い計算能力を低消費電力で実現しました。発熱が少なく耐久性にも優れ、設備監視からウェアラブル、人工衛星までさまざまな用途に利用できます。

Spresenseには、画像、音声、センサーデータを処理するハードウェアも搭載されており、多様な現象のセンシングが可能です。特に、音声は入出力ともにハイレゾリューションオーディオの処理能力を有し、超音波領域のセンシングをも可能にします。また、準天頂衛星「みちびき」に対応した測位機能とAIの組み合わせは、ウェアラブルやインフラのアプリケーションにさまざまな可能性をもたらします。Spresenseは、その低消費電力と高い演算能力、豊富なセンシング機能により、組み込みAIをより現実的で身近なものとするでしょう。

本書は、SpresenseとソニーA独自のAIツールNeural Network ConsoleによるエッジAIの構築方法から応用までを段階的に学べるように構成しています。応用例では、活用シーンの多い画像認識、異常検知、物体抽出、音響認識、ジェスチャー認識を取り上げました。ぜひSpresenseとNeural Network ConsoleでエッジAIの世界を体験して、活用を広げてください。

低消費電力
マルチプロセッサー

高品質ハイレゾ
オーディオ出力

高品質ハイレゾ
マルチマイク入力

カメラインターフェース

GPS/みちびき
測位機能搭載

人工知能
ライブラリー搭載

Spresenseの代表的な機能

Spresenseの機能詳細

Spresense の機能	詳細説明
マルチコア CPU	– ARM® 社 Cortex® -M4F を6基搭載。独自の構造により0.7Vという低電圧で駆動 – 1.5MB の高速 SRAM 内蔵 – スリープや駆動周波数変更による省電力化機能に対応 – CPU 間通信を効率的に行う ASMP フレームワークを用意 – 外付けフラッシュ ROM 8MB 搭載
ハイレゾオーディオコーデック	– 最大 192kHz/24bit 音源を再生できるデコーダーを2つ搭載し、内蔵ミキサーで2つの音を混合可能 – 最大 192kHz/24bit の音をアナログマイクなら最大4チャンネル、デジタルマイクなら最大8チャンネルでキャプチャー可能 – ステレオ BTL 出力が可能な D 級アンプを搭載
測位衛星受信機能	– GPS/QZSS（みちびき）/GLONASS/Galileo/BeiDou の衛星測位システムに対応 – “みちびき”「サブメータ級測位補強サービス」L1S 信号に対応 – “みちびき”「災害危険情報」のデコード機能搭載
カメラインターフェース	– Spresense カメラボード専用パラレルインターフェース

Spresenseの技術情報

Spresense の技術情報は、ソニーのサポートサイト「Sony Developer World」に公開されています。スタートガイドのほか、各種チュートリアルが揃っており、使い方からプログラミングの方法まで学べます。回路図などのハードウェア情報も掲載されており、独自にSpresense の周辺機器を開発することもできます。ソースコードは、GitHub に公開されているので、リアルタイムシステムの学習に役立ちます。GitHubリポジトリはSony Developer Worldからたどれるので、ぜひ訪れてみてください。

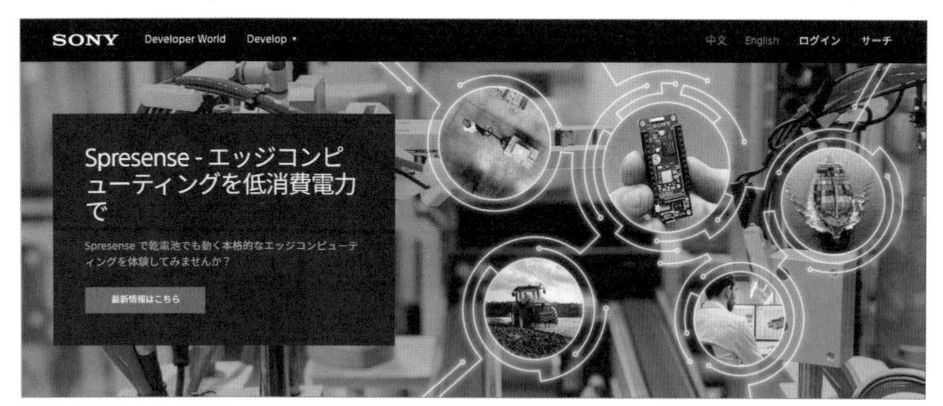

Sony Developer Worldのランディングページ

➪ **Sony Developer World**（「デベロッパー Spresense」で検索）
https://developer.sony.com/ja/develop/spresense/

Spresense のハードウェアについて

Spresenseは、プロセッサー本体を搭載した「メインボード」、SDカードスロットやスピーカージャックなど各種IO を備えた「拡張ボード」、カメラモジュールを搭載した「カメラボード」、LTE-MというLPWA 通信方式を備えた「LTE 拡張ボード」の4種類のボードで構成されており、各ボードを組み合わせることで、さまざまなアプリケーションに対応できます。これらのボードは、秋葉原やオンラインの電子部品・パーツショップで販売されているので、ぜひ入手してみてください。本書では、「メインボード」、「カメラボード」、「拡張ボード」を使用します。

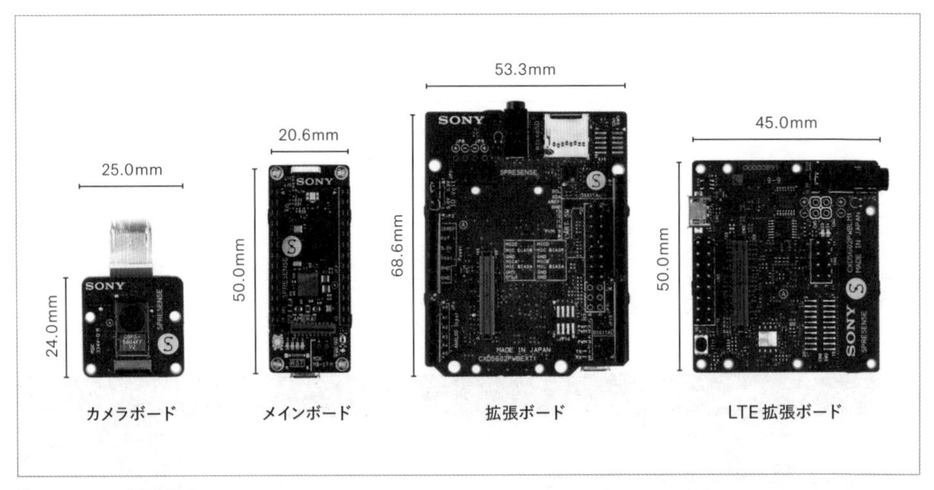

Spresenseの製品構成

Spresense メインボードの構成

メインボードには、プログラム書き込み兼電源供給用のUSBコネクターと測位衛星捕捉用のGNSSアンテナ、カメラインターフェース、デバッグ用LED×4が搭載されています。また、左右に13ピンのピンソケット、裏面に拡張ボード接続用の100ピンの0.4mmピッチコネクターがあります。ピンソケットのIO電圧は1.8Vですので、センサー等を接続する場合は、電圧に注意してください。ADコンバーターの電圧レンジは0.7Vになります。

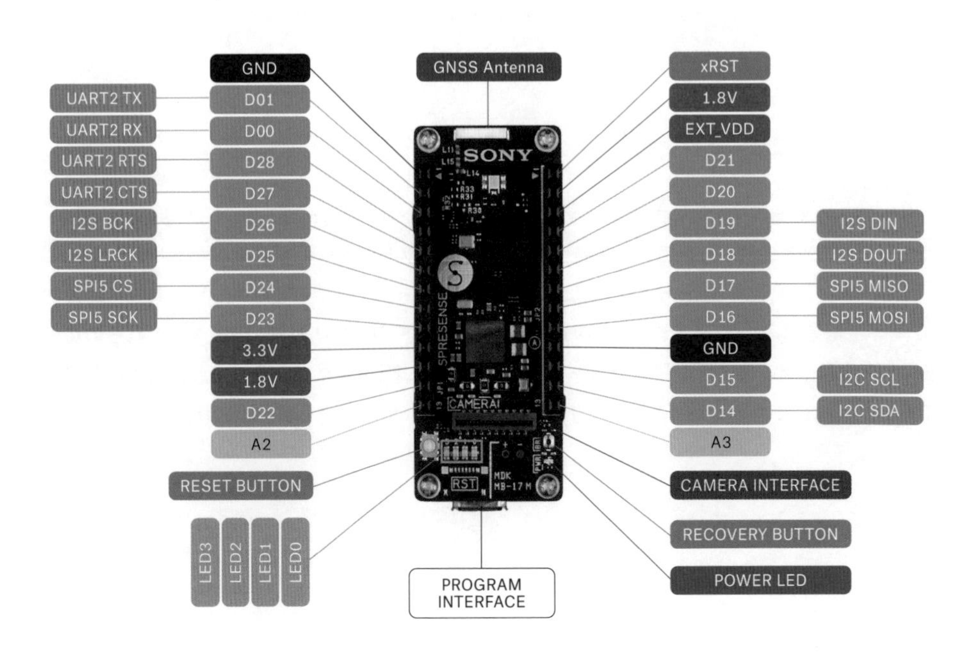

Spresense カメラボードの構成

カメラボードにはソニーセミコンダクタソリューションズ製のCMOSイメージセンサーが搭載されており、付属のフラットケーブルをメインボードのカメラインターフェースに挿して使用します。フラットケーブルは、頻繁に抜き差しをするとハンダ面がはがれてしまうので取り扱いに注意してください。

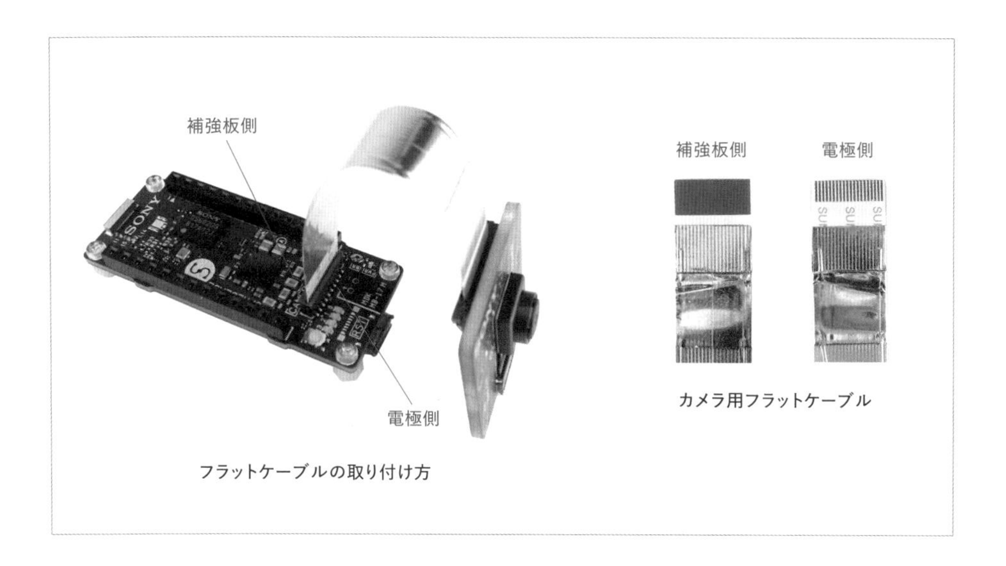

フラットケーブルの取り付け方

カメラ用フラットケーブル

カメラボードの主な仕様

機能	仕様
サイズ	24.0mm x 25.0mm
最大取り込み画素数	1920×1080（HD）*1
出力フォーマット	YUV422, RGB565, JPEG
フィルター	IRカットフィルター
FOV	78°±3°
被写界深度	77.5cm ～∞（固定焦点）
F値	2.0 ±5%

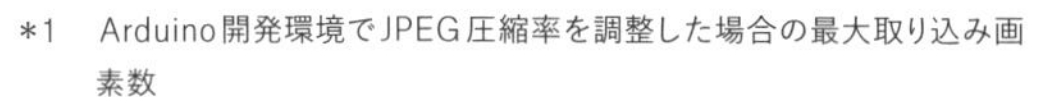
*1　Arduino開発環境でJPEG圧縮率を調整した場合の最大取り込み画素数

Spresense拡張ボードの構成

拡張ボードは、SDカードスロット、オーディオ入出力端子に加え、IO電圧が3.3V/5.0Vに変更可能なピンソケットを備えています。IO電圧はジャンパーの設定で変更できます。また、Spresenseのプロセッサーは USB2.0のデバイス機能を備えており、拡張ボードのUSBコネクターから利用できます。なお、Spresense の拡張ボードは単体では利用できません。必ずメインボードと接続して使います。

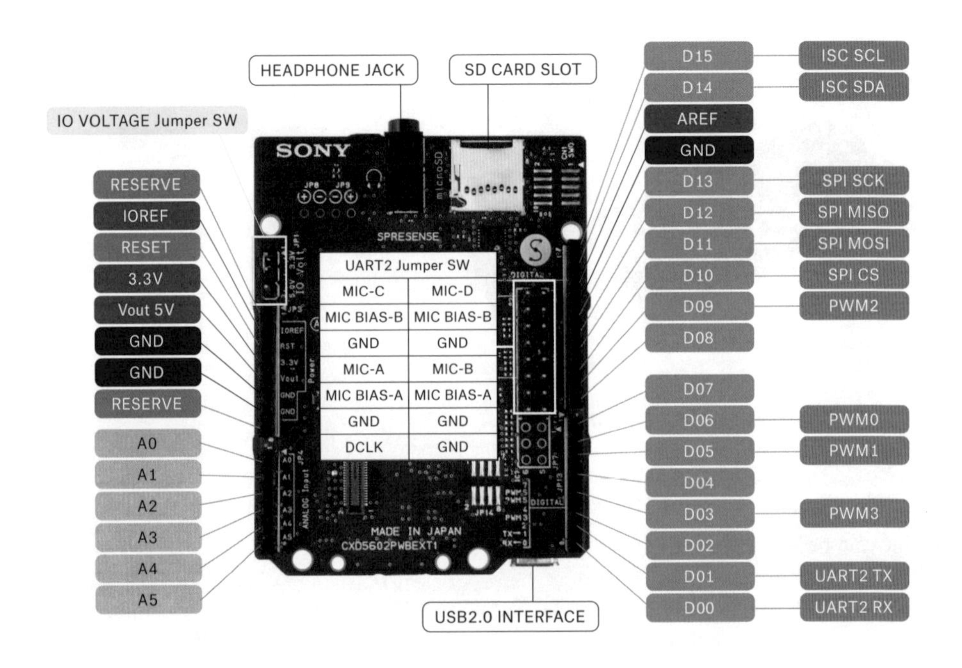

⚠ メインボードから、拡張ボード上のSDカードにアクセスできないときは、メインボードと拡張ボードの接触が不十分な可能性があります。その場合はメインボードをしっかりと拡張ボード側に押し込んでください。

本書で使用するペリフェラル機器

本書では、液晶ディスプレイ、マイク、タクトスイッチをペリフェラルパーツとして使用します。これらの接続基板が用意されている市販の学習キットを利用すると便利です。学習キットを購入する際は、どのようなパーツが同梱されているかをよく確認しましょう。ただし、本書は各社で提供している学習キットの機能、性能、品質を保証するものではありません。

本書で使用するペリフェラルパーツ（学習キットを用いない方用）

必要なパーツ	製品名・型番など	製品写真	販売先など（2021年12月現在）
液晶ディスプレイ	ILI9341搭載 TFT液晶 解像度240x320ピクセル サイズ：2.2インチ、2.8インチ		スイッチサイエンス 秋月電子通商 千石電商 Amazon、楽天市場
コンデンサマイク	バッファロー社製ピンマイク BSHSM03BK		ヨドバシ.com ヤマダウェブコム Amazon、楽天市場
ヘッドホンジャック基板	ノーブランド品 TRRS3.5mmジャック ブレイクアウトボード		Amazon
2ピンタクトスイッチ	タクトスイッチTVDT18-050、 アルプス電気6mm角 ラジアルタイプ SKHVシリーズ SKHVBBD010		秋月電子通商、 Amazon

Spresense学習キット取り扱い社一覧

学習キット	同梱内容	備考	販売先など
パターンアート研究所 SPRESENSE学習キット	ディスプレイ接続基板 マイク接続基板 ボタン基板	液晶ディスプレイ、マイクは 別途購入が必要です	スイッチサイエンス Amazon
AUTOLAB株式会社 Mic&LCD KIT for SPRESENSE	ILI9341液晶ディスプレイ ディスプレイ接続基板 ピンマイク マイク接続基板		スイッチサイエンス チップワンストップ Amazon 秋月電子通商

パターンアート研究所
SPRESENSE学習キット

AUTOLAB株式会社
Mic&LCD KIT for SPRESENSE

その他のSpresenseの周辺機器（参考情報）

Spresenseメインボードに接続できるボードとして、LPWA 通信方式であるLTE-M をサポートした「LTE 拡張ボード」がソニーセミコンダクタソリューションズから販売されています。

⇨ **Spresense LTE拡張ボード**
https://developer.sony.com/develop/spresense/docs/hw_docs_lte_ja.html

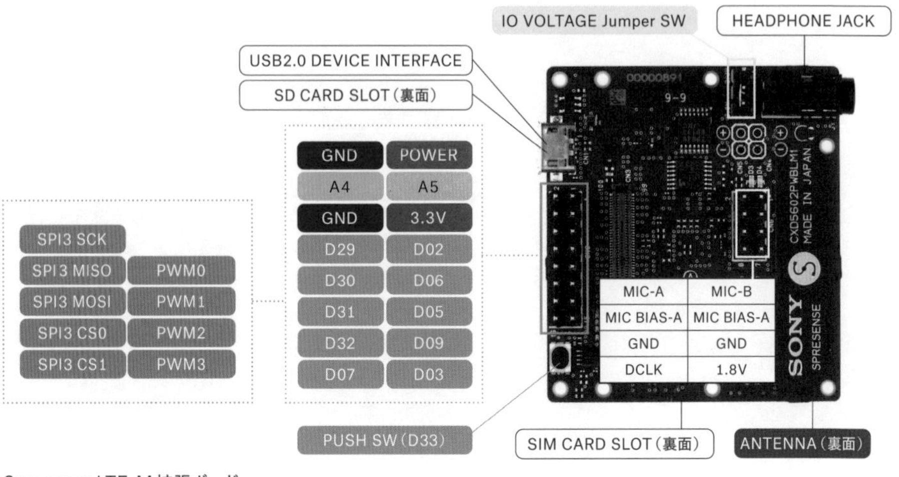

Spresense LTE-M拡張ボード

ほかにも、メインボードのピンソケットに接続できる「Add-on ボード」が各社より販売されており、さまざま通信機能やセンサーを組み合わせて使うことができます。

⇨ 最新のAdd-on ボード情報

https://developer.sony.com/ja/develop/spresense/spresense-add-on-boards

Spresenseがサポートしている開発環境

Spresense は、2つの開発環境をサポートしています。ひとつは、開発環境の構築が容易で、高水準なAPI が利用できる「Arduino IDE」、もうひとつは、本格的な組込み開発者向けでの「Visual Studio Code」です。Visual Studio Code は、Spresense SDKの提供する低水準のAPIの活用やSpresenseのOSである「NuttX」の機能の利用、ハードウェアデバッガを利用した効率的な開発が可能です。詳細については、以下のURL を参照してください。本書では、Arduino IDEを使用します。

⇨ Spresense Documents(「Spresense Documents」で検索)

https://developer.sony.com/develop/spresense/docs/home_ja.html

Arduino IDE

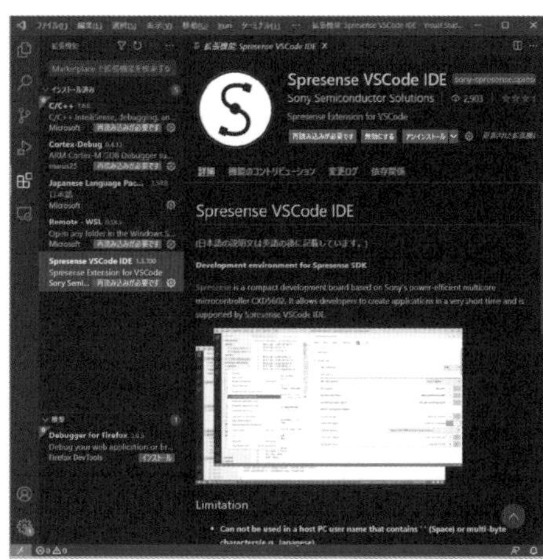

Visual Studio Code

Arduino IDEの開発環境を設定する

SpresenseのArduino IDE開発環境は、Windows 8.1/10以降(64bit版)、Linux Ubuntu 16.04以降(64bit版)、macOS Sierra(10.12)以降のプラットフォームをサポートしています。開発に用いるホストPCは64bit限定なので注意してください。

開発環境は、4つのステップで設定します。

〈解説の流れ〉

1. Arduino IDEのインストール
2. Spresense用USBドライバーのインストール
3. Spresense Arduino Board Packageのインストール
4. Spresenseブートローダのインストール

設定にはネットワーク環境が必要です。大きなデータをやりとりするので、できるだけ帯域が広く、安定した環境で作業を行ってください。

設定方法は、下記のサイトにも紹介されています。パラメーターの設定やドライバーのダウンロードがマウス操作で行えるので便利です(「Spresense Arduino スタートガイド」で検索)

⇨ **Spresense Arduino スタートガイド**

https://developer.sony.com/develop/spresense/docs/arduino_set_up_ja.html

Arduino IDEのインストール

Arduino IDEは、下記のサイトからダウンロードします。お使いのオペレーティングシステムに合ったパッケージをダウンロードしてください。

⇨ **Arduino IDE Downloads**

https://www.arduino.cc/en/software

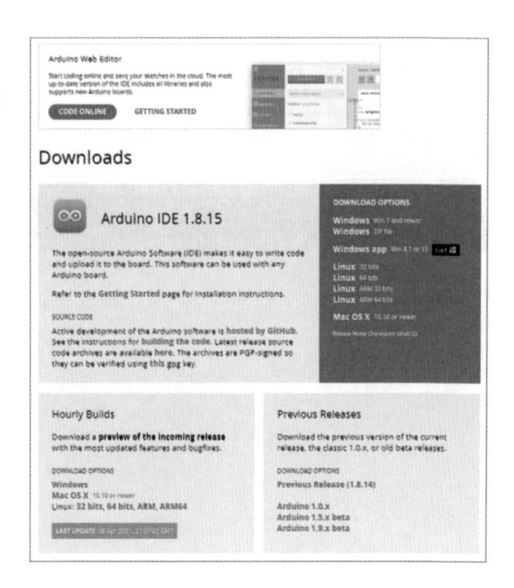

Spresense用ドライバーのインストール

開発用PCにArduino IDEで作成したプログラム（Arduinoではスケッチと呼びます）を書き込むためのドライバーをインストールする必要があります。お使いのプラットフォームに合わせてSilicon Labs社のサイトからダウンロードしてください。

プラットフォーム	ダウンロードサイト
Windows 8.1（64bit）	https://www.silabs.com/documents/public/software/CP210x_Windows_Drivers.zip
Windows 10 /11（64bit）	https://www.silabs.com/documents/public/software/CP210x_Universal_Windows_Driver.zip
macOS Sierra（10.12）以降 *1	https://www.silabs.com/documents/public/software/Mac_OSX_VCP_Driver.zip
Ubuntu 16.04（64bit）以降	ダウンロードの必要はありません *2

*1 インストール中にセキュリティに関する警告が表示された場合は、次の操作を行ってください。
①「システム設定」→「セキュリティ」メニューを開く
②「一般」にある「開発元"Silicon Laboratories Inc" のシステムソフトウェアの読み込みがブロックされました。」の表示の右にある「許可」ボタンをクリックする。
*2 次のコマンドをターミナルに入力して再起動すると利用できるようになります。

```
$ sudo usermod -a -G dialout $USER
```

Spresense Arduino Board Packageのインストール

Spresense のArduino IDE 用ライブラリーと開発環境をインストールします。ライブラリーをインストールするには、Arduino IDEの「ボードマネージャ」にSpresenseライブラリーを登録する必要があります。次の手順で設定してください。

〈手順〉

1. Arduino IDEを起動して、メニューの「ファイル」から「環境設定」を開きます。

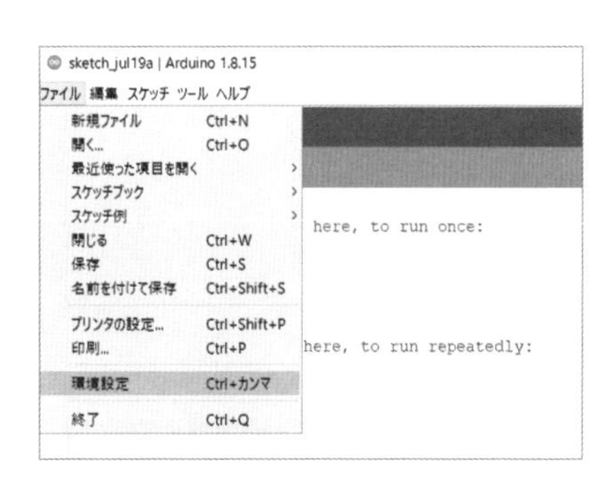

2. 「追加のボードマネージャのURL」に次のURLを入力して「OK」をクリックします。

⇨ https://github.com/sonydevworld/spresense-arduino-compatible/releases/download/generic/package_spresense_index.json

3. メニューから「ツール」→「ボード」→「ボードマネージャ」を選択します。

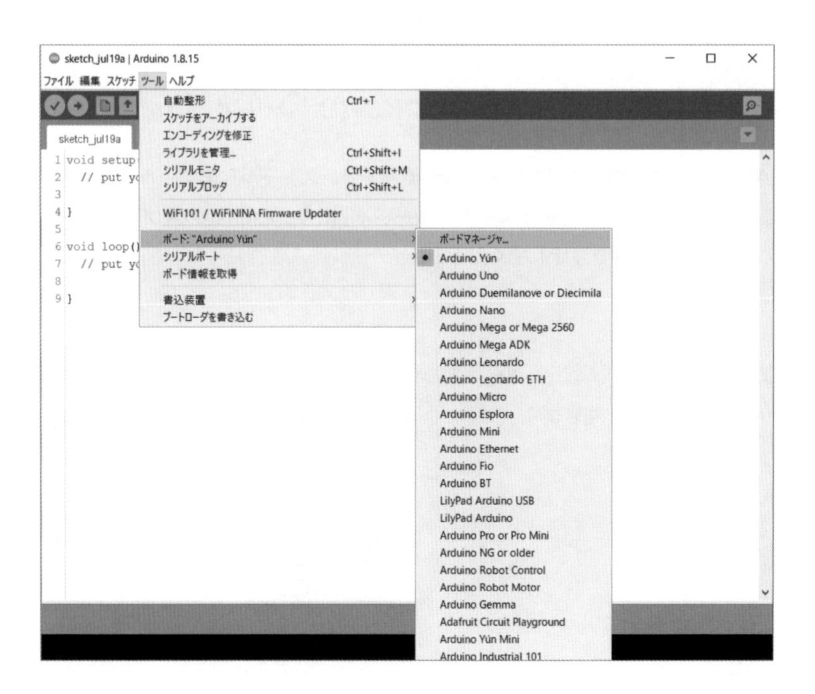

4. 「ボードマネージャ」の検索ボックスに「Spre」と入力すると、Spresenseのパッケージが見つかるので、「インストール」ボタンをクリックしてインストールします。

ボードマネージャに「インストール完了」と表示されたらインストール作業は終了です。

Spresenseブートローダのインストール

Spresenseのプログラムを開発するには、Spresenseメインボードにブートローダをインストールする必要があります。

〈手順〉

1. PCとSpresenseメインボードのUSB 端子をUSBケーブルで接続します。このときに青いLED が光ることを確認してください。

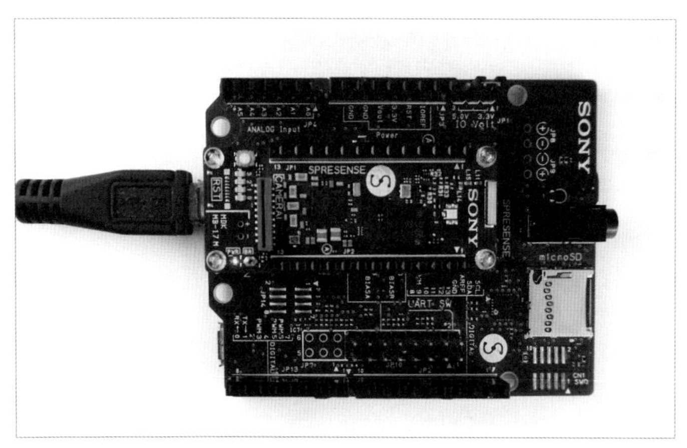

PCとSpresenseをUSBケーブルで接続する

2. Arduino IDEを起動して、「ツール」→「ボード」→「Spresense」を選択します。

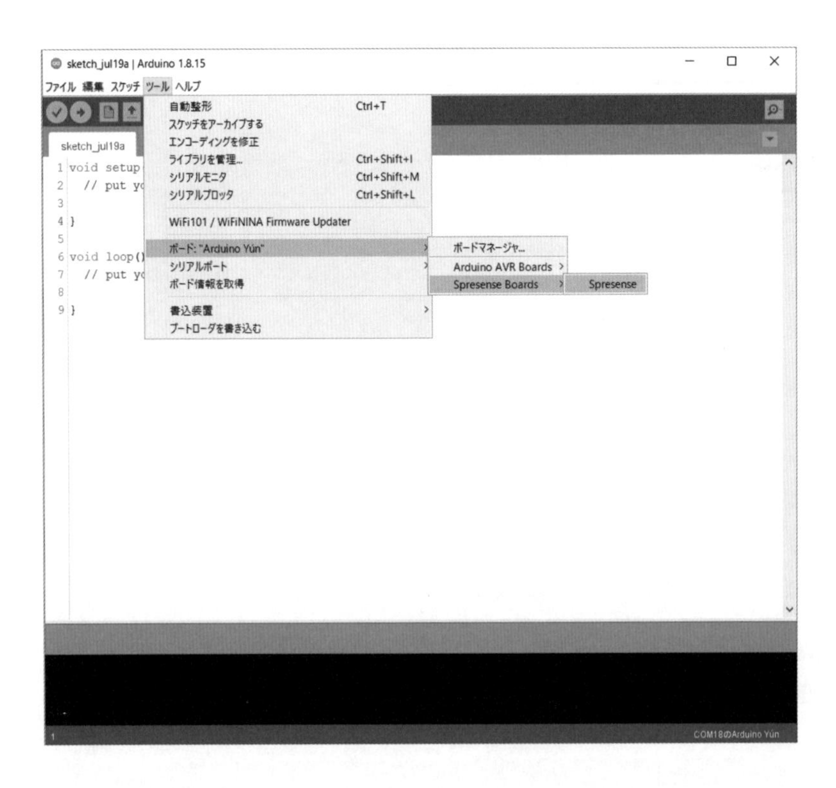

3. 「ツール」→「シリアルポート」の中から「(Spresense)」と表記されているものを選択します。

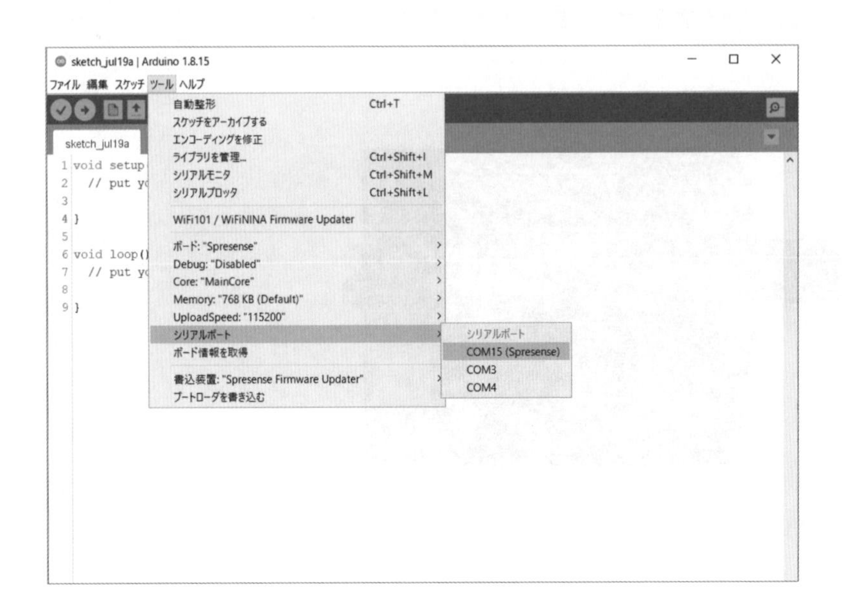

4. 「ツール」→「書込装置」→「Spresense Firmware Updater」を選択した後、「ツール」→「ブートローダを書き込む」を選択します。

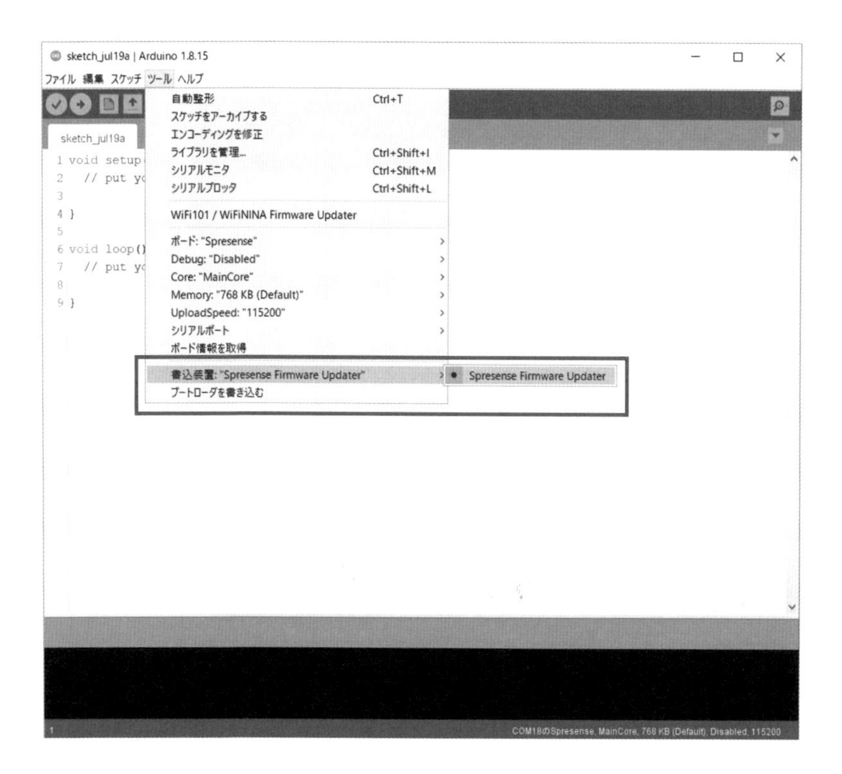

5. 「End User License Agreement」というダイアログが開くので、契約内容を確認したら「I Accept the terms in the license agreement」のチェックボックスにチェックを付けて、「OK」を選択します。

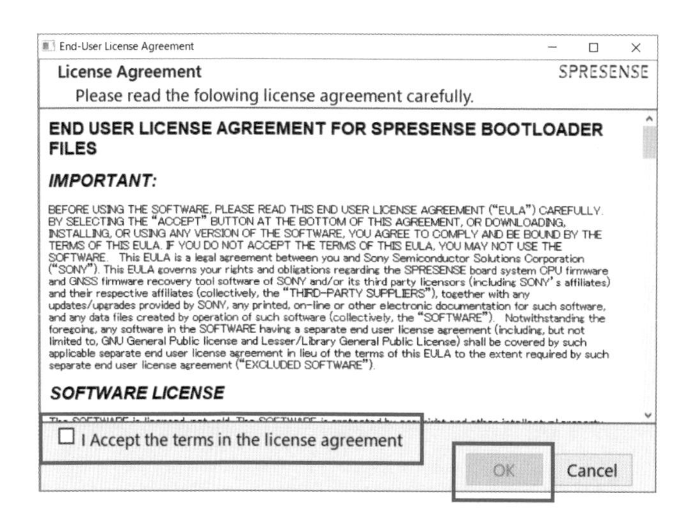

6. Arduino IDEのコンソールに「ブートローダの書き込みが完了しました。」とメッセージが表示されたら、ブートローダのインストールは完了です。

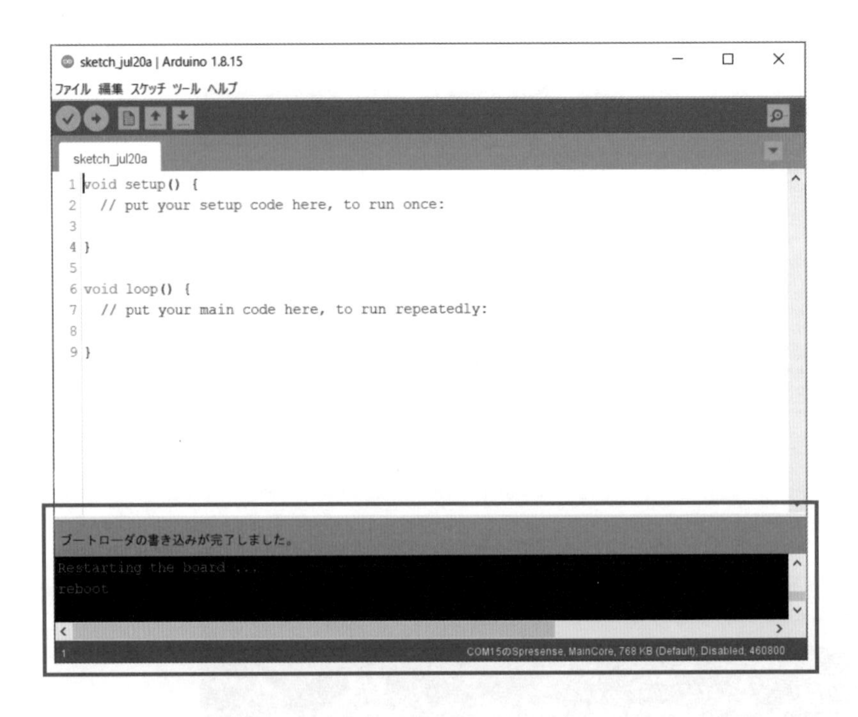

SpresenseでLEDを動かしてみる

いよいよArduino IDEでSpresenseのプログラミングができる環境が整いました。ここでは、Spresenseに搭載されている4つのLEDを光らせるスケッチを動かしてみましょう。

Arduinoのスケッチを記述する

Arduino IDEを起動して、メニューから「ファイル」→「新規ファイル」を選択し、新しいスケッチを開きます。

sketch_jul20a | Arduino 1.8.15

ファイル 編集 スケッチ ツール ヘルプ

sketch_jul20a

```
1 void setup() {
2   // put your setup code here, to run once:
3
4 }
5
6 void loop() {
7   // put your main code here, to run repeatedly:
8
9 }
```

Spresenseに搭載されている4つのLEDを点滅させるスケッチを記述します。

```
void setup() {
  // LED0～3の端子を出力に設定する
  pinMode(LED0, OUTPUT);
  pinMode(LED1, OUTPUT);
  pinMode(LED2, OUTPUT);
  pinMode(LED3, OUTPUT);
}

void loop() {
  digitalWrite(LED0, HIGH);  // LED0をON(HIGH)
  delay(100);                // 100ミリ秒待つ
  digitalWrite(LED1, HIGH);  // LED1をON(HIGH)
  delay(100);                // 100ミリ秒待つ
  digitalWrite(LED2, HIGH);  // LED2をON(HIGH)
```

```
  delay(100);                  // 100ミリ秒待つ
  digitalWrite(LED3, HIGH); // LED3をON(HIGH)
  delay(1000);                 // 1000ms（1秒）待つ

  digitalWrite(LED0, LOW);  // LED0をOFF（LOW）
  delay(100);                  // 100ミリ秒待つ
  digitalWrite(LED1, LOW);  // LED1をOFF（LOW）
  delay(100);                  // 100ミリ秒待つ
  digitalWrite(LED2, LOW);  // LED2をOFF（LOW）
  delay(100);                  // 100ミリ秒待つ
  digitalWrite(LED3, LOW);  // LED3をOFF（LOW）
  delay(1000);                 // 1000ms（1秒）待つ
}
```

Spresense へのプログラムの書き込みは、Arduino IDE の矢印ボタン（マイコンボードに書き込む）をクリックします。

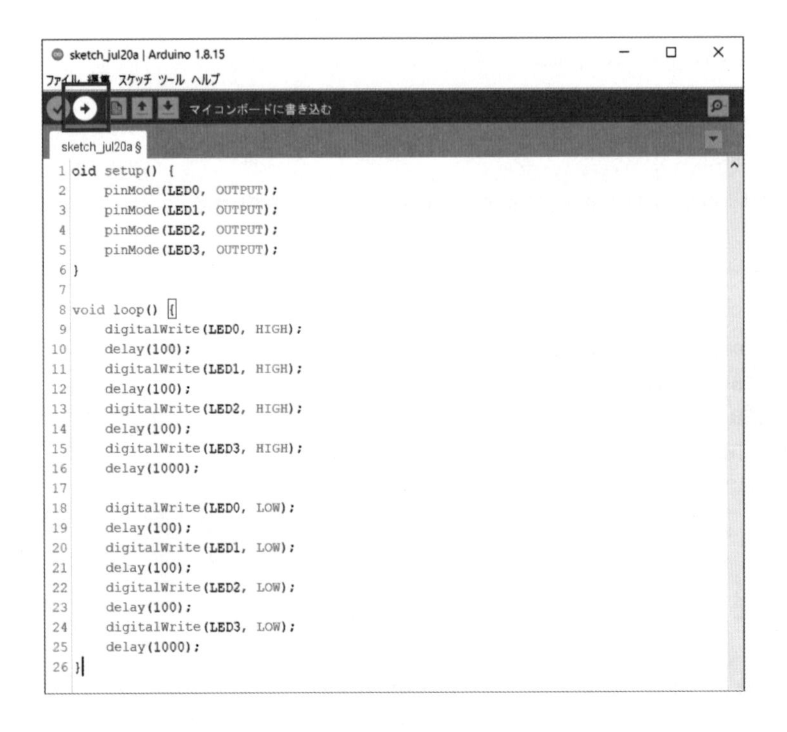

スケッチの書き込みが終わると自動でリセットがかかり、プログラムが開始します。Spresense 上の LED が光ることを確認してください。

本書で使用するプログラム、データの取得方法

本書で紹介するプログラムやデータは下記のサイトで公開しています。本書を読み進める前にダウンロードして、解凍しておいてください。

⇨ **本書で使用するプログラム、データ**
https://github.com/TE-YoshinoriOota/Spresense-LowPower-EdgeAI

ダウンロードの方法

ページの右上にある緑色の「Code」ボタンをクリックすると、下図のようなメニューが表示されます。その中の「Download ZIP」をクリックすると、プログラムとデータを圧縮したファイルがダウンロードされます。

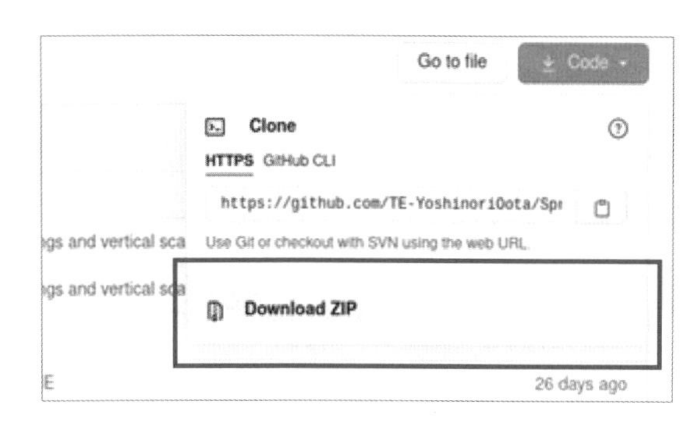

ダウンロードファイルの構成

ダウンロードした圧縮ファイルの中身は次のような構成になっています。

フォルダー	サブフォルダー	説明
Chap01	/sketches	「Spresenseとは？」で使用するArduinoスケッチのサンプルが格納されています
Chap02	/sketches	「Spresenseの周辺機器を動かす」で使用するArduinoスケッチのサンプルが格納されています
Chap03	/sketches	「Spresenseの演算機能を使いこなす」で使用するArduinoスケッチのサンプルが格納されています
Chap04	/nnc_dataset	「Neural Network Consoleとは？」で使用するデータセットが格納されています
	/nnc_project	「Neural Network Consoleとは？」で使用するニューラルネットワークコンソールのプロジェクトファイルが格納されています
	/nnc_model	「Neural Network Consoleとは？」で使用する学習済モデルが格納されています
Chap06	/sketches	「SpresenseでAIを動かす」で使用するArduinoスケッチのサンプルが格納されています
	/dnnrt_test	「SpresenseでAIを動かす」で使用する動作確認用のテスト用画像データが格納されています
Chap07	/sketches	「カメラでリアルタイム画像認識を行う」で使用するArduinoスケッチのサンプルが格納されています
	/dnnrt_test	「カメラでリアルタイム画像認識を行う」で使用するテストデータが格納されています
Chap08	/sketches	「マイクとオートエンコーダで異常検知をする」で使用するArduinoスケッチのサンプルが格納されています
	/nnc_dataset	「マイクとオートエンコーダで異常検知をする」で使用するデータセットが格納されています
	/nnc_project	「マイクとオートエンコーダで異常検知をする」で使用するニューラルネットワークコンソールのプロジェクトファイルが格納されています
	/nnc_model	「マイクとオートエンコーダで異常検知をする」で使用する学習済モデルが格納されています
Chap09	/sketches	「セマンティックセグメンテーションで物体抽出を行う」で使用するArduinoスケッチのサンプルが格納されています
	/nnc_dataset	「セマンティックセグメンテーションで物体抽出を行う」で使用するデータセットが格納されています
	/nnc_project	「セマンティックセグメンテーションで物体抽出を行う」で使用するニューラルネットワークコンソールのプロジェクトファイルが格納されています
	/nnc_model	「セマンティックセグメンテーションで物体抽出を行う」で使用する学習済モデルが格納されています
	/python	「セマンティックセグメンテーションで物体抽出を行う」で使用するデータセット生成用のPythonプログラムと関連データが格納されています

	/dnnrt_test	「セマンティックセグメンテーションで物体抽出を行う」で使用する動作確認用のテスト用画像データが格納されています
Chap10	/sketches	「スペクトログラムを使って音声コマンドを実現する」で使用するArduinoスケッチのサンプルが格納されています
	/nnc_dataset	「スペクトログラムを使って音声コマンドを実現する」で使用するデータセットが格納されています
	/nnc_project	「スペクトログラムを使って音声コマンドを実現する」で使用するニューラルネットワークコンソールのプロジェクトファイルが格納されています
	/nnc_model	「スペクトログラムを使って音声コマンドを実現する」で使用する学習済モデルが格納されています
	/dnnrt_test	「スペクトログラムを使って音声コマンドを実現する」で使用するテスト用音声データが格納されています
Chap11	/sketches	「加速度・ジャイロセンサーを使ったモーション認識」で使用するArduinoスケッチのサンプルが格納されています
	/nnc_dataset	「加速度・ジャイロセンサーを使ったモーション認識」で使用するデータセットが格納されています
	/nnc_project	「加速度・ジャイロセンサーを使ったモーション認識」で使用するニューラルネットワークコンソールのプロジェクトファイルが格納されています
	/nnc_model	「加速度・ジャイロセンサーを使ったモーション認識」で使用する学習済モデルが格納されています
Libraries	Adafruit_ILI9341-spresense.zip	Spresense用液晶ディスプレイライブラリ
	Adafruit-GFX-Library-spresense.zip	Spresense用グラフィックスライブラリ
	BmpImage_ArduinoLib-main.zip	Spresense用ビットマップ画像ライブラリ

2 Spresenseの周辺機器を動かす

Spresenseは、カメラやオーディオ機能、測位機能などさまざまな機能をもっています。
本章では応用事例で用いるカメラ、ディスプレイ、マイクの活用方法について紹介します。
その他の測位機能や音源再生機能などについては、
Spresenseのサポートサイトを参照ください。

⇨ **Spresenseサポートサイト**
https://developer.sony.com/develop/spresense/docs/home_ja.html

Spresenseでディスプレイを使う

Spresenseは、SPIインターフェースのディスプレイを使用できます。ここでは、SPIインターフェースを備えたILI9341 コントローラ付きのTFT液晶ディスプレイを使用します。このディスプレイにはタッチパネル付きもありますが、本書ではタッチパネルは使用しません。

ILI9341液晶ディスプレイとSpresenseの接続

ディスプレイとSpresense拡張ボードは次のように接続します。学習キットをお使いの方は、メーカーが提供している説明書に従って取り付けてください。電源を入れる前に、**JP1のIO電圧設定が3.3V**に設定されていることを必ず確認してください。

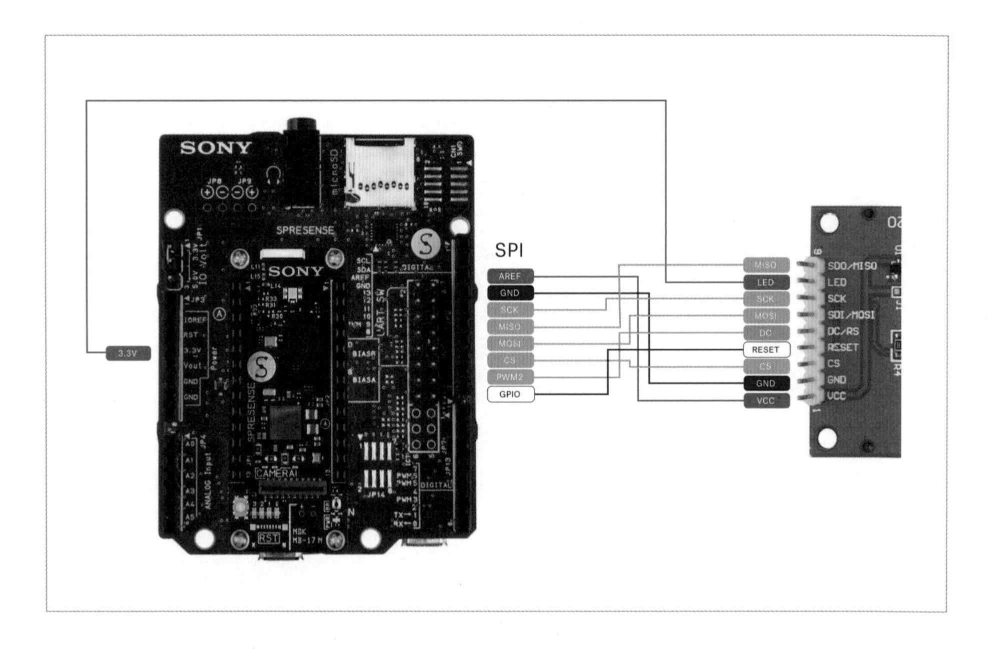

キットを使うと配線のわずらわしさがなく、コンパクトにシステムを構築できます。

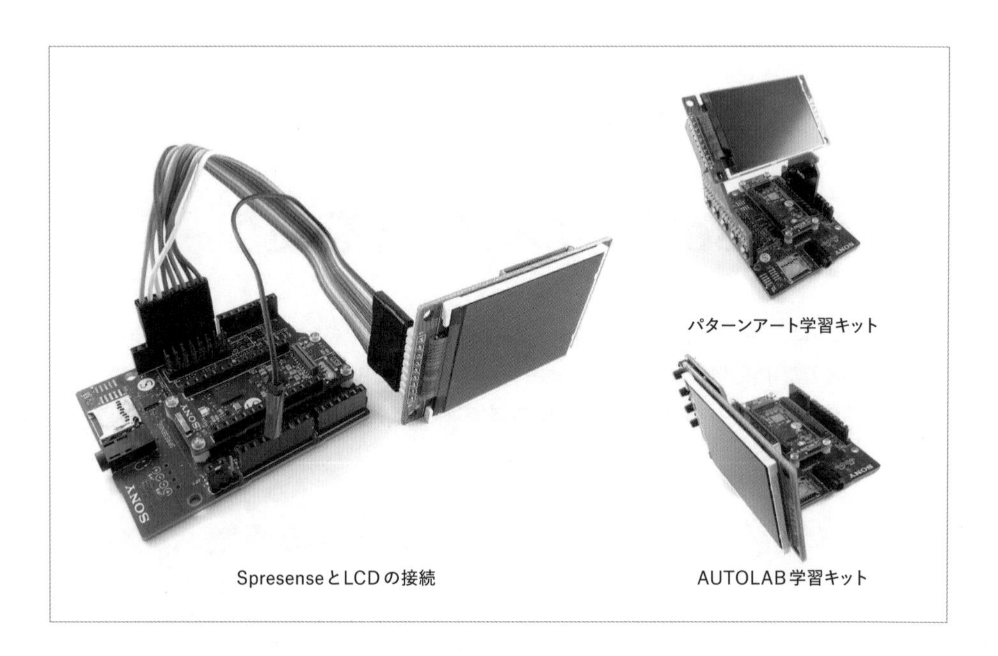
SpresenseとLCDの接続

パターンアート学習キット

AUTOLAB学習キット

このディスプレイの解像度は320×240ピクセルで、各ピクセルはRGB565のカラーフォーマットとなっています。RGB565とは、RGBの数値を16ビットに圧縮したフォーマットです。データや画像を表示するには、表示データがRGB565のフォーマットである必要があります。

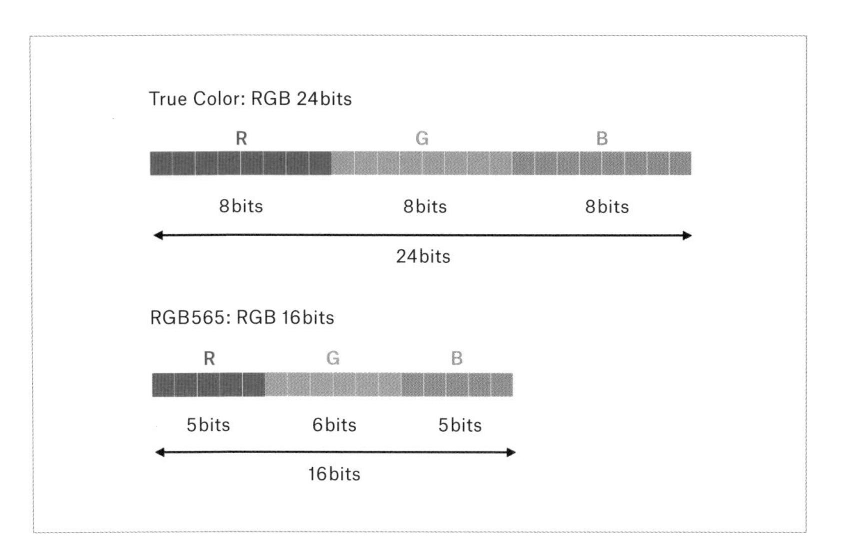

ディスプレイライブラリをインストールする

Spresenseで液晶ディスプレイにデータを表示するには、既存のディスプレイのライブラリを用いると便利です。Spresense 用のILI9341液晶ディスプレイライブラリとグラフィックスライブラリは、本書ダウンロードドキュメントの次のフォルダーにあります。

⇨ **本書掲載ILI9341液晶ディスプレイライブラリ**

Libraries/Adafruit_ILI9341-spresense.zip

⇨ **本書掲載グラフィックスライブラリ**

Libraries/Adafruit-GFX-Library-spresense.zip

以下のサイトからもSpresense用のディスプレイライブラリとグラフィックスライブラリをダウンロードできます。

⇨ **ILI9341液晶ディスプレイライブラリ**

https://github.com/kzhioki/Adafruit_ILI9341

⇨ **グラフィックスライブラリ**

https://github.com/kzhioki/Adafruit-GFX-Library

ライブラリのインストールには、Arduino IDEを使います。メニューの「スケッチ」→「ライブラリをインクルード」→「.ZIP形式のライブラリをインストール」を選択し、ライブラリのZIPファイルを選択します。

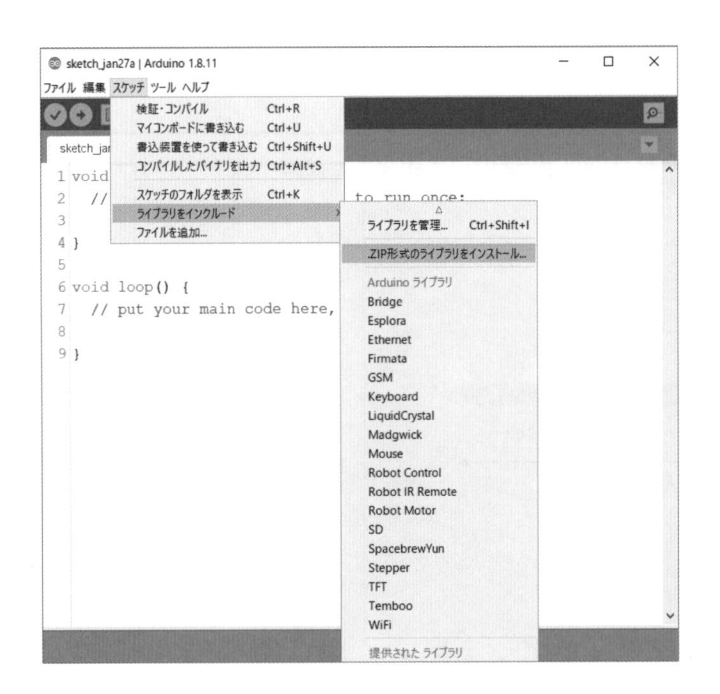

正常にインストールが完了すると、Arduino IDE下方にあるメッセージラインに「ライブラリが追加されました……」とメッセージが表示されます。

ディスプレイ動作確認

ディスプレイライブラリの動作確認のためサンプルを動かしてみましょう。Arduino IDEのメニューから「ファイル」→「スケッチ例」を選択し、「Adafruit GFX Library」の項目中にある「spresense_mock_ili9341」を開きます。「Adafruit GFX Library」がない場合は、ライブラリが正常にインストールされていない可能性があるので、再度ライブラリをインストールしてください。

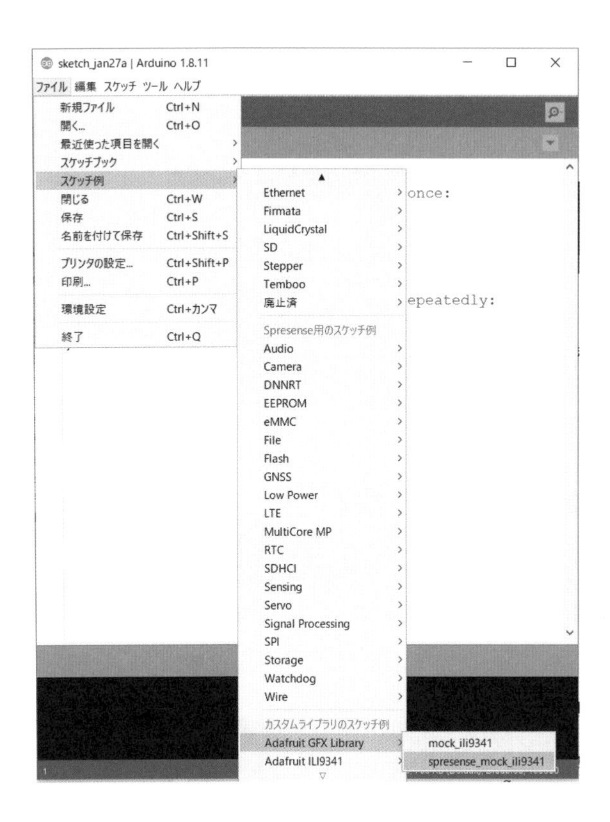

このスケッチをSpresenseに書き込みます。Arduino IDEの「ツール」→「シリアルポート」メニューからSpresenseのポートを選択します。画面左上にある右矢印ボタンをクリックすると書き込みが始まります。

ディスプレイに次のような画像が表示されたら、ディスプレイライブラリは正常に動作しています。

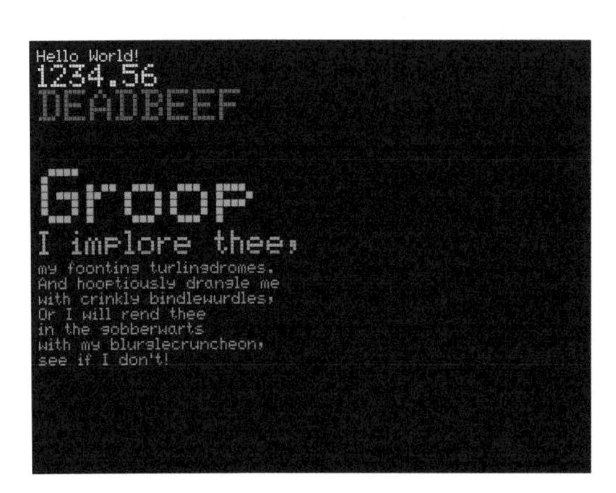

Spresenseでカメラを使う

ここではSpresenseのカメラ機能のうち、本書の応用例で使う部分のみに焦点を当てて解説します。カメラ以外の機能の詳細については、サポートサイトのチュートリアルを参照してください。

⇨ カメラチュートリアル

https://developer.sony.com/develop/spresense/docs/arduino_tutorials_ja.html#_tutorial_camera

Spresenseメインボードとカメラの接続

Spresenseのメインボードとカメラボードはフラットケーブルで接続します。フラットケーブルには裏と表があります。接続する際はフラットケーブルの青いリボンが写真と同じ向きになるようにSpresenseメインボードとカメラボードを接続します。

⚠ フラットケーブルの接続端子はもろいので、何度も抜き差ししたり、斜めに抜き差ししたりすると接続端子が剥がれてしまうことがあります。何度も抜き差しせず、また抜き差しするときは斜めにならないように注意深く行ってください。

カメラの動作を確認する

カメラの動作確認にディスプレイを使用するため、ILI9341液晶ディスプレイを接続しておきます。カメラの動作確認用のスケッチは、本書ダウンロードドキュメントの次のフォルダーにあります。

カメラサンプルスケッチ

Chap02/sketches/camera_streaming_test/camera_streaming_test.ino

camera_streaming_test.ino をArduino IDEで開き、Spresenseに書き込むと、カメラのストリーミング映像が液晶ディスプレイに表示されます。

Spresenseカメラ動作確認用スケッチの解説

Spresenseに書き込んだスケッチは非常に単純で、20行程度しかありません。少ないステップ数でカメラと液晶ディスプレイの初期化とデータの表示までを行っています。

```
#include <Camera.h>
#include "Adafruit_ILI9341.h"
#define TFT_DC 9
#define TFT_CS 10
Adafruit_ILI9341 display = Adafruit_ILI9341(TFT_CS, TFT_DC);

void CamCB(CamImage img) {
  if (img.isAvailable()) {
    img.convertPixFormat(CAM_IMAGE_PIX_FMT_RGB565);
    display.drawRGBBitmap(0, 0,
      (uint16_t*)img.getImgBuff(), 320, 240);
  }
}

void setup() {
  display.begin();
  theCamera.begin();
  display.setRotation(3);
  theCamera.startStreaming(true, CamCB);
}

void loop() {}
```

● スケッチの宣言部

Spresenseカメラボードを使うには「Camera.h」を、ディスプレイを利用するには「Adafruit_ILI9341.h」をインクルードします。ディスプレイは、SPIインターフェースのCSピンとDCピンを指定する必要があります。引数にこれらのピンの値を設定し「display」を生成します。カメラのインスタンスは、Camera.h内で定義されている「theCamera」を用います。

```
#include <Camera.h>
#include "Adafruit_ILI9341.h"
// ディスプレイの設定：DCは9ピン、CSに10ピンを指定
#define TFT_DC 9
#define TFT_CS 10
Adafruit_ILI9341 display = Adafruit_ILI9341(TFT_CS, TFT_DC);
```

● setup関数の処理

Arduino IDEでは、プログラム起動時にsetup関数が呼ばれます。ここでカメラとディスプレイを開始します。ハードウェアの開始にはbegin関数を使います。

```
void setup() {
  display.begin();          // ディスプレイの開始
  theCamera.begin();        // カメラの開始
  display.setRotation(3);   // ディスプレイの向きの設定
  // カメラのストリーミングの開始
  // trueで画像が来たときにCamCB関数が呼ばれる
  theCamera.startStreaming(true, CamCB);
}
```

display.setRotation関数は、ディスプレイの表示方向を設定します。引数は0～3の値をとり、それぞれ次のような向きに設定されます。

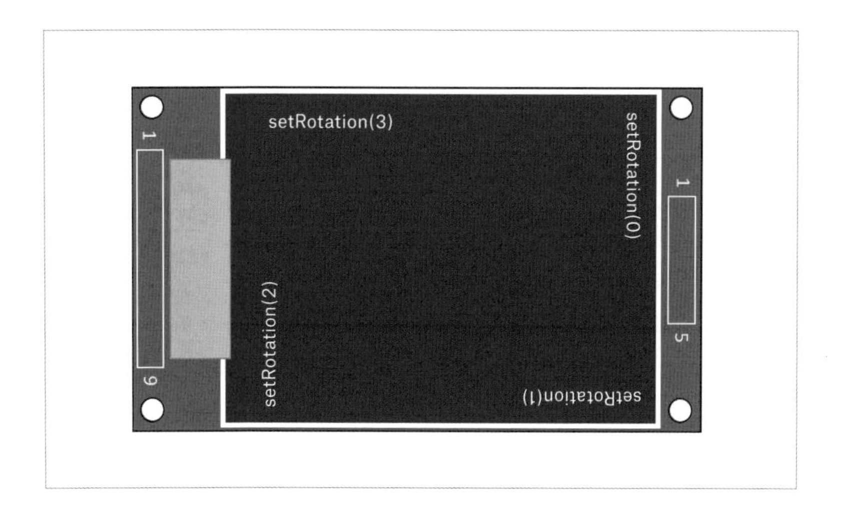

theCamera.startStreaming は、カメラのストリーミング機能を制御します。第1引数がtrueの場合、ストリーミング機能が有効になり、falseの場合は無効になります。第2引数は、ストリーミング画像を受け取る関数を指定します。このサンプルの場合、CamCB関数がそれにあたります。CamCB関数の引数はCamImageでなければなりません。CamImageにストリーミング画像が格納されます。

● CamCB関数の処理

CamCB関数に引き渡されたCamImageに画像が格納されている場合、isAvailable関数はtrueを返します。デフォルトでは、ストリーミング画像は320×240ピクセルのYUV422（輝度・色差16bit信号）なのでRGB565に、カラー変換を行います。

カラー変換は、Img.convertPixFormat関数で行います。変換後に、display.drawRGBBitmapによってRGB565の画像データをディスプレイに転送します。img.getImgBuff関数で、画像データへのポインターを取得します。ディスプレイはRGB565の16ビットなので、uint16_t* に型変換しています。

```
void CamCB(CamImage img) {  // CamImageは画像の実体
  if (img.isAvailable()) {
    // YUV422をRGB565へ色変換
    img.convertPixFormat(CAM_IMAGE_PIX_FMT_RGB565);
    // カメラ画像をディスプレイへ転送
    // 開始座標(0,0)、描画領域(幅:320, 高さ:240)
    display.drawRGBBitmap(0, 0,
      (uint16_t*)img.getImgBuff(),320, 240);
  }
}
```

Spresenseでマイクを使う

ここでは、オーディオ機能のうちマイク入力の使い方について説明します。Spresenseのオーディオ機能は、録音機能のほかにハイレゾリューション再生機能や各種フィルター機能などさまざまな使い方ができます。Spresenseのオーディオ機能の詳細については、サポートサイトのチュートリアルを参照してください。

⇨ オーディオ チュートリアル

https://developer.sony.com/develop/spresense/docs/arduino_tutorials_ja.html#_tutorial_audio

Spresenseとマイクを接続する

マイクはSpresense拡張ボードのマイク端子に接続します。今回使用するピンマイクの場合、2.2kΩの抵抗を介してマイクバイアス端子とマイク端子をつなぐ必要があります[*1]。学習キットをお持ちでない方は、ヘッドホンジャックを用意し、マイクと接続するためのコネクターを自作してください。簡単なハンダ作業で作ることができます。学習キットをお使いの方は、各メーカーの説明書に従って取り付けてください。Spresense拡張ボードは、最大4つのアナログマイクを接続できます。

*1 マイクの種類によってバイアス電源の接続方法は異なりますので使用する際はマイクのデータシートを事前に確認してください。

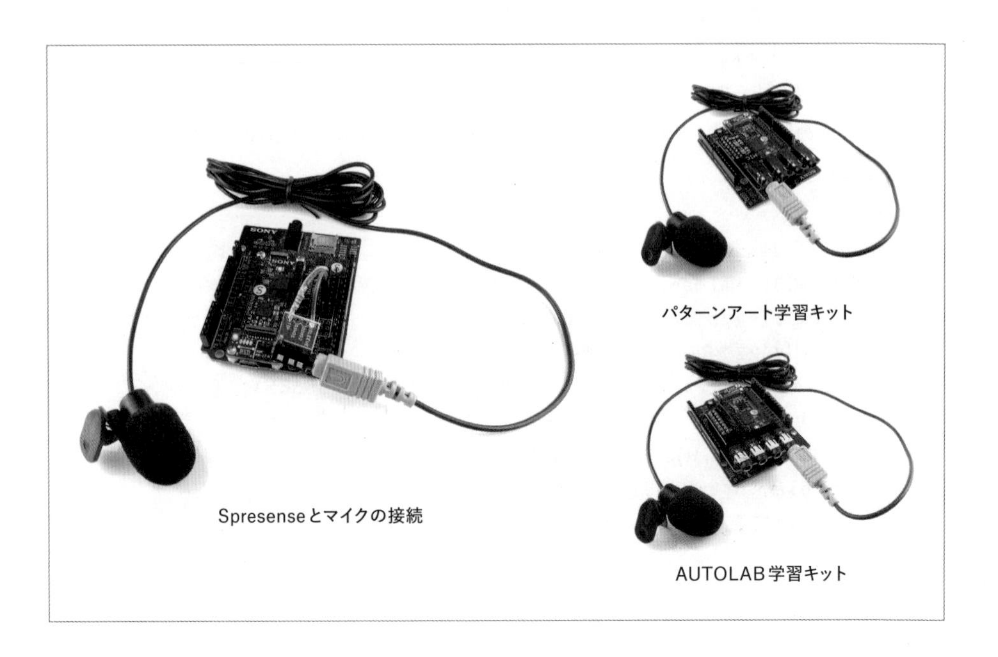

Spresenseとマイクの接続

パターンアート学習キット

AUTOLAB学習キット

ヘッドホンジャック基板の加工方法

今回使用するマイク（バッファロー製ピンマイクBSHSM03BK）を使うには、MICA端子とMIC BIASA端子を抵抗2.2kΩを介して接続する必要があります。ヘッドホンジャック基板とSpresenseのマイク入力端子は次のように接続してください。ハンダ作業は十分に注意してください。

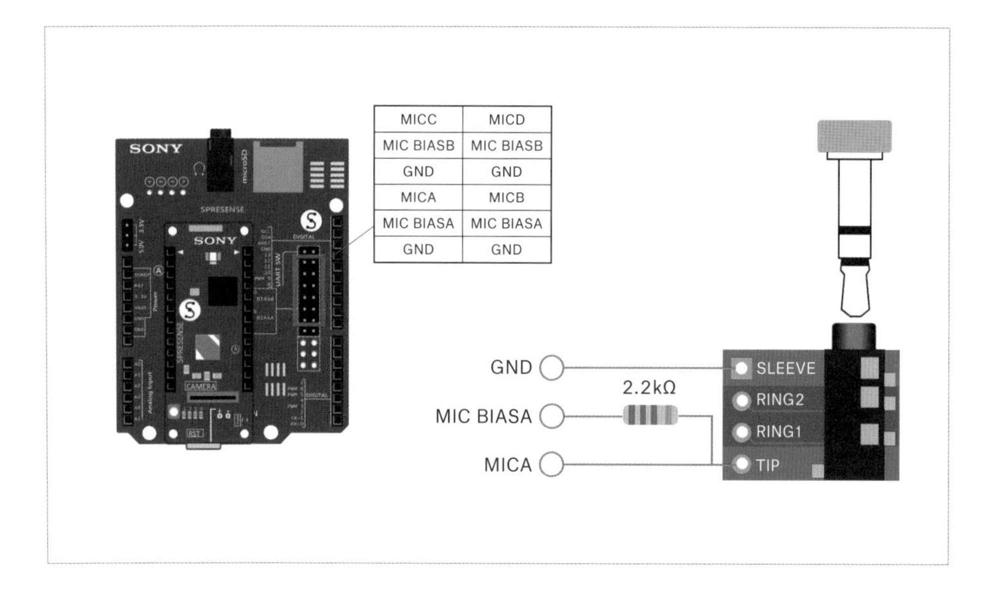

Spresenseマイク端子	ヘッドホンジャック基板
MICA	TIP
MIC BIASA	2.2kΩを介してTIP端子に接続
GND	SLEEVE

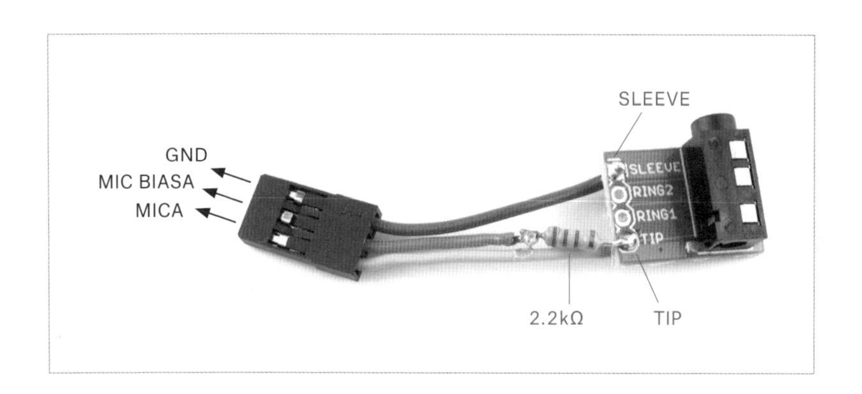

DSPファイルをインストールする

Spresenseの録音機能を使うには、DSPファイルを事前にインストールする必要があります。DSPファイルはSDカードもしくはフラッシュROMにインストールします。今回はSDカードにライブラリを保存しますので、あらかじめSpresense拡張ボードにSDカードを差しておきます。

DSPファイルは、Arduino IDEを使ってインストールします。Arduino IDEの「ファイル」メニューから「スケッチ例」→「Audio」→「dsp_installer」の順に選択し、「mp3_enc_installer」を開いて、Spresenseに書き込みます。

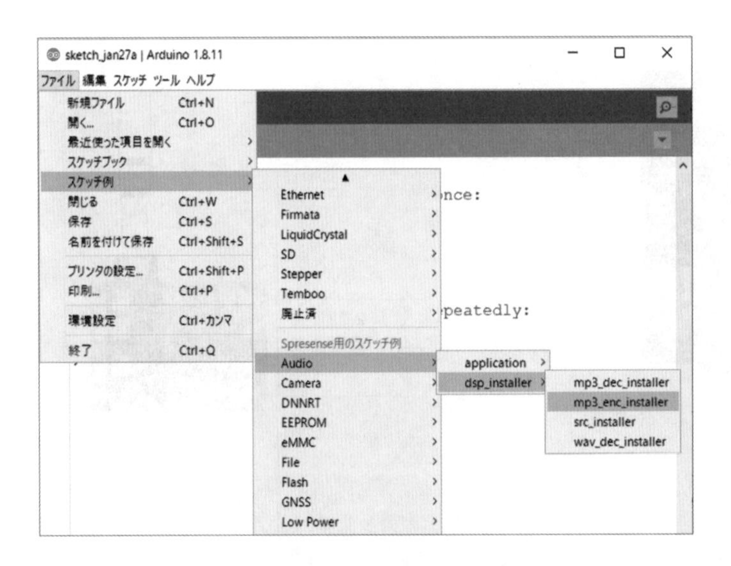

書き込みが完了したら、「ツール」→「シリアルモニタ」を選択して、シリアルモニターを開きます。このとき、通信速度が「115200」になっていることを確認してください。SDカードとフラッシュROMのどちらにインストールするかを尋ねるメッセージが表示されます。SDカードにインストールするには、テキストボックスに「1」と入力して「送信」ボタンをクリックします。

録音機能を使うときはSDカードを忘れずに挿入してください。Spresenseは録音アプリケーション起動時にDSPファイルをSDカードからロードします。

録音機能を試してみる

マイクを使って録音を試してみましょう。本書ダウンロードドキュメントにある動作確認用スケッチ「mic_mp3_test.ino」をArduino IDE で開きます。

MP3録音サンプルスケッチ

Chap02/sketches/mic_mp3_test/mic_mp3_test.ino

このスケッチをSpresenseに書き込むと、書き込み完了直後、もしくはリセット直後から10秒間の録音が行われます。録音データはSDカード内に「Sound.mp3」という名前で保存されます。録音が完了したら、SDカードをPCなどに差し替えて正常に録音されているか確認してみましょう。

Spresenseマイク録音確認用スケッチの解説

録音用のスケッチはカメラに比べると多少難解ですが、40行程度と行数は多くありません。どのような動きをしているかコードを追って解説します。

```
#include <Audio.h>
#include <SDHCI.h>

SDClass SD;
File myFile;

AudioClass *theAudio = AudioClass::getInstance();
const int32_t recording_time_ms = 10000;   // 録音時間10秒
int32_t start_time_ms;

void setup() {
  Serial.begin(115200);
  while (!SD.begin()){ Serial.println("Insert SD card."); }
  theAudio->begin();
  theAudio->setRecorderMode(AS_SETRECDR_STS_INPUTDEVICE_MIC);
```

```
  theAudio->initRecorder(AS_CODECTYPE_MP3, "/mnt/sd0/BIN",
    AS_SAMPLINGRATE_48000, AS_CHANNEL_MONO);

  if (SD.exists("Sound.mp3")) {
    SD.remove("Sound.mp3");
  }

  myFile = SD.open("Sound.mp3", FILE_WRITE);
  if (!myFile) {
    Serial.println("File open error\n");
    while(1);
  }

  theAudio->startRecorder();
  start_time_ms = millis();
  Serial.println("Start Recording");
}

void loop() {
  uint32_t duration_ms = millis() - start_time_ms;

  err_t err = theAudio->readFrames(myFile);
  if (duration_ms > recording_time_ms
    ||  err != AUDIOLIB_ECODE_OK) {
    theAudio->stopRecorder();
    theAudio->closeOutputFile(myFile);
    theAudio->setReadyMode();
    theAudio->end();
    Serial.println("End Recording");
    while(1);
  }
}
```

● スケッチの宣言部

Spresenseのオーディオ機能はAudio.hに定義されています。SDカード用のライブラリ（SDHCIライブラリ）はSDHCI.hというヘッダーファイルで定義されています。Audio機能はシングルトンとして実装されており、getInstance関数でその実体を取得します。グローバル変数は2種類宣言しています。1つは定数で録音時間の10秒（10000ミリ秒）が定義されています。もう1つは録音開始時間を記憶するための変数です。

```
#include <Audio.h>
#include <SDHCI.h>

SDClass SD;
File myFile;

AudioClass *theAudio = AudioClass::getInstance();
const int32_t recording_time_ms = 10000;  // 録音時間10秒
int32_t start_time_ms;  // 録音開始時間
```

● setup関数の処理

setup関数では、コンソール出力用のSerialライブラリの初期化、SDカードの初期化、Audioライブラリの初期化をしています。

```
void setup() {
  Serial.begin(115200);
  while (!SD.begin()){ Serial.println("Insert SD card."); }

  theAudio->begin();
  // 入力をマイクに設定
  theAudio->setRecorderMode(AS_SETRECDR_STS_INPUTDEVICE_MIC);
  // 録音設定：フォーマット、DSPファイルの場所
  // サンプリングレート、チャンネル数を指定
  theAudio->initRecorder(AS_CODECTYPE_MP3, "/mnt/sd0/BIN",
    AS_SAMPLINGRATE_48000, AS_CHANNEL_MONO);
  ...
```

Serialはコンソールにメッセージを表示するためのライブラリで、このスケッチでは通信速度115200bpsで初期化しています。SDHCIライブラリは、SDカードが挿入されていない場合はbegin関数がfalseを返すので、SDカードが挿入されるまで待ちます。

Audioライブラリの初期化は少し複雑なので、setRecorderMode関数とinitRecorder関数について表にまとめました。

Audio API	引数	解説
setRecorderMode()	AS_SETRECDR_STS_INPUTDEVICE_MIC	データ入力をマイクに設定
initRecorder()	AS_CODECTYPE_MP3	記録フォーマットをMP3に設定
	"/mnt/sd0/BIN"	DSPファイルの場所を指定 /mnt/sd0 はSDカードの場所 BIN はフォルダー
	AS_SAMPLINGRATE_48000	サンプリングレートを48000サンプル / 秒に設定（デフォルトでは1サンプルあたり16bitが設定される）
	AS_CHANNEL_MONO	モノラル音源で記録

● 録音データのSDカードへの記録

録音データは「Sound.mp3」に記録します。すでにSound.mp3が存在している場合は削除します。その後、書き込みモードでSound.mp3ファイルを生成して開きます。ファイルの準備ができたら録音をスタートし、録音開始時間をstart_time_msに記録します。SDHCIライブラリの使い方は6章「ファイルシステムライブラリの使い方」（104ページ）を参照してください。

```
  ...
  if (SD.exists("Sound.mp3")) {
    SD.remove("Sound.mp3"); // Sound.mp3 があったら削除
  }

  // Sound.mp3 を書き込みモードでオープン
  myFile = SD.open("Sound.mp3", FILE_WRITE);
  if (!myFile) {
    Serial.println("File open error\n");
    while(1);
  }

  theAudio->startRecorder(); // 録音を開始
  start_time_ms = millis();  // 録音開始時間を記録
  Serial.println("Start Recording");
}
```

● loop関数の処理

loop関数は、Arduinoでは繰り返し呼ばれる関数です。このスケッチではひたすらreadFrames関数を呼び続けていますが、何をしている関数でしょうか？　Spresenseはマイクからのアナログ信号をデジタル化し、FIFOに蓄積します。FIFOに蓄積したデータは、適宜読み出さないとオーバーフローを起こして録音動作が止まってしまいます。そのため、FIFO内のデータを連続で読み出し、ファイルに記録する必要があります。その処理をreadFrames関数が行っています。

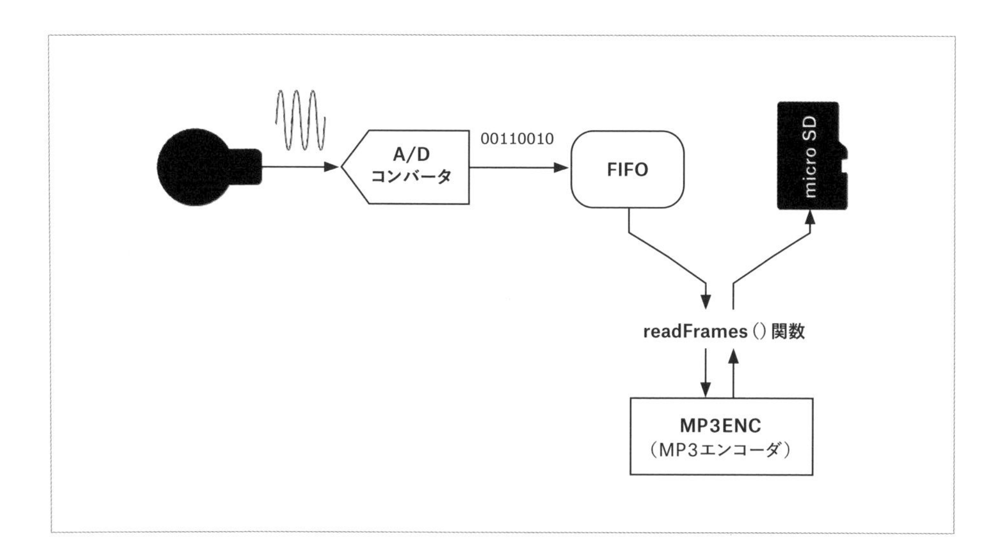


```
void loop() {
  uint32_t duration_ms = millis() - start_time_ms;  // 録音時間計測
  // FIFOのデータを読み出しMP3で記録
  err_t err = theAudio->readFrames(myFile);

  // 録音時間が設定値(10秒)を超えたか確認
  if (duration_ms > recording_time_ms
    || err != AUDIOLIB_ECODE_OK) {
    // 録音時間を経過したのでレコーダーをストップ
    theAudio->stopRecorder();
    theAudio->closeOutputFile(myFile);  // ファイルをクローズ
    theAudio->setReadyMode(); // FIFOをクローズ
    theAudio->end();
    Serial.println("End Recording");  while(1);
  }
}
```

duration_msは録音の経過時間を記録しています。duration_ms の時間がrecording_time_ms（10000ミリ秒）を経過したら、stopRecorderで録音を停止します。録音データを格納したファイルはcloseOutputFileでクローズします。忘れずにこの関数を呼び出さないと、FIFOバッファーに残された一部データが正しく書き込まれない可能性があります。その後、setReadyMode関数でFIFOのクローズとメモリーの解放を行い、end関数でAudioライブラリを終了します。

本書ではマイクで取得したデータの周波数解析にFFTを用います。
また効率的な処理を実現するため、マルチコアを使った並列処理を用いています。
本章ではSpresenseの持つこれらの演算機能の使い方について解説をします。

FFTとマルチコアプログラミングの基本

Spresenseの FFT 演算ライブラリのパラメータの意味を理解するため、FFT（高速フーリエ変換/Fast Fourier Transform）の基礎について解説した後、Spresenseのマイク入力信号をFFTで周波数データに変換するスケッチを実装します。マルチコアプログラミングの解説では、コア間のデータのやりとりの方法に加え、コア間の排他処理の方法についても解説します。

〈 解説の流れ 〉

1. FFTの基礎
2. マイク入力信号をFFTで周波数データに変換する
3. マルチコアプログラミングの方法

FFTの基礎

一定の周波数の回転体や気流に発生する異常は、時系列の音や振動のデータを直接解析するよりも、周波数空間に投影にして解析したほうが容易に検出できます。ファンなどの回転体の場合、回転数に異常があれば周波数のピークに変化が現れます。また、気体や液体を送り出すパイプにリークがあった場合パイプに発生する共鳴振動のピークに変化が現れます。これらの複合的な変化は、周波数スペクトルというグラフで可視化できます。周波数スペクトルは、FFT変換というアルゴリズムで得ることができます。

例えば、次のような歯車があったとします。正常な歯車の場合の衝撃はわずかですが、歯が摩耗していたり軸が合っていない場合、歯の一部が当たることになり衝撃が大きくなります。

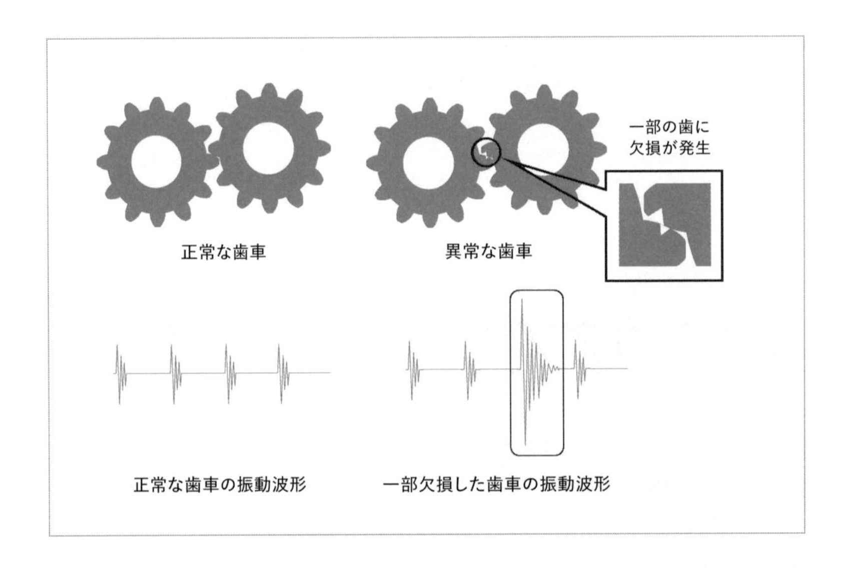

振動波形を観測することで異常を検知できますが、パターン認識を使用する場合、かなり高速な処理を行わなければなりません。しかし、この振動波形の包絡線を周波数データに変換すると定常的に次のようなデータを得ることができます。

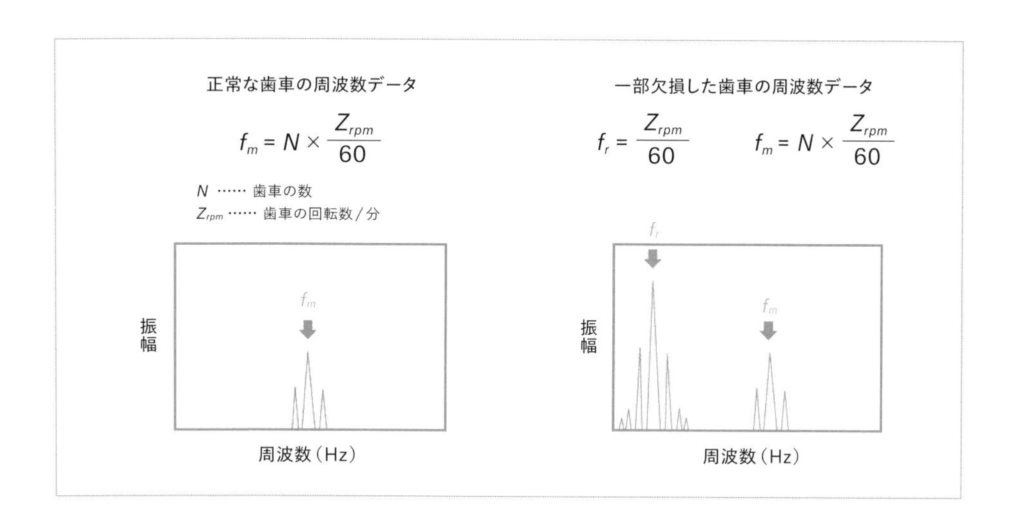

このように周期的な振動や音を発生させる物体の解析では、波形データを周波数データに変換すると、現象の解析をより簡単に行えます。

ここではSpresenseのマイク入力からデータを取得し、FFTを行う方法について解説していきます。

FFTとは？

FFTで扱うパラメーターの意味を把握してもらうためにFFTの基本について説明します。FFTとは、入力信号の時系列の変化を周波数空間に変換するアルゴリズムです。例えば、1kHzの正弦波の信号を周波数空間に変換すると1kHzの付近でピークになるようなグラフが現れます。この周波数と信号強度の関係を表したグラフを周波数スペクトルと呼びます。

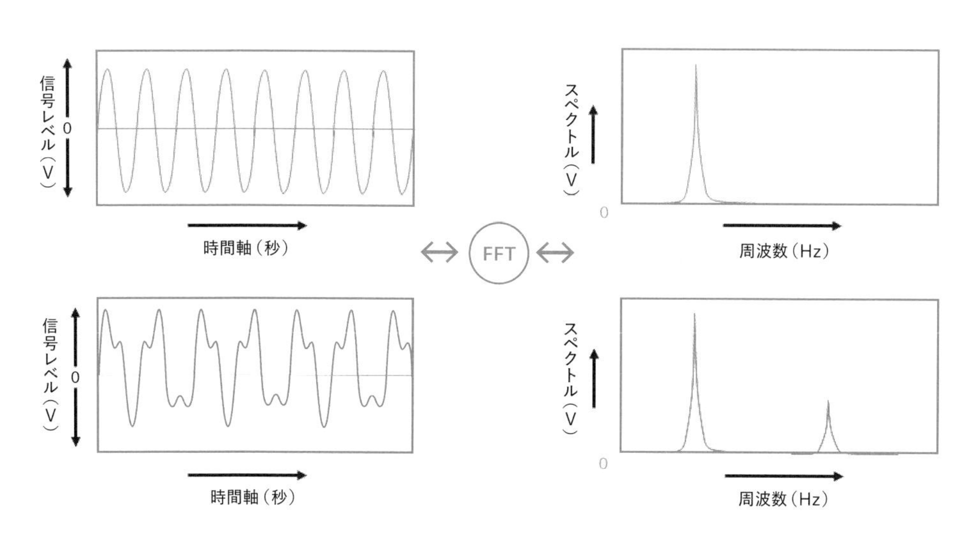

サンプリングレートと解析上限周波数

アナログ入力信号をデジタル化する粒度をサンプリングレート（サンプリング周波数）といいます。サンプリングレートが48,000 (Hz)とは、1秒間に48,000個のサンプルを取得するという意味になります。1サンプルのデータ量は、Spresenseの場合、16bit と24bitを選択できます。何も指定しない場合は16bitになります。入力信号はデジタル化されるため、ある間隔でしか信号をデータ化できません。一般的に、分析できる周波数の上限は、サンプリングレートの2.56分の1と言われています。それ以上の周波数になるとエイリアシングという偽信号を検出してしまい、分析が困難になるためです。サンプリングレート48,000Hzの場合の解析上限周波数は18,750Hzになります。

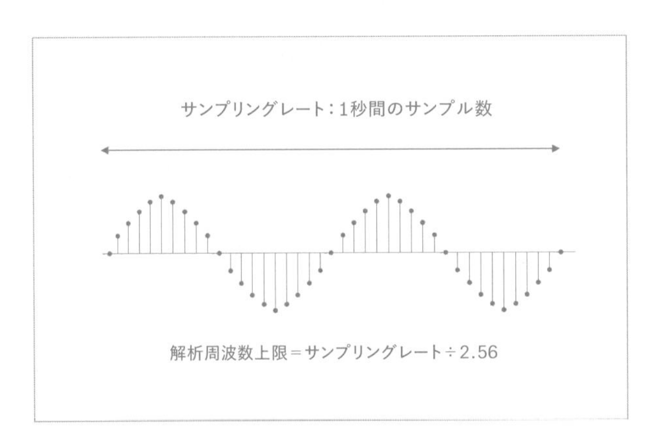

信号解析に使うサンプル数と周波数分解能

周波数解析を行うにはある一定の量のサンプルでFFTを行う必要があります。例えば、サンプリングレート48,000Hzの信号の1秒間の変化を周波数解析する場合、48,000サンプルをまとめてFFT演算することになります。しかし、メモリーや計算能力、処理時間などの制約上、多くのサンプルを扱うのが難しい場合があります。一方、サンプル数が少ないと十分な精度の解析が行えません。

ここでの精度とは「周波数分解能」になります。周波数分解能はサンプリングレートをサンプル数で割ることで求められます。

$$\text{周波数分解能（Hz）} = \frac{\text{サンプリングレート}(Hz)}{\text{サンプル数}}$$

サンプル数が少ないと周波数分解能が粗くなり、サンプル数が多いと細かくなります。どのような周波数変化を捉えたいかによって周波数分解能が決まり、サンプル数を決定することになります。組み込みシステムでは、多くの場合、256～4096程度のサンプルを扱うことが多いです。

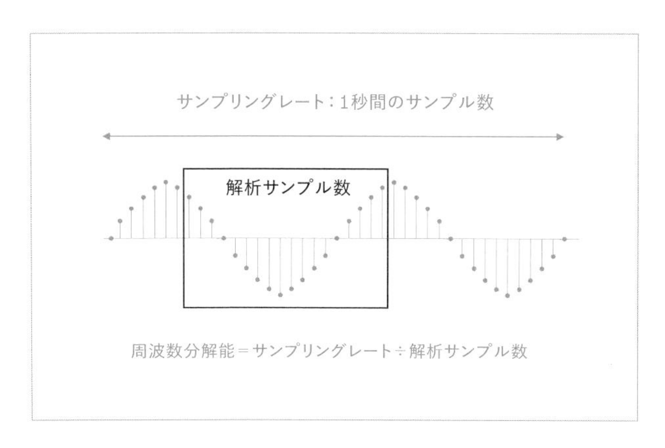

サンプリングレート、サンプル数、周波数分解能の関係

FFTで重要なパラメーターであるサンプリングレート、サンプル数、周波数分解能の関係をまとめると次のようになります。

表記	意味	関係
fs	サンプリングレート	
N	サンプル数	
Δf	周波数分解能	Δf = fs/N
Δt	サンプリング間隔	Δt = 1/fs
fmax	分析上限周波数	fmax = fs/2.56
T	データ収集時間	T= Δt × N = N/fs

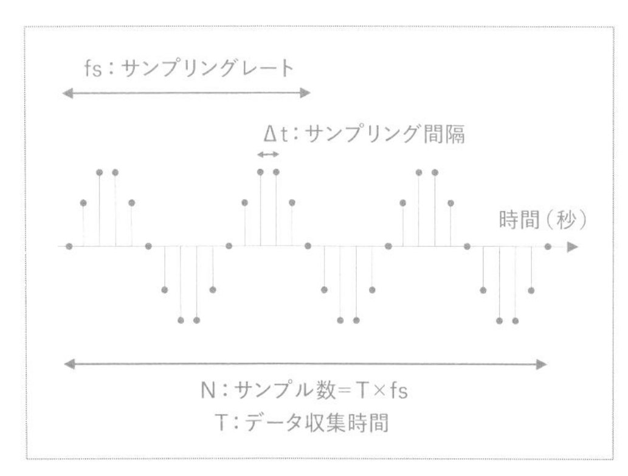

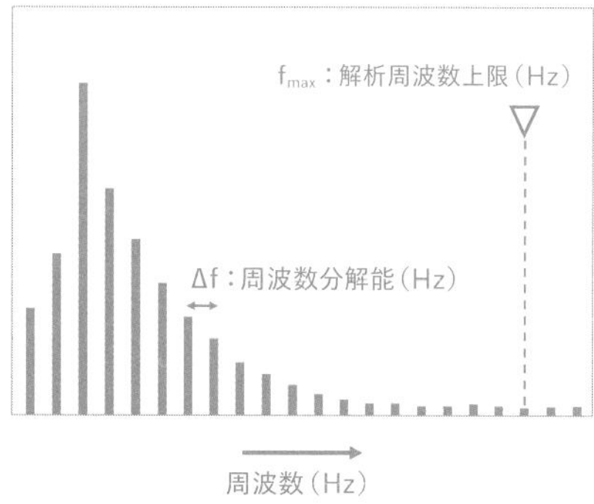

FFTに適用する窓関数とオーバーラップ処理

FFTを行うと、信号の周波数と信号のサンプルの周期がマッチせずに十分な精度の周波数スペクトルが得られないことがあります。例えば、サンプルがちょうど10周期となる信号でFFTを行うと信号の周波数で鋭いピークをもった出力が得られますが、信号が10.5周期だった場合、ピークの周波数周辺に広がりをもった出力となり、特徴が埋もれてしまう恐れがあります。

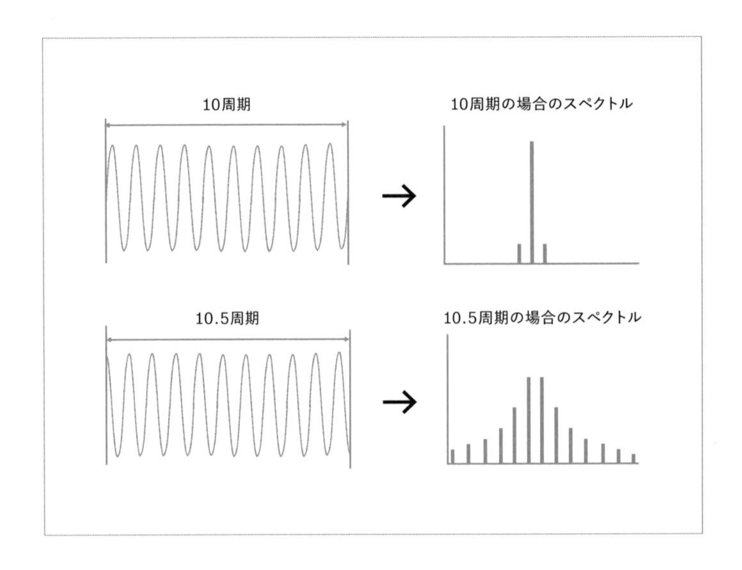

このような問題を解決する手法に「窓関数」というものがあります。窓関数は、端にいくほど振幅を抑えるフィルターです。窓関数を導入することによって、信号の周波数とサンプル範囲の不一致による周波数スペクトルの広がりを軽減できます。窓関数はハニング窓、ハミング窓、フラットトップ窓など、さまざまなものが用意されています。

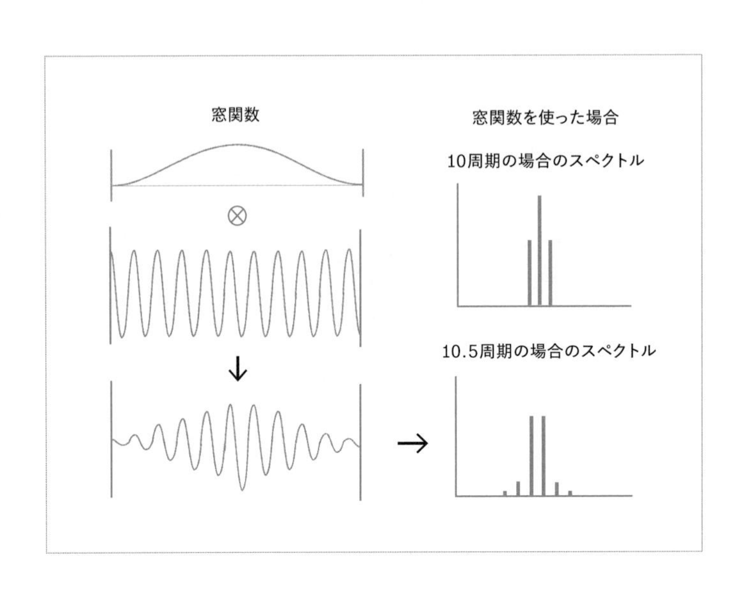

ただし、この窓関数を使うと解析すべき信号を取りこぼす可能性もあります。ちょうど解析したい信号が端にあった場合、その信号がフィルターによってかき消されてしまうためです。

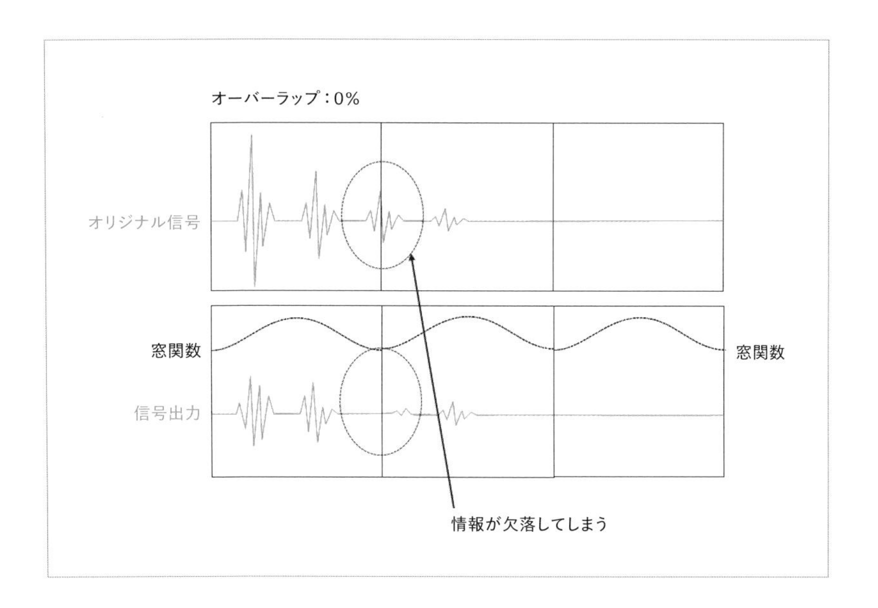

そのような取りこぼしを防ぐためにオーバーラップ処理を併用するのが一般的です。オーバーラップ処理とは入力信号のサンプルを重ねて信号処理する手法です。多くの場合、25%～50%のオーバーラップを指定します。サンプル数と窓関数の特性によってオーバーラップ率を指定します。

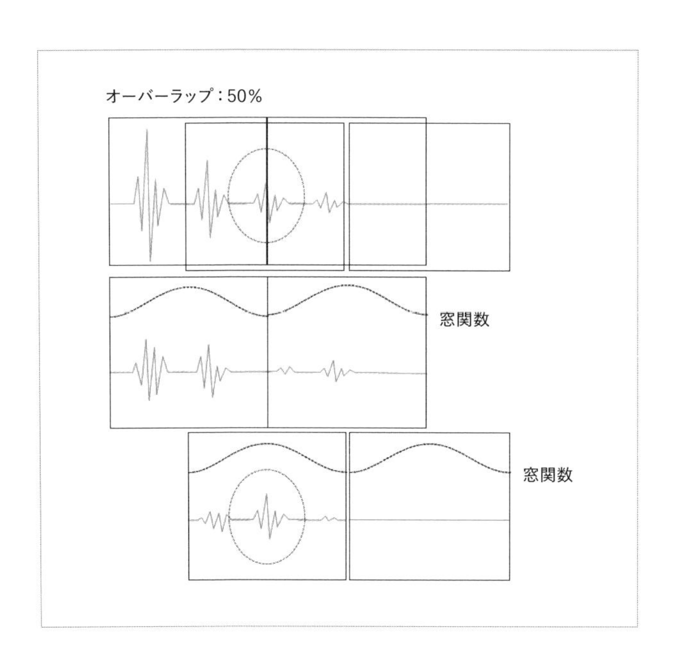

マイク入力信号をFFTで周波数データに変換する

Spresenseで FFTを行うには、サンプリングレート変換のためのDSPファイルをインストールする必要があります。取得したマイクデータはメモリー上に展開され、SpresenseのFFTライブラリを使って演算できます。

信号処理用のサンプリングレート変換のDSPファイルをインストールする

マイクの動作確認のときにMP3のDSPファイルをインストールしましたが、それとは別のサンプリングレート変換を行うDSPファイルをインストールします。

〈手順〉

1. src_installerサンプルを開く

Arduino IDE を起動して、「ファイル」→「スケッチ例」のサブメニューをたどり、「src_installer」を開きます。

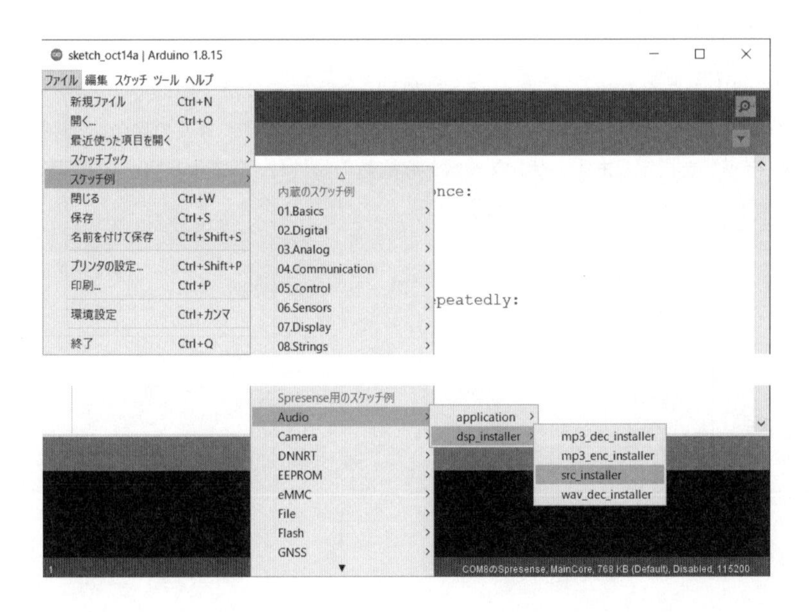

2. src_installerを書き込み、シリアルモニターを開く

src_installerを書き込んだら、シリアルモニターを開きます。インストール先にはSDカードを選んでください（フラッシュROMの使い方がわかっている方はSPI-Flashでもかまいません）。

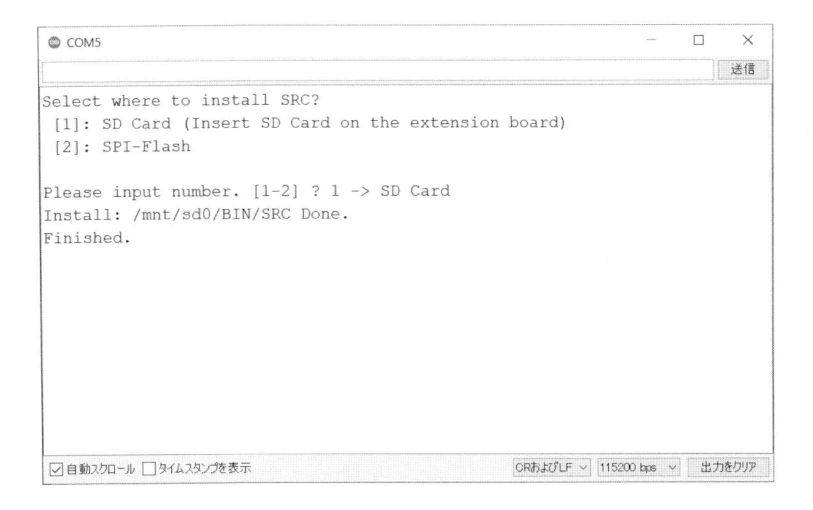

信号処理を実行するにはDSPファイルを書き込んだSDカードが必要です。忘れずにSDカードをSpresense拡張ボードに挿すようにしてください。

SpresenseのFFTライブラリを使ったスケッチの実装

サンプルスケッチを使ってSpresenseのFFTライブラリの使用方法を解説します。このスケッチは本書ダウンロードドキュメントの次の場所にあります。

⇨ **FFTサンプルスケッチ**

Chap03/sketches/fft_test/fft_test.ino

このサンプルでは、サンプリングレートは48,000Hz、サンプル数は1024に設定しています。マイクで取り込んだデータの1024サンプルをFFT演算し、周波数スペクトルから最大となる周波数と出力を計算するものです。

● FFTのスケッチ（宣言部）

fft_test.ino の宣言部を見ていきます。FFTライブラリは、FFT.hに定義されています。宣言時にチャンネル数とサンプル数を指定してインスタンスを生成します。今回はチャンネル数は1なのでAS_CHANNEL_MONOを設定します。サンプル数は1024です。

Audioライブラリはシングルトンとして実装されており、getInstance関数でインスタンスへのポインターを取得しています。

```
#include <Audio.h>
#include <FFT.h>
#include <SDHCI.h>
SDClass SD;

#define FFT_LEN 1024

// モノラル、1024サンプルでFFTを初期化
FFTClass<AS_CHANNEL_MONO, FFT_LEN> FFT;

AudioClass* theAudio = AudioClass::getInstance();
```

● FFTのスケッチ（setup関数）

次にsetup関数でライブラリの初期化を行います。このサンプル内ではSDカードへの記録はしませんが、DSPファイルが格納されているSDカードの挿入を促すためにbegin関数でSDカードの有無を確認しています。

FFT ライブラリの開始時に、窓関数にハミング窓を選択し、チャンネル数はモノラル（AS_CHANNEL_MONO）を指定。オーバーラップはサンプル数の半分（50%）を指定しています。

次にAudioライブラリを初期化をしています。入力は、setRecorderMode関数でマイク入力に設定。録音処理の設定は、initRecorder関数で行います。録音フォーマットは16ビットのデータを取得するためPCMを指定。「/mnt/sd0/BIN」はDSPファイルのインストール先でSDカードのBINディレクトリを指しています。サンプリングレートは48,000Hzを指定、チャンネル数はモノラルを指定します。その後、startRecorder関数でレコーディングを開始します。

```
void setup() {
  Serial.begin(115200);
  while (!SD.begin() ) { Serial.println("Insert SD card"); }

  // ハミング窓、モノラル、オーバーラップ50%
  FFT.begin(WindowHamming, AS_CHANNEL_MONO, (FFT_LEN/2));

  Serial.println("Init Audio Recorder");
  theAudio->begin();
  // 入力をマイクに設定
  theAudio->setRecorderMode(AS_SETRECDR_STS_INPUTDEVICE_MIC);
  // 録音設定：PCM (16ビットRAWデータ)フォーマット
  // DSPファイルは、SDカード上のBINディレクトリを使用、
  // サンプリグレート 48000Hz、モノラル入力
  int err = theAudio->initRecorder(AS_CODECTYPE_PCM ,
    "/mnt/sd0/BIN", AS_SAMPLINGRATE_48000 ,AS_CHANNEL_MONO);
  if (err != AUDIOLIB_ECODE_OK) {
    Serial.println("Recorder initialize error");
    while(1);
  }

  Serial.println("Start Recorder");
  theAudio->startRecorder();  // 録音開始
}
```

● FFTのスケッチ（loop関数）

loop関数では、readFrames関数によってFIFOバッファーから16bitのサウンドデータを取得します。このサンプルでは、1024サンプル（データは16bitなので2048バイト）の読み込みをリクエストしています。しかし、処理間隔や取得のタイミングによって1024サンプル取得できないことがあるため、read_sizeで読み込みサイズのチェックを行っています。

1024サンプルの取得ができたら、そのデータをFFTライブラリに設定し、計算結果を取得します。周期的な信号の場合は、周波数スペクトルを時間方向で平均をとるとノイズを低減させることができます。avgFilter は8回分の周波数スペクトルの平均をとっています。約21ミリ秒の8回分なので、約170ミリ秒の周波数の変動を平均化することになります。

得られた周波数スペクトルから get_peak_frequency関数によって周波数スペクトルの最大値とその周波数を計算し、シリアルモニターに出力しています。

```
void loop() {
  static const uint32_t buffering_time =
      FFT_LEN*1000/AS_SAMPLINGRATE_48000;
  static const uint32_t buffer_size = FFT_LEN*sizeof(int16_t);
  static const int ch_index = AS_CHANNEL_MONO-1;
  static char buff[buffer_size];
  static float pDst[FFT_LEN];
  uint32_t read_size;

  // buffer_sizeで要求されたデータをbuffに格納する
  // 読み込みできたデータ量は read_size に設定される
  int ret = theAudio->readFrames(buff, buffer_size,
    &read_size);
  if (ret != AUDIOLIB_ECODE_OK &&
      ret != AUDIOLIB_ECODE_INSUFFICIENT_BUFFER_AREA) {
    Serial.println("Error err = " + String(ret));
    theAudio->stopRecorder();
    while(1);
  }

  // 読み込みサイズがbuffer_sizeに満たない場合
  if (read_size < buffer_size) {
    delay(buffering_time); // データが蓄積されるまで待つ
    return;
  }

  FFT.put((q15_t*)buff, FFT_LEN);  // FFTを実行
  FFT.get(pDst, ch_index);  // チャンネル0番の演算結果を取得
  avgFilter(pDst);  // 周波数データを平滑化

  // 周波数と最大値の近似値を算出
  float maxValue;
  float peakFs = get_peak_frequency(pDst, &maxValue);
  Serial.println("peak freq: " + String(peakFs) + " Hz");
  Serial.println("Spectrum: " + String(maxValue));
}
```

● FFT変換のスケッチ（avgFilterの実装）

```
#define AVG_FILTER (8)

void avgFilter(float dst[FFT_LEN]) {
  static float pAvg[AVG_FILTER][FFT_LEN/2];
  static int g_counter = 0;
  if (g_counter == AVG_FILTER) g_counter = 0;
  for (int i = 0; i < FFT_LEN/2; ++i) {
    pAvg[g_counter][i] = dst[i];
    float sum = 0;
    for (int j = 0; j < AVG_FILTER; ++j) {
      sum += pAvg[j][i];
    }
    dst[i] = sum / AVG_FILTER;
  }
  ++g_counter;
}
```

avgFilterの実装は極めて標準的なもので特筆すべきことはありません。8回分のデータをバッファーに蓄積しておき、平均値にして返すだけです。ダウンロードドキュメント中のスケッチでは、マクロで有効／無効を設定して平均化の効果を確認できます。

● FFTのスケッチ（ピーク出力関数）

```
float get_peak_frequency(float *pData, float* maxValue) {
  uint32_t idx;
  float delta, delta_spr;
  float peakFs;
  // 周波数分解能(delta)を算出
  const float delta_f = AS_SAMPLINGRATE_48000/FFT_LEN;

  // 最大値と最大値のインデックスを取得
  arm_max_f32(pData, FFT_LEN/2, maxValue, &idx);
  if (idx < 1) return 0.0;

  // 周波数のピークの近似値を算出
  delta = 0.5*(pData[idx-1]-pData[idx+1])
    /(pData[idx-1]+pData[idx+1]-(2.*pData[idx]));
  peakFs = (idx + delta) * delta_f;
```

```
    // スペクトルの最大値の近似値を算出
    delta_spr = 0.125*(pData[idx-1]-pData[idx+1])
      *(pData[idx-1]-pData[idx+1])
      /(2.*pData[idx]-(pData[idx-1]+pData[idx+1]));
    *maxValue += delta_spr;
    return peakFs;
  }
```

get_peak_frequency 関数は、周波数スペクトルの最大値とその周波数を計算します。FFTによる周波数スペクトルは離散値のため、周波数分解能以下の周波数を特定することはできません。しかし、ピークが二次関数に準じると仮定すれば、ピークとなる周波数と最大値の近似値を計算で求めることができます。それぞれの式は、3点を通る二次関数の連立方程式で導くことができます。

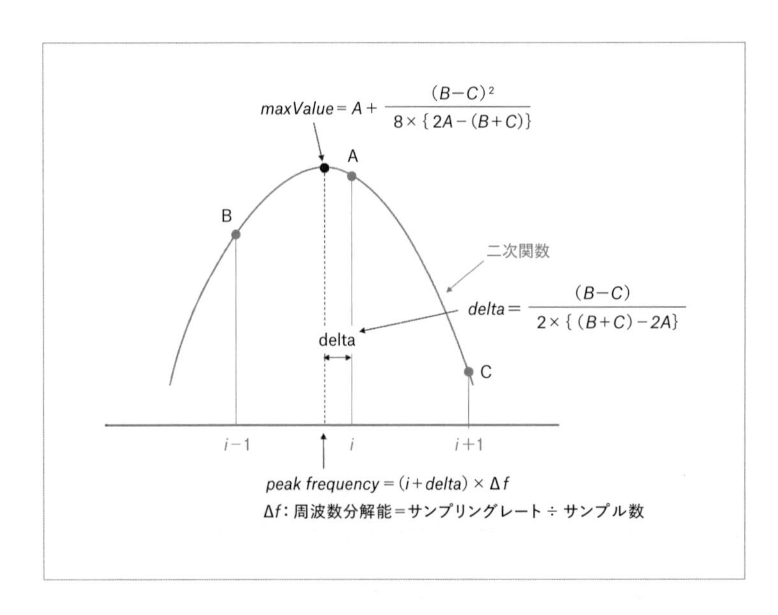

マルチコアプログラミングの方法

ここでは、Spresenseのマルチコアプログラミングの方法を解説します。Spresenseのプロセッサーはメインコアとサブコアが5つ、合計6つのCPUコアで構成されています。Arduino IDE を使うと、それぞれのコアに対してプログラミングをすることができます。

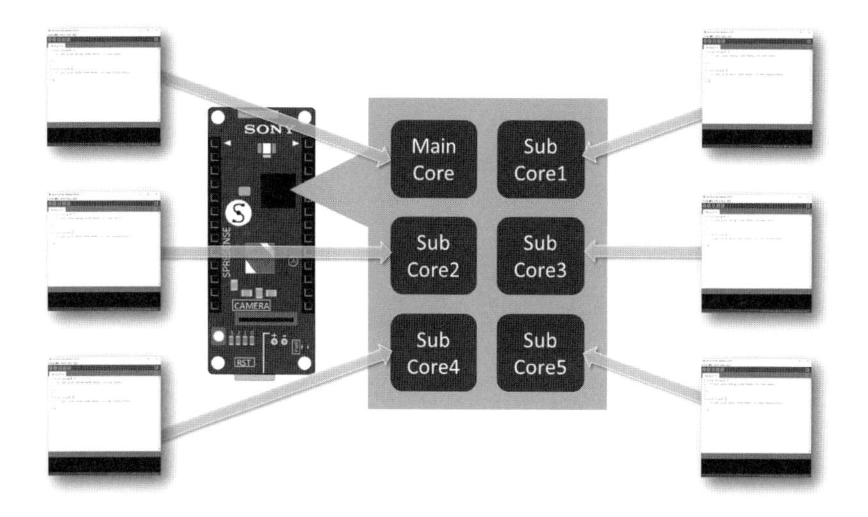

プログラミング対象のコアはArduino IDEのメニューで設定できます。メインコアとサブコアで若干異なりますので、その違いを説明します。

メインコア（MainCore）の設定

Arduino IDEのデフォルトのコアは「MainCore」に設定されています。

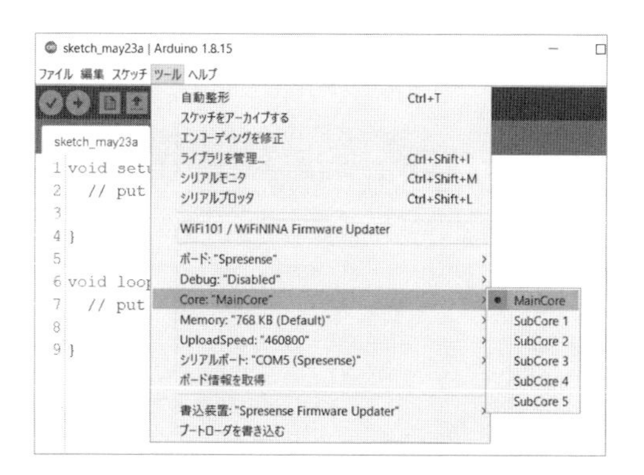

メインコアは確保するメモリー量を設定できます。デフォルトは768KBに設定されていますが、変更も可能です。メインコアを768KBに設定すると、残りの5つのサブコアが利用できるメモリー量の合計は768KBになります。

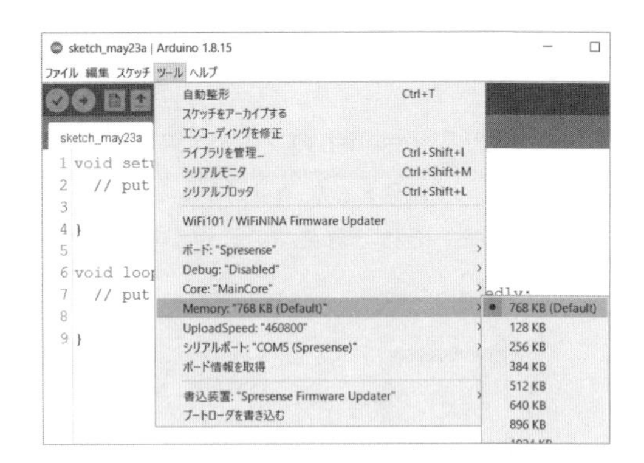

サブコア（SubCore）の設定

サブコアは1〜5まで書き込み対象として設定できます。例えば、サブコア1用のプログラムを書き込むには、「ツール」→「Core」で「SubCore 1」を選択します。サブコア2の場合は「SubCore 2」を選択します。

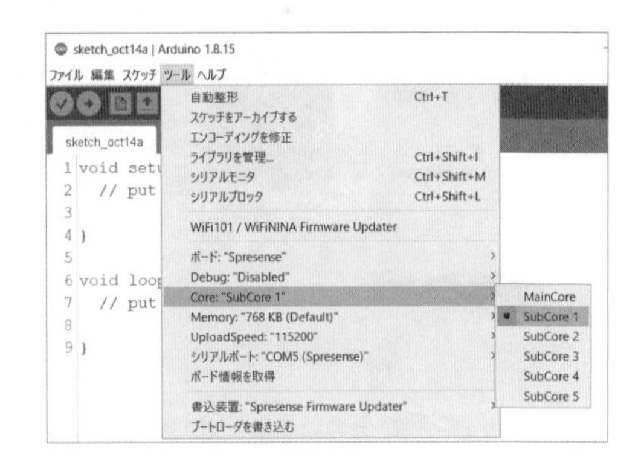

サブコアはメモリー量を指定できません。プログラムで使用する分だけ確保されます。Spresenseのハードウェアの構成上、メモリー量は128KB単位なので、サブコアのプログラムが130KB必要な場合、256KBが確保されることになります。確保したメモリー量はサブコアのコンパイル時にメッセージで表示されます。

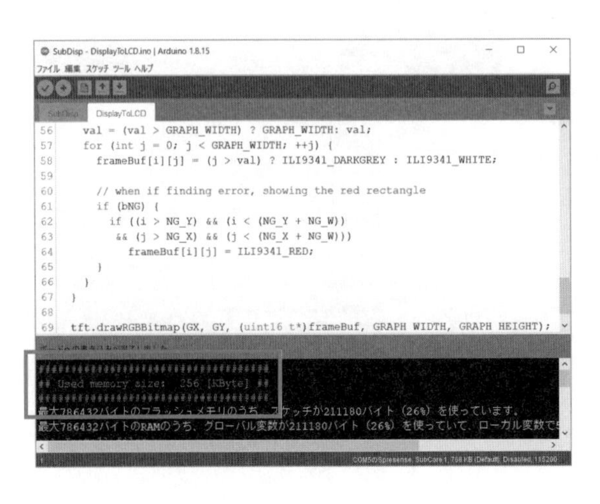

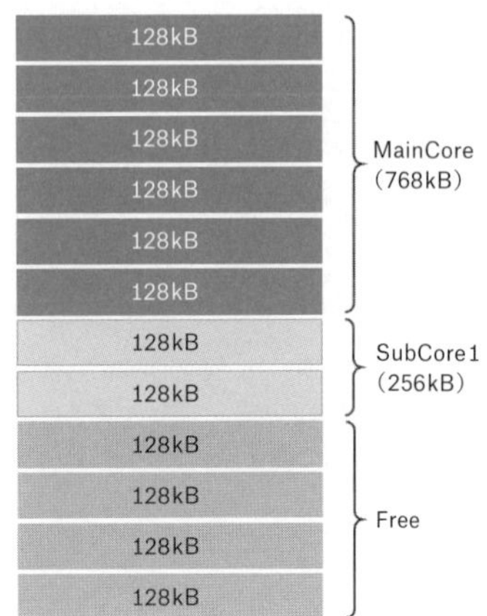

サブコア使用時の注意

サブコアはAudioライブラリやAI(DNNRT)ライブラリも使用します。そのため、オーディオ機能やニューラルネットワークを使用する場合は、すべてのコアを使用できるわけではありません。今回のようにオーディオとニューラルネットワークの両方を使用する場合は、利用できるサブコアは最大でも3つになります。またメモリーもAudio/DNNRTライブラリのそれぞれが使うので、ユーザーが使えるメモリー量の合計は512KB以下と考えたほうがよいでしょう。これらの条件は使用するニューラルネットワークによっても変動するので注意してください。

コア間通信を実現するMPライブラリ

コア間のメッセージのやりとりはMPライブラリで実現できます。MPライブラリのサンプルはArduino IDEの「スケッチ例」の「MultiCore MP」にあります。

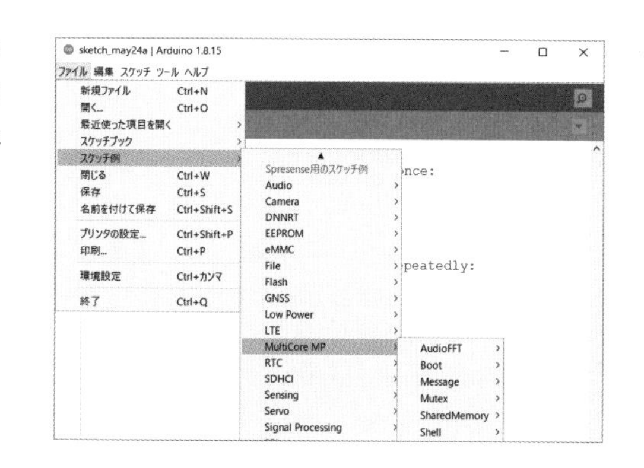

● メインコアのサンプルスケッチ

メインコアとサブコアでメッセージを交換するサンプルを解説します。冒頭のSUBCOREの定義確認は、コアの指定が間違った場合にエラーが出るようにしています。

setup関数内でサブコアの番号(1)を指定して、begin関数でMPライブラリを開始します。これによりサブコア1が起動します。MP.RecvTimeout関数は、ほかのコアからのメッセージの待ち時間を指定できる関数です。定義済のマクロもあり、MP_RECV_BLOCKINGを指定するとMP.Recvはデータが来るまでブロッキングします。一方、MP_RECV_POLLINGを指定すると、データがあると正の値を返し、データがないときは負の値を返します。MP.RecvTimeout関数を呼ばなかった場合は処理をブロッキングします。

ログ出力を行う場合はSerialライブラリではなく、MPLogを使います。MPLogはコア間のハードウェアの競合を避けてくれます。

```
#ifdef SUBCORE
#error "Core selection is wrong!!"
#endif

#include <MP.h>
int subcore = 1;    // サブコア1を使用

void setup() {
  MP.begin(subcore);  // サブコア1を起動
  // 未接続ピンのノイズを利用して乱数初期値を設定
  randomSeed(analogRead(0));
}

void loop() {
  int ret;
  uint32_t snddata;  // サブコアへ送信するデータ
  uint32_t rcvdata;  // サブコアからの受信データ
  int8_t sndid = 100;  // 送信ID (100)
  int8_t rcvid;  // 受信ID

  snddata = random(32767);  // 乱数を生成
  MPLog("Send: data= %d\n", snddata);
  // 生成した乱数をサブコア1へ送信
  ret = MP.Send(sndid, snddata, subcore);
  if (ret < 0) {
    MPLog("MP.Send error = %d¥n", ret);
  }
  // サブコアからのデータが到着するまで待つ
  MP.RecvTimeout(MP_RECV_BLOCKING);
  ret = MP.Recv(&rcvid, &rcvdata, subcore);
  if (ret < 0) {
    MPLog("MP.Recv error = %d\n", ret);
  }
  MPLog("Recv data= %d\n", rcvdata);
  delay(1000);  // 1秒待つ
}
```

● サブコアのサンプルスケッチ

サブコアのbegin関数に引数はありません。begin関数を呼ぶと、メインコアに起動したことを通知します。このサンプルでは、明示的にMP.Recv関数でMP_RECV_BLOCKINGを指定し、メインコアからデータが来るまで待ちます。データを受信したら、受信データをそのまま返します。

このサンプルは、メインコアのプログラムが生成したランダムデータをサブコアに送信し、サブコアは受信したランダムデータをそのまま返す、という単純な動きをします。


```
#if (SUBCORE != 1)
#error "Core selection is wrong!!"
#endif
#include <MP.h>

void setup() {
  MP.begin();  // メインコアに起動通知
  // データが来るまで待つように設定
  MP.RecvTimeout(MP_RECV_BLOCKING);
}

void loop() {
  int ret;
  int8_t msgid;  // メインコアの送信ID
  uint32_t msgdata;  // 受信データ

  // メインコアからのデータを待つ
  ret = MP.Recv(&msgid, &msgdata);
  if (ret < 0) {
    MPLog("MP.Recv Error=%d¥n", ret);
  }

  // メインコアの送信IDで受信データを返す
  ret = MP.Send(msgid, msgdata);
  if (ret < 0) {
    MPLog("MP.Send Error=%d¥n", ret);
  }
}
```

コア間でメモリー領域を受け渡す

コア間で大きなデータを受け渡しをしたいときは、メモリーポインターのアドレスを渡すことでやりとりできます。ただし、以下の2点に注意してください。

1. コア間で受け渡すメモリーポインターはグローバル変数かstaticなものを使う
   それぞれのコア内ではプログラムカウンターが0番から始まるため、メモリーアドレスは相対値になります。一方、コア間で受け渡すメモリーアドレスは物理的な絶対アドレスのため、アドレス変換をハードウェアで行っています。そのため、受け渡すメモリーポインターはアドレスが一意に定まるグローバル変数かstaticなポインターを用いる必要があります。
2. 共有するメモリー領域はコア間でアクセスの競合が発生しないようにする
   共有するメモリー領域は、複数のコアが同時にアクセスしないように注意してください。サブコアに渡すメモリー領域をあらかじめ決めておきコピーするか、もしくはMPライブラリが提供する排他処理機構(MPMutex)を使って排他処理を行うなどしてメモリー領域を保護してください。複数のコアが共有メモリー領域にアクセスすると予測不能な挙動をする場合があり、デバッグが非常に難しくなります。

では、具体的にメモリー領域を受け渡すスケッチを使って、MPMutexの使い方を含めて解説をしていきます。スケッチは次の場所にあります。

⇨ **メインコア用スケッチ**
Chap03/sketches/mp_mutex/Maincore/Maincore.ino

⇨ **サブコア用スケッチ**
Chap03/sketches/mp_mutex/Subcore1/Subcore1.ino

このサンプルは、0〜255の値をランダムに与えた128個の整数配列にチェックサムを加えたものをサブコアに渡しています。各コアからメモリーにアクセスする際にコア間の競合が発生しないよう、MPMutex でメモリー領域を保護しています。

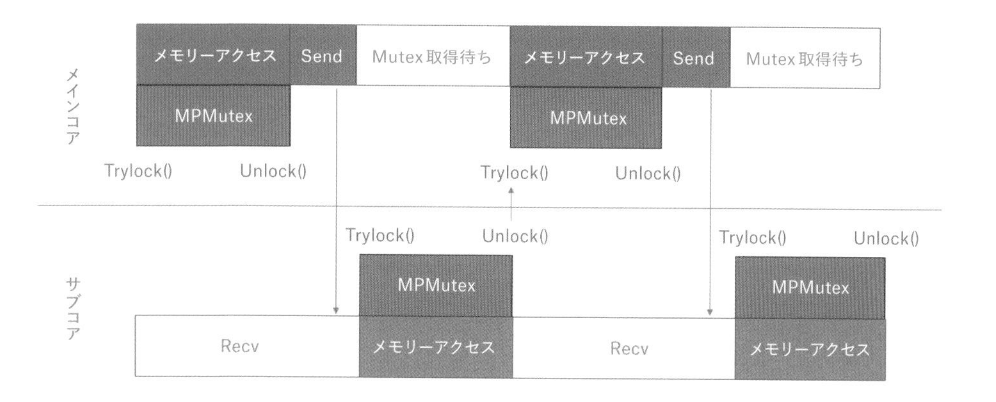

● メインコアのスケッチ

メインコアは128個の配列にランダムデータを配置します。配列の最後にチェックサムを付けてサブコアに渡しています。random()関数は第1引数は最小値(min)、第2引数は最大値(max)になります。このときデータの範囲は、minからmax-1になることに注意してください。このサンプルの例ではrandom(0, 256)なので、0〜255の値になります。

MPMutex.Trylock()は、確保に失敗すると負の値を返します。このサンプルのように、正の値が返ってくるまでTrylock()を繰り返すようにすれば、サブコアがMPMutexを解放したタイミングで処理を開始できます。

```
#ifdef SUBCORE
#error "Core selection is wrong!!"
#endif
#include <MP.h>
#include <MPMutex.h>
MPMutex mutex(MP_MUTEX_ID0);

const int subcore=1;
const int mem_size = 128;
int data[mem_size+1];  // 末尾にチェックサムを付加

void setup() {
  int ret = MP.begin(subcore);
  if (ret < 0) {
    MPLog("MP.begin error: %d\n", ret);
  }
  // 未接続ピンのノイズを利用して乱数初期値を設定
  randomSeed(analogRead(0));
}
```

```
void loop() {
  int ret;
  int8_t sndid = 100;  // 送信ID

  // mutex が確保できるまで待つ
  do { ret = mutex.Trylock(); } while (ret != 0);
  for (int n = 0; n < mem_size; ++n) {
   data[n] = random(0, 256); // 0〜255の乱数生成
  }
  // チェックサムを計算
  int sum = 0;
  for (int n = 0; n < mem_size; ++n) {
    sum += data[n];
  }
  int checksum = ~sum;
  data[mem_size] = checksum;  // チェックサムを追加
  mutex.Unlock(); // mutex を解放
  // サブコア1にメモリーポインターを渡す
  ret = MP.Send(sndid, &data, subcore);
  if (ret < 0) {
    MPLog("MP.Send error: %d\n", ret);
  }
  MPLog("Checksum = 0x%2X\n", checksum);
}
```

● サブコアのスケッチ

サブコアはデータ受信モードをポーリングモードで行っています。ポーリングモードは、Recv()関数でデータ受信があった場合は戻り値が正の値、なかった場合は負の値を返します。このサンプルでは、MPMutexが解放されたら即座に取得するようにしているためポーリングモードにしています。受信モードはケースバイケースで選択してください。

データを受信したらチェックサムを算出し、送信されたデータに付加されたチェックサムと値を比較して、データに問題がないか確認をしています。

```
#if (SUBCORE != 1)
#error "Core selection is wrong!!"
#endif
#include <MP.h>
#include <MPMutex.h>
MPMutex mutex(MP_MUTEX_ID0);

const int mem_size = 128;
int* data;  // メインコアが確保したメモリーへのポインター

void setup() {
  int ret = MP.begin();
  if (ret < 0) { MPLog("MP.begin error: %d\n", ret); }
  // データ受信をポーリングモードで監視
  MP.RecvTimeout(MP_RECV_POLLING);
}

void loop() {
  int ret;
  int8_t rcvid;
  // メモリーエリアのアドレスを受信
  ret = MP.Recv(&rcvid, &data);
  if (ret < 0) return;  // データがない場合は負の値
  // mutex が確保できるまで待つ
  do { ret = mutex.Trylock(); } while (ret != 0);
  // 受信データのチェックサムを計算
  int sum = 0;
  for (int n = 0; n < mem_size; ++n) {
    sum += data[n];
  }
  int checksum = ~sum;
  mutex.Unlock();       // mutex を解放
  // チェックサムを比較
  if (checksum != data[mem_size]) {
    MPLog("Error = 0x%2X\n", checksum);
  } else {
    MPLog("  Ok  = 0x%2X\n", checksum);
  }
}
```

Neural Network Console とは?

Neural Network Consoleは、
2017年7月にソニーがリリースした深層学習開発ツールです。
本章では、Neural Network Consoleの導入とSpresenseに組み込める
学習済モデルを生成する方法を解説します。

Neural Network Consoleについて

Neural Network Consoleは、ニューラルネットワークの設計から深層学習までGUI環境で簡単に行えるソニーの深層学習開発ツールです。従来の深層学習開発ツールは、Pythonをベースとしたものが主流で、ニューラルネットワークの仕組みに加えてPythonも学ばなくてはならず、すばやく現場にAIを導入したいユーザーにとって敷居の高いものでした。Neural Network Consoleは、GUIベースの開発環境とすることで、新たな言語習得なしでニューラルネットワークの開発を可能にし、AIの初学者にも取り組みやすくなっています。また、組み込みシステムへの適用を意識した設計で、Neural Network Consoleで生成した学習済モデルをSpresenseのようなマイコンシステムに組み込むことができます。

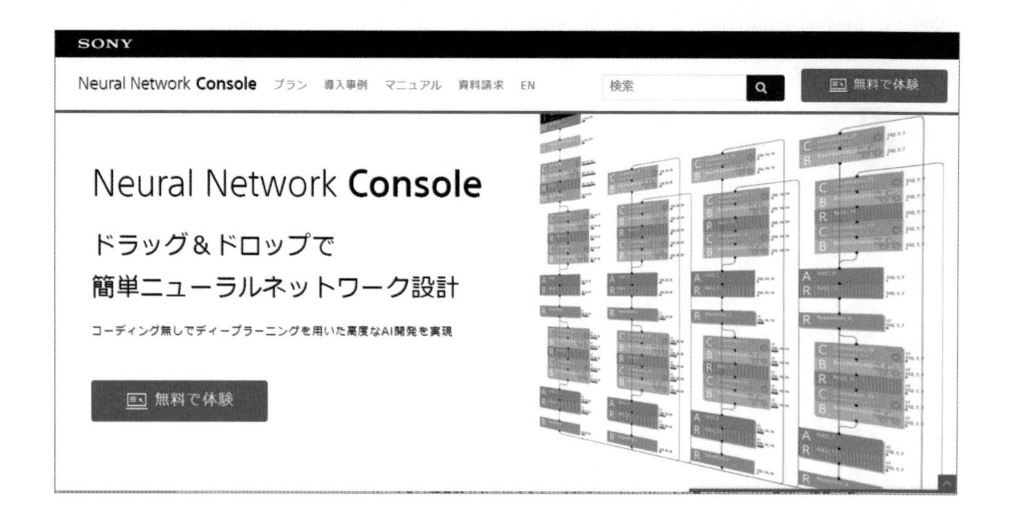

Neural Network Consoleの利用環境

Neural Network Consoleには、スタンドアローンで動くWindowsアプリ版と、ブラウザーベースのクラウド版があります。基本的な操作や機能はほぼ同じですが、Windowsアプリ版はGPU搭載のハイエンドPCの利用が推奨されています。深層学習には、大量のメモリーと高い演算能力を必要とすることが多く、スタンダードクラスのPCでは学習の計算に長時間かかることが珍しくありません。一方、クラウド版は、深層学習の規模に応じて計算資源を増減できるので、効率的に開発を進められます。

Spresenseの場合、メモリーが1.5MBと小さいことから、大規模なニューラルネットワークは搭載できません。そのためWindowsアプリ版で開発できるケースがほとんどですが、ホストコンピューターにLinuxやmacOSを使っている方、膨大な量の学習データを扱う場合はクラウド版が適しています。環境や用途に応じて、どちらを使うか選択をしてください。

クラウド版は、CPU時間10時間は無料で利用できるので、まずはNeural Network Consoleをインストールすることなしにブラウザーで試してみたい方にもお勧めします。

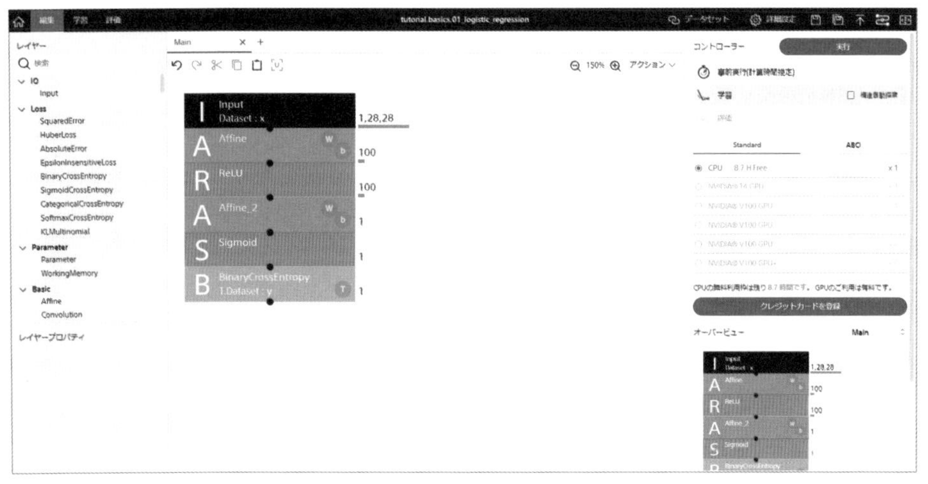
Neural Network Consoleの編集画面

Neural Network Consoleの情報について

Neural Network Consoleのサポートサイトには、ニューラルネットワークの学習のためのドキュメントや動画が豊富に用意されています。基本的な使い方から、サンプルネットワーク、サンプルデータセットの解説など段階的に学べる構成となっています。特に、開発者であるソニーネットワークコミュニケーションズの小林氏によるYoutube動画の解説はわかりやすく、ニューラルネットワークを初めて学ぶ人のための教材としても最適です。Neural Network Console に興味を持たれた方は、ぜひご覧ください。

Neural Network Consoleサポートドキュメント

https://support.dl.sony.com/docs-ja/

Neural Network Console Youtube チャンネル

https://www.youtube.com/c/NeuralNetworkConsole

Windowsアプリ版をインストールする

Neural Network Consoleをダウンロードする

Neural Network ConsoleのWindowsアプリ版は、次のURLからダウンロードできます。Windowsアプリ版は、8.1/10以降の64bit版のWindowsに対応しています。

⇨ **Neural Network Console Windowsアプリ**

https://dl.sony.com/ja/app/

ダウンロードしたインストーラーを実行する際に、以下のような警告メッセージが表示される場合があります。その場合は、上記サポートサイトに記載されている対応手順に従って作業を進めてください。

> Windowsによって PCが保護されました
> Microsoft Defender SmartScreenは認識されないアプリの起動を停止しました。このアプリを実行すると、PCが危険にさらされる可能性があります

.exeファイルを実行すると、「neural_network_console」という名前のフォルダーが生成されます。その中にある「neural_network_console.exe」が実行ファイルです。Neural Network Consoleの使い方は、同じフォルダー内の「manual_jp.pdf」に記載されています。操作に困ったら参照してください。

Neural Network Consoleを展開する場所のパスに日本語が含まれていると正しく動作しない場合があります。日本語を含まないパスにインストールしてください。

ライブラリのインストールとサインインアカウントの登録

「neural_network_console.exe」を初めて起動すると、次のような警告のメッセージが現れます。メッセージにあるように、Neural Network Consoleを動作させるには、「Visual Studio 2015 の Visual C++ 再配布可能パッケージ」が必要です。画面に示されるサイトから入手しインストールしてください。

➡ **Microsoft Visual C++ 2015 Redistributable Update 3**

https://www.microsoft.com/en-us/download/details.aspx?id=53587

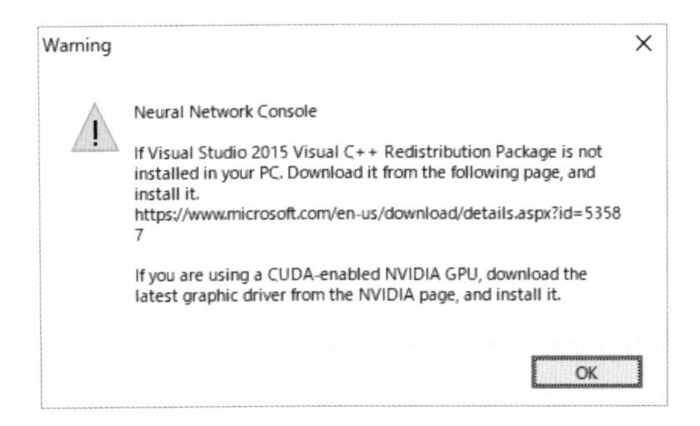

「OK」をクリックするとブラウザーが起動し、サインインアカウントの選択画面が現れます。Googleアカウントのお持ちの方は「Google」を選択します。お持ちでない場合はGoogleもしくはソニーアカウントを作成してサインインしてください。

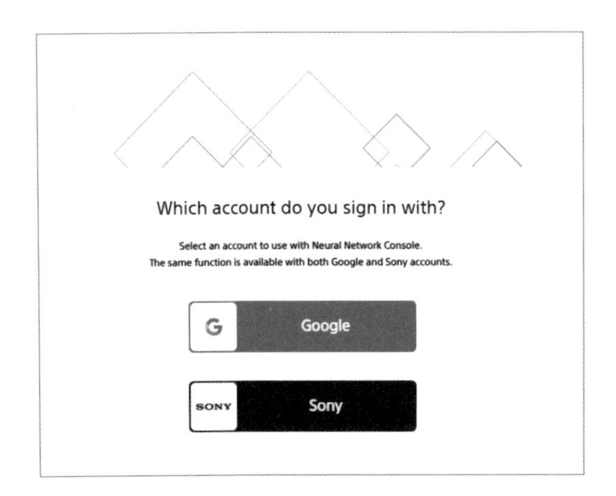

上記サイト内での指示に従い、サインインに必要な情報を入力し利用規約に同意します。次のようなメッセージが表示されたら、サインインアカウントの登録手続きは完了です。

Activation completed successfully.
Close this window and return to the Neural Network Console.

Neural Network Consoleの利用開始

Neural Network Consoleのアプリケーション画面に戻ると、ライセンス同意画面が表示されるので、内容を確認して「同意する」と「適用」をクリックします。

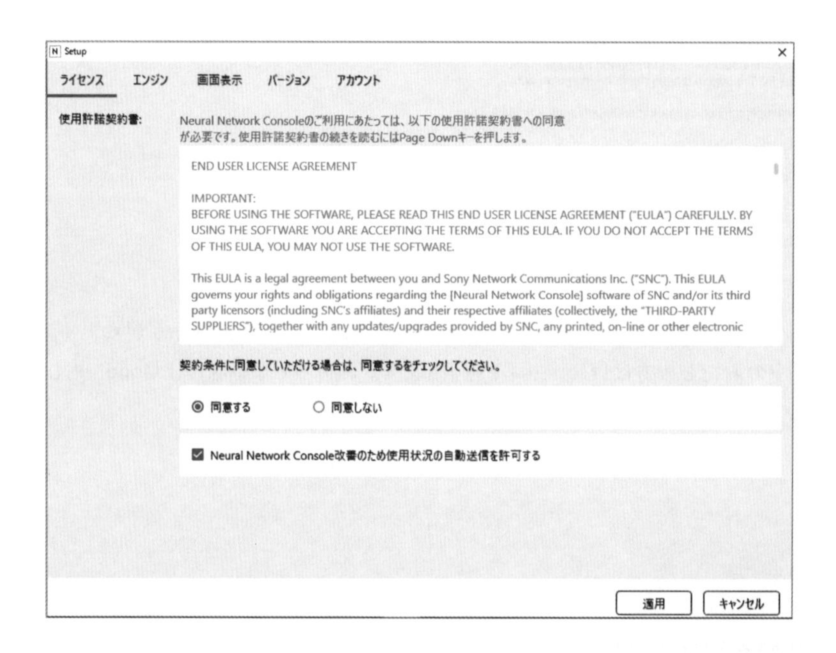

メッセージ画面が消えて、Neural Network Consoleのプロジェクト管理画面を操作できるようになります。

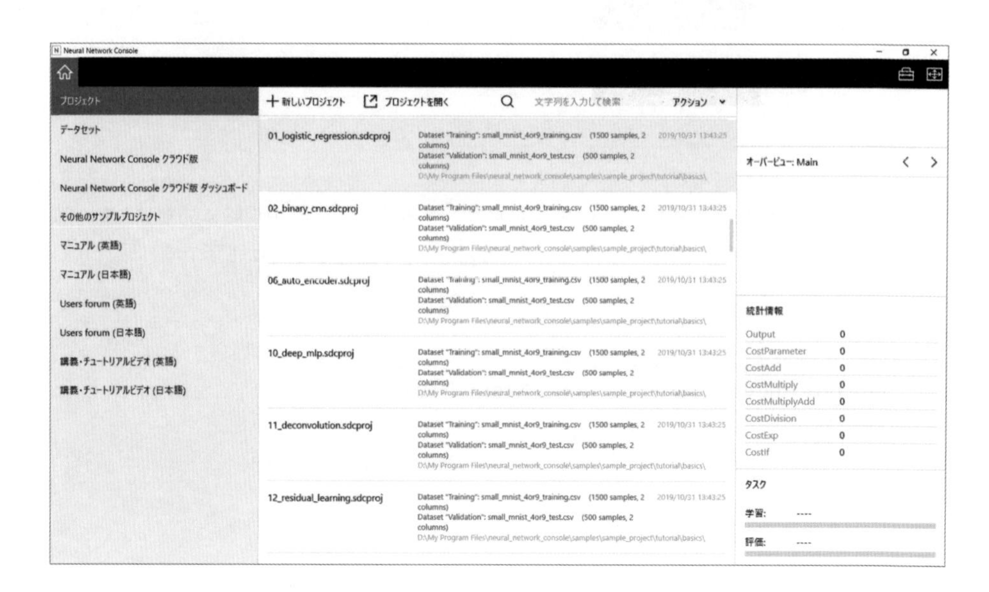

クラウド版を設定する

クラウド版の利用は、Windowsアプリ版よりも簡単です。Neural Network Consoleのランディングページにある「無料で体験」をクリックするとサインインが求められるので、Googleもしくはソニーアカウントを用いて手続きを進めてください。

⇨ **Neural Network Console ランディングページ**

https://dl.sony.com/ja

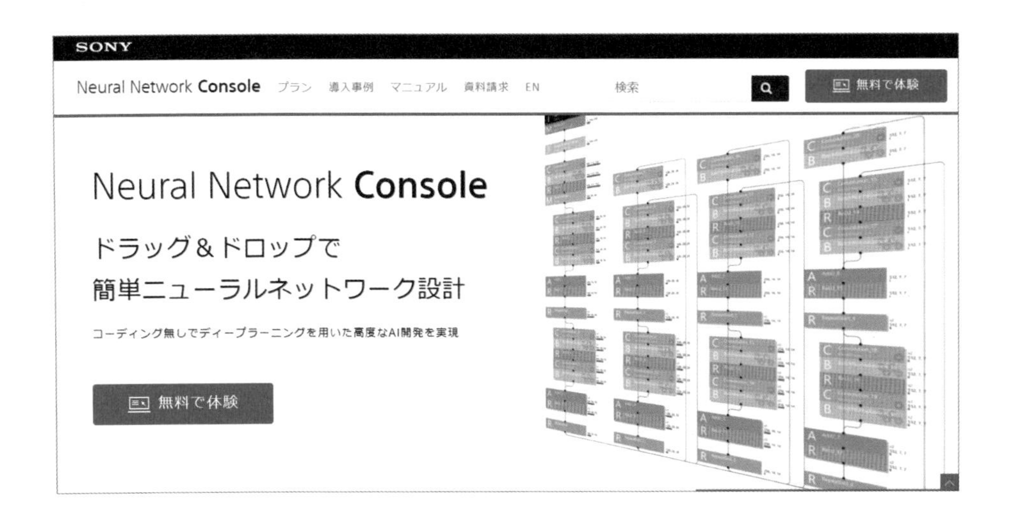

手続きが完了すると、ブラウザー上にプロジェクト管理画面が現れ利用を開始できます。クラウド版は、サンプルプロジェクトや学習データがWindowsアプリ版よりも充実しています。豊富な計算資源を活用した複雑な深層学習を短時間で行うことも可能なので、組み込みAIだけでなく、大規模なAIの開発を検討している場合にも、ぜひお試しください。

Neural Network Consoleを使ってみる

ここでは、Neural Network Consoleを使って、Spresenseに組み込める学習済モデルを生成するまでの手順を解説します。深層学習フレームワークでは、学習用のデータセットとしてImageNetなど、すでに整備されたものを使うのが一般的です。しかし、Spresenseのような組み込みAIは、計算資源が限られることに加え、設備の監視やウェアラブルなどの特殊な用途で導入されることが多く、公開されているデータセットを使うのは不向きな場合があります。

Neural Network Consoleはそれらのデータセットの登録や管理が視覚的に行え、独自に準備したデータセットの活用も容易です。ここでは独自に作成した画像の学習用データセットをNeural Network Consoleに登録する方法について解説します。

なお、データセットは画像だけでなく音やセンサーから得た値などさまざまなものがあり、ニューラルネットワークによっても構造が異なります。本書後半の応用例では、学習データの収集方法やデータ構造などについて解説していますので、そちらも併せてご参照ください。

次のステップでデータセットの登録から学習済モデルの出力までを解説をしていきます。

〈 解説の流れ 〉

1. データセットの準備と登録
2. ニューラルネットワークの編集
3. ニューラルネットワークの学習と評価
4. 学習済モデルの出力

データセットの準備と登録

画像認識用のデータセットの解説と、Neural Network Consoleにデータセットを登録する作業の流れについて説明します。今回扱うデータセットは、本書ダウンロードドキュメントの以下の場所にあります。

⇨ 画像認識用サンプルデータセット

Chap04/nnc_dataset/number.zip

データセットの構造について

Neural Network Console に登録するデータセットは、学習データと評価データから構成されています。学習データは学習済モデルの生成に使用し、評価データは学習済モデルの評価に使います。通常、学習データと評価データの比率は7：3〜8：2ほどです。例えば、データが100ある場合、学習データに70、評価データに30を割り当てる、といった具合です。number.zipのデータ構造は表のようになります。

データセット number	学習データフォルダー /id_train	学習データ管理ファイル (id_train.csv)
		深層学習用 28×28 のモノクロ数字画像データフォルダー "0" -"a" までに分類格納されています
	評価データフォルダー /id_valid	評価データ管理ファイル (id_valid.csv)
		評価用 28×28 のモノクロ数字画像データフォルダー "0" -"a" までに分類格納されています

管理ファイルとは、データセットをNeural Network Consoleに登録するためのデータのリストが記述されたテキストファイルです。このデータセットの場合は、画像のパスと対応するラベル番号を付したリストが記載されています。

*Neural Network Consoleで扱える画像データはPNG、BMP等に対応しています。

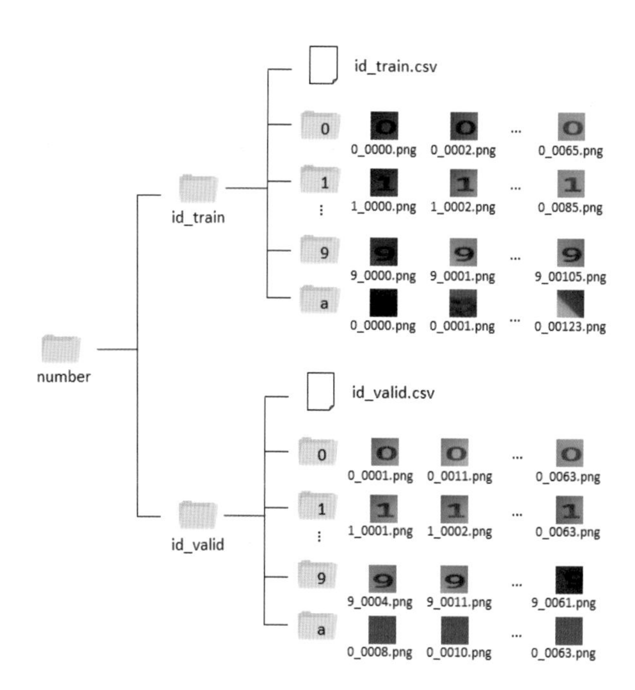

データセットを登録する（Windowsアプリ版）

データセットをNeural Network Consoleに登録します。今回は、データセットとして本書ダウンロードドキュメントのnumber.zip を利用します。解凍すると、「number」フォルダー内にid_train.zip と id_valid.zip が展開されます。さらに、これらのファイルを解凍して「id_train」フォルダーと「id_valid」フォルダーを展開してください

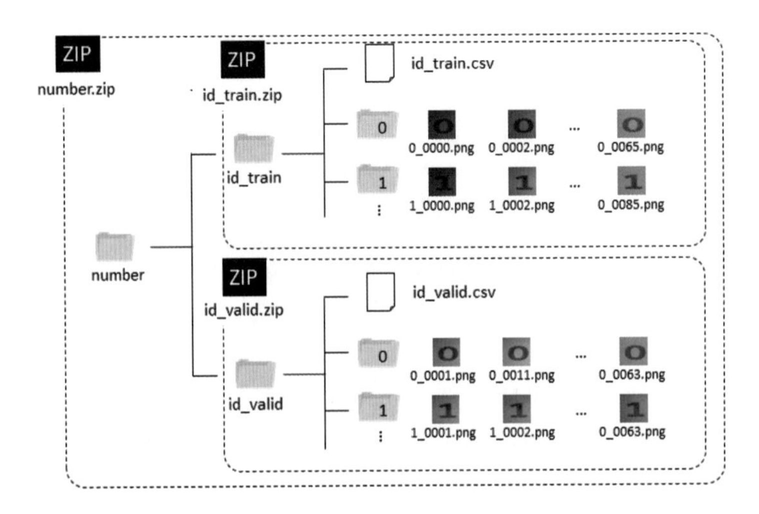

データセットを登録するには、Neural Network Consoleのデータセット管理画面で、「データセットを開く」をクリックして学習データの管理ファイル「id_train.csv」、「id_valid.csv」を選択してください。

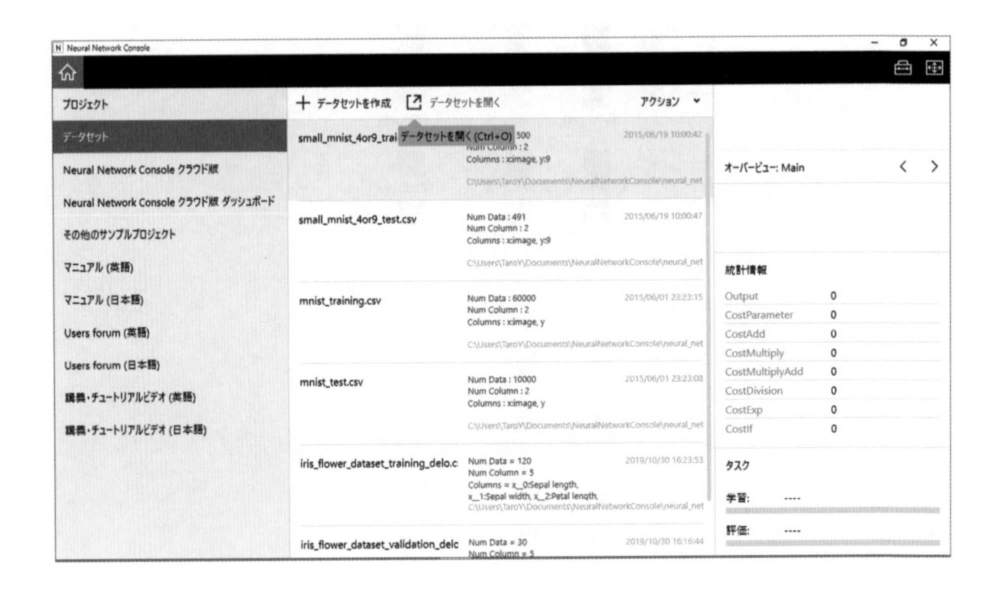

データセットが登録されると、画像データがNeural Network Consoleの画面にリスト表示されます。「データセット」のリストから「id_train.csv」と「id_valid.csv」を選択して、それぞれの画像が表示されることを確認してください。

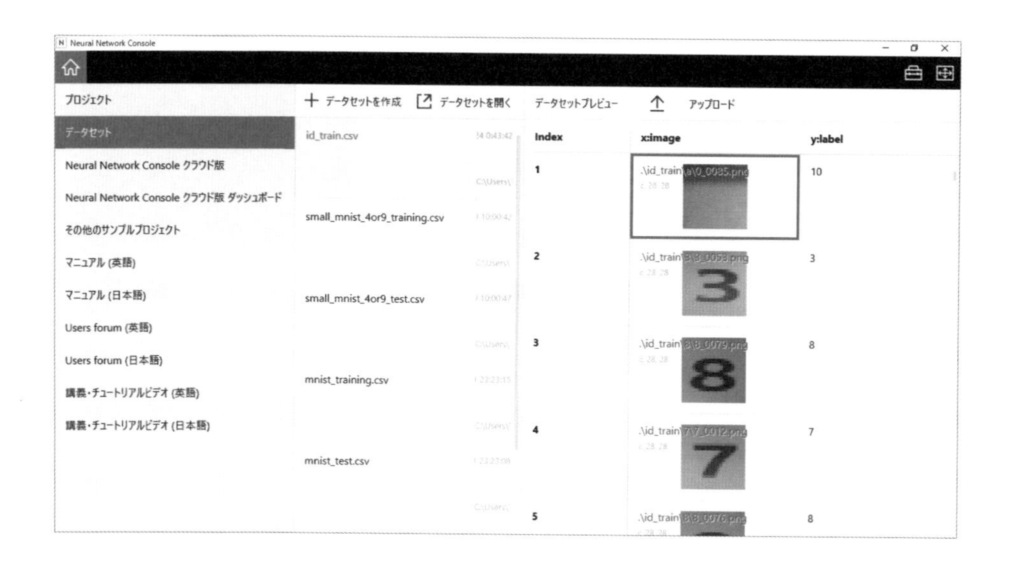

データセットを登録する(クラウド版)

クラウド版にデータセットを登録するにはデータをサーバーにアップロードする必要があります。アップロードするデータは、学習データならびに評価データの圧縮ファイルを用います。まず、本書ダウンロードドキュメントの「dataset」フォルダー内にある「number.zip」を解凍して、「id_train.zip」と「id_valid.zip」を準備します。

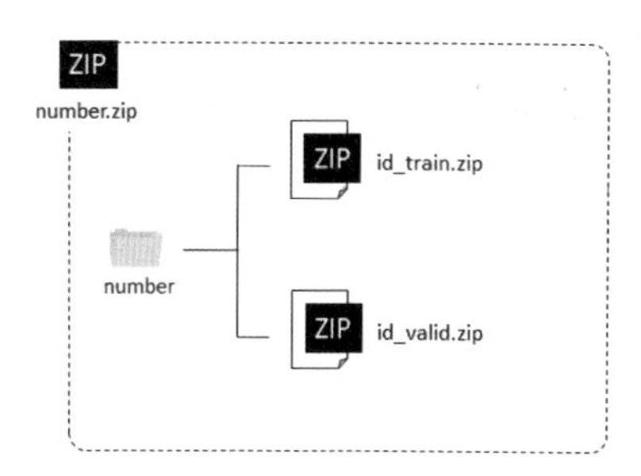

クラウド版のNeural Network Consoleのデータセット管理画面を開き、「ブラウザからアップロード」をクリックします。ファイルの選択画面が表示されるので、解凍しておいた「id_train.zip」と「id_valid.zip」をドラッグ&ドロップするとアップロードが始まります。アップロードが完了すると、自動的に解凍と登録が行われます。

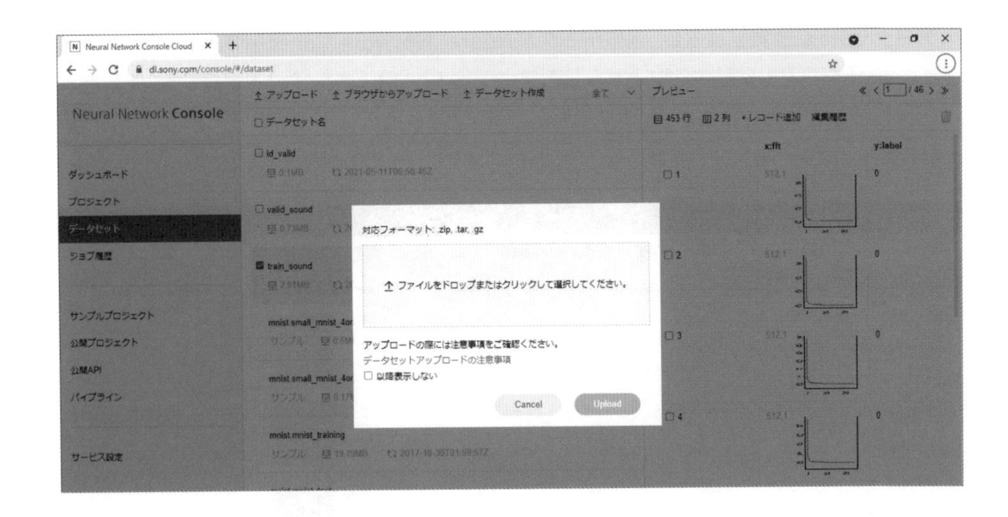

ニューラルネットワークの編集

ニューラルネットワークのサンプルプロジェクトは本書ダウンロードドキュメントの次の場所にあります。

⇨ Neural Network Consoleサンプルプロジェクト

Chap03/nnc_project/number_recognition.sdcproj

ニューラルネットワークの編集は、「編集」画面を使います。「編集」タブをクリックして編集画面に切り替えてください。ニューラルネットワークの各レイヤーをコンポーネントからドラッグアンドドロップで配置し、レイヤー間をつないで設計、編集が行えます。

各レイヤーのパラメーターは、レイヤープロパティで設定します。レイヤーによって設定できるパラメーターは異なります。利用するレイヤーのパラメーターの詳細はNeural Network Consoleのヘルプで確認してください。レイヤープロパティ内のブックアイコンをクリックすると、対象のレイヤーのヘルプがブラウザーで開きます。

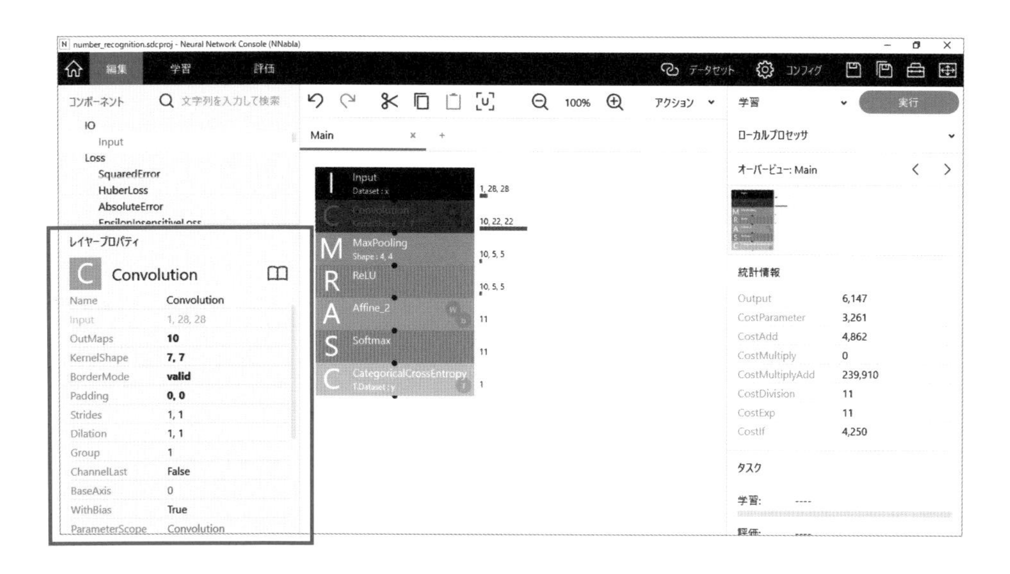

画像分類のニューラルネットワークの設計を次に示しますので、編集を試してみてください。データセットは28×28ピクセルのモノクロ画像を使っています。出力は0〜9の画像と数字のない背景画像の11種類のクラスの確からしさを出力しています。

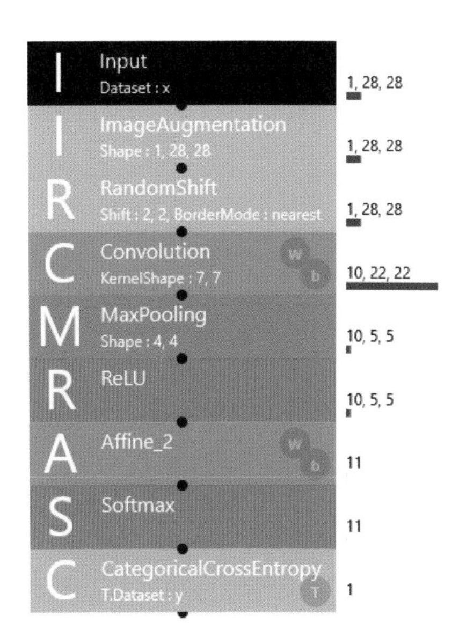

各レイヤーのレイヤープロパティが表のようになっているか確認してください。

レイヤー	確認するレイヤープロパティ	数値
Input	Size	1,28,28
ImageAugmentation	MinScale	0.9
	MaxScale	1.1
	Distortion	0.1
	Brightness	0.04
	Noise	0.02
	SkipAtTest	True
RandomShift	Shift	2,2
Convolution	OutMaps	10
	KernelShape	7,7
MaxPooling	KernelShape	4,4
ReLU	Output	10,5,5
Affine	OutShape	11
Softmax	Output	11

ニューラルネットワークの学習と評価

データセットをプロジェクトにリンクする

学習を実行する前に、このプロジェクトにデータセットをリンクする必要があります。「データセット」タブをクリックしてデータセットのリストを表示し、学習データ「id_train」を「Training」に、評価データ「id_valid」を「Validation」にリンクします。

関連付けをすると、「Training」、「Validation」のクリックで、それぞれのデータの中身が表示されます。このとき、Image Normalizationがチェックされていることを忘れずに確認してください。

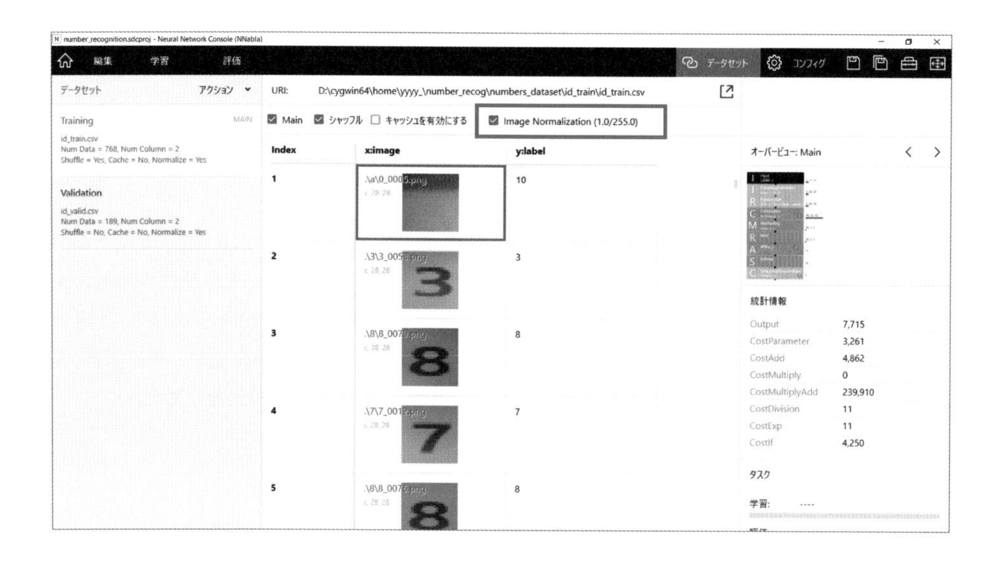

ニューラルネットワークの学習を行う

「編集」画面で「実行」ボタンをクリックすると学習が開始されます。「学習」画面には学習曲線が表示され、学習状態を把握できます。それぞれの学習曲線の意味は次のようになります。

cost	学習中の損失関数の出力値
training_error	評価時の学習データにおける評価関数の出力値
validation_error	評価時の評価データにおける評価関数の出力値

性能の良否は「validation_error」で判断します。前ページのネットワークの場合、損失関数、評価関数ともにCategoricalCrossEntropyになります。評価は、デフォルトでは5Epochまでは毎Epoch、10Epoch以降は10Epochごとに行います。

学習回数（Epoch）が100になると学習が終了します。なお、Epoch数は「コンフィグ」で変更できます。

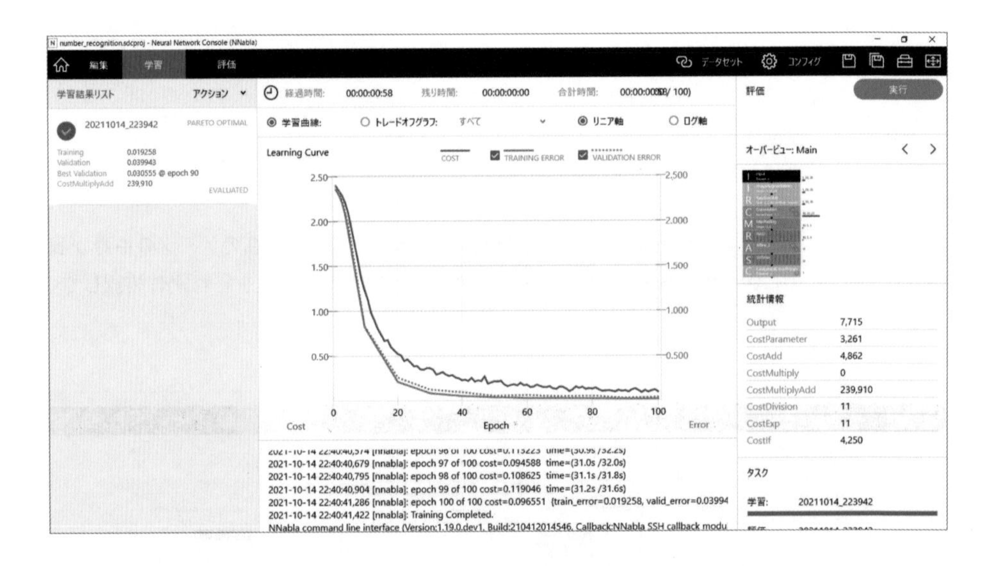

「training_error」と「validation_error」の値に開きがある場合は、ニューラルネットワークの学習結果（学習済モデル）が学習データに過度に最適化されてしまっている可能性があります。これを「過学習」といいます。この学習済モデルは学習データ以外では認識率が悪く、実際の場面では使えない可能性があります。学習データと評価データの配分の変更や、データセットの量を増やす、ニューラルネットワークの設計を見直すなどの対応が必要になります。

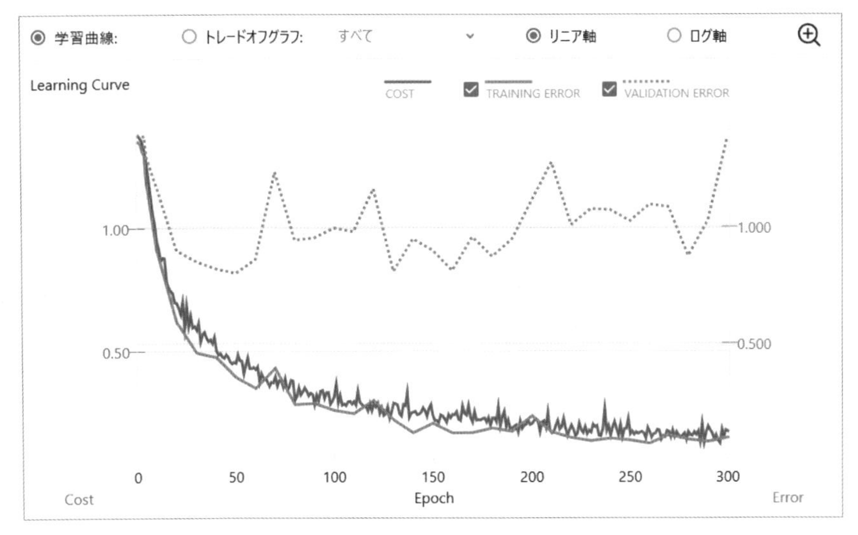

過学習の例

ニューラルネットワークの評価を行う

ニューラルネットワークの学習が成功したら、「学習」画面右上の「実行」ボタンをクリックして、評価を開始します。評価データの各データに対する評価結果画面が表示されますが、このままでは性能を把握しにくいため、混同行列に切り替えましょう。「混同行列」を選択すると、マトリックスが表示され、評価結果を俯瞰できるようになります。

混同行列では、それぞれの期待されたラベルに対する評価結果がマトリックス表示されます。縦軸が正解とされるラベルの値、横軸が推測した結果のラベルの値です。Windowsアプリ版の場合、各ラベルで不正解となった要素をダブルクリックすると、そのデータを表示できます。エラーの傾向を把握することができるので非常に便利です。クラウド版の場合は、混合行列と並列に用意されている分類マトリックスの画面のセルをクリックすることで不正解のデータを表示します。

	y'_0	y'_1	y'_2	y'_3	y'_4	y'_5	y'_6	y'_7	y'_8	y'_9	y'_10	Recall
y:label=0	14	1	0	0	0	0	0	0	0	0	0	0.9333
y:label=1	0	17	0	0	0	0	0	0	0	0	0	1
y:label=2	0	0	17	0	0	0	0	0	0	0	0	1
y:label=3	0	0	0	19	0	0	0	0	0	0	0	1
y:label=4	0	0	0	0	17	0	0	0	0	0	0	1
y:label=5	0	0	0	0	0	18	0	0	0	0	0	1
y:label=6	0	0	0	0	0	0	16	0	0	0	0	1
y:label=7	0	0	0	0	0	0	0	18	0	0	0	1
y:label=8	0	0	0	0	0	0	0	0	17	0	0	1
y:label=9	0	1	0	0	0	0	0	0	0	16	0	0.9411
y:label=10	0	0	0	0	0	0	0	0	0	0	18	1
Precision	1	0.8947	1	1	1	1	1	1	1	1	1	
F-Measures	0.9654	0.9444	1	1	1	1	1	1	1	0.9696	1	

Accuracy	0.9894
Avg.Precision	0.9904
Avg.Recall	0.9885
Avg. F-Measures	0.989

評価結果の値の意味は次のようになっています。てっとり早く学習済モデルの全体の性能を見るには"Accuracy" が良い指標となると思います。

評価指標	意味	説明
Accuracy	正解率	すべてのデータに対する正答率
Avg Precision	平均適合率	各予測結果の中で正解率の平均
Avg Recall	平均再現率	各正解とされるラベルの正答率の平均
Avg F-measures	平均F値	適合率と再現率の調和平均

適合率と再現率が少しわかりにくいですが「平均適合率」は「精度」とも呼ばれ、例えば今回の数字認識の場合、1と予測した総数の中で実際に1であった数の比率です。再現率は1であるデータの総数に対して、1と予測した数の比率です。通常、適合率と再現率はトレードオフの関係にあるため、そのバランスを見るために「平均F値」を使います。

学習済モデルの出力

学習済モデルをSpresenseに組み込むために出力することができます。Neural Network Consoleの評価結果画面を開き、左にある「学習結果リスト」もしくは「ジョブ履歴」で対象とする学習結果をマウスで選択します。右クリックするとメニューが出てきますので、「エクスポート」を選択、「NNB(NNabla C Runtime file format)」を選択します。

すると、Windowsアプリ版ではフォルダーが開き、多数のファイルが出力されます。その中の「model.nnb」がSpresenseに組み込める学習済モデルです。

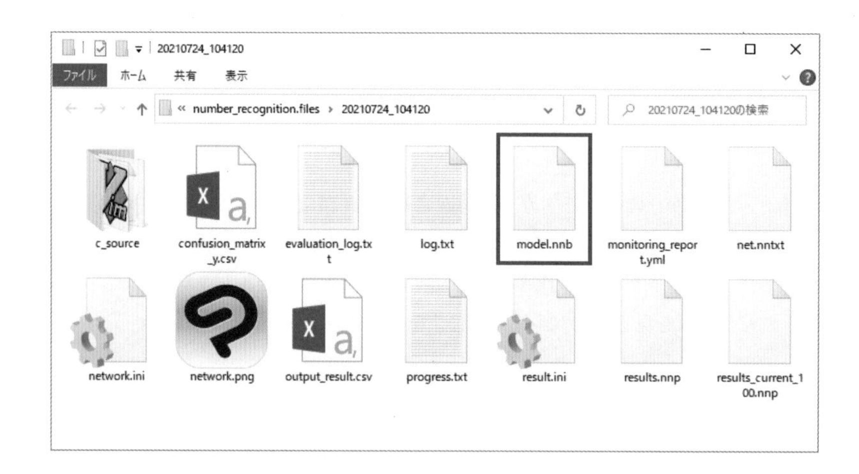

クラウド版では、ブラウザーのダウンロード機能で「result.nnb」というファイルが取得できます。Windowsアプリ版と名称が異なりますが、基本的には同じものです。

5 ニューラルネットワークを組み込み向けに最適化する

前章ではNeural Network Consoleの使い方について解説しました。
Spresenseのような組み込みシステムでは、学習済モデルを最適化し、
ニューラルネットワークをできるだけコンパクトにする必要があります。
本章では、ニューラルネットワークの構成要素とその構造、最適化の方法について説明します。

ニューラルネットワークの構造と最適化

Spresenseのような組み込みシステムは、演算能力やメモリーなどの計算資源が制限されるため、大規模なニューラルネットワークは搭載できませんが、小型省電力かつ高速起動が可能なことから、設備監視やウェアラブル、人工衛星向けに適しており、エッジAIとしての需要が高まりつつあります。エッジAIのユースケースは認識対象が限られるため、コンパクトなニューラルネットワークでも十分な性能を発揮できます。

組み込み向けに学習済モデルを最適化するには、ニューラルネットワークの構造についてよく知ることが大切です。本章では、ニューラルネットワークの構成要素とその構造について解説した後、最適化の方法について説明します。

エッジAIは、データセットを自前で用意することが一般的ですが、十分な量のデータが得られないと、性能が不十分なモデルになる恐れがあります。こうした問題を解消するため、データを水増しするテクニックも紹介します。

〈 解説の流れ 〉

1. 基本的なニューラルネットワークの構成要素
2. 全結合要素の構造
3. 畳み込み要素の構造
4. 出力層と損失関数の構成
5. ニューラルネットワークを最適化する
6. 学習データの不足を解消する

基本的なニューラルネットワークの構成要素

ニューラルネットワークは、いくつかの構成要素の組み合わせで実現されています。その構成要素を理解することで、ニューラルネットワークを最適化できます。ここでは、代表的なニューラルネットワークの構造を参考に、その構成要素について考察します。

LeNetの構成

LeNetは画像に写っているものを認識するニューラルネットワークです。例えば、犬や猫の画像を学習させ、犬や猫が含まれた画像が入力されると、その存在を認識し、「犬」か「猫」の確からしさを出力します。この例では出力は4クラスです。

LeNetは、その構造の中に畳み込み層(Convolution)、プーリング層(MaxPooling)、活性化関数(ReLUやTanh)、全結合層(Affine)と出力層(Softmax)が含まれています。

注意深く見ると、畳み込み層/プーリング層/活性化関数は、まとまった構成要素(畳み込み要素)となっており、全結合層(Affine)と活性化関数(ReLU)は、まとまった構成要素(全結合要素)です。幾層にも重なって見えるLeNetですが、2つの畳み込み要素、全結合要素、出力層で構成されていることがわかります。

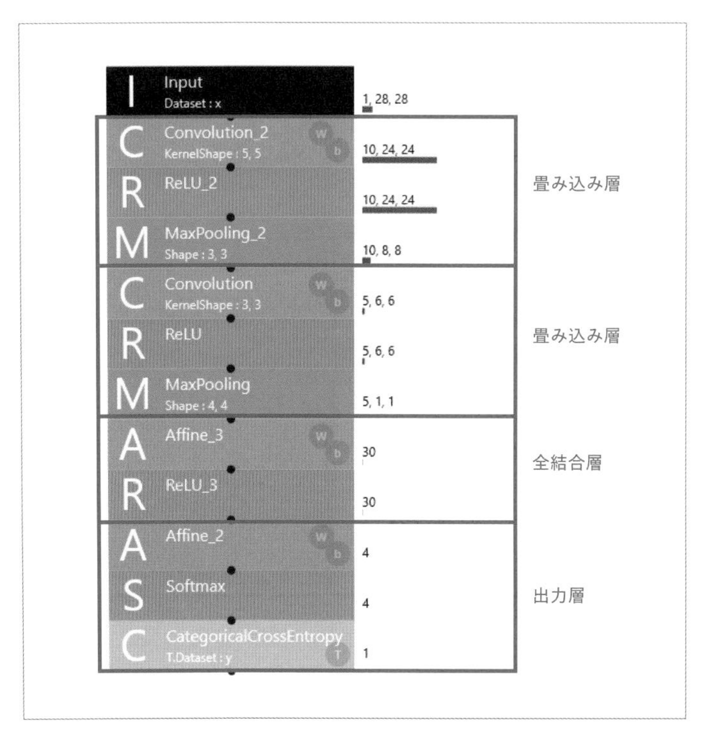

LeNetの構成

バイナリセマンティックセグメンテーションの構成

次に、領域抽出を行うバイナリセマンティックセグメンテーションの構成を見てみましょう。この例にあるネットワークは組み込み向けに最適化されているものですが、基本的な構成はあまり変わりません。少し変則的ではありますが、バイナリセマンティックセグメンテーションは畳み込み要素で構成されていることがわかります。

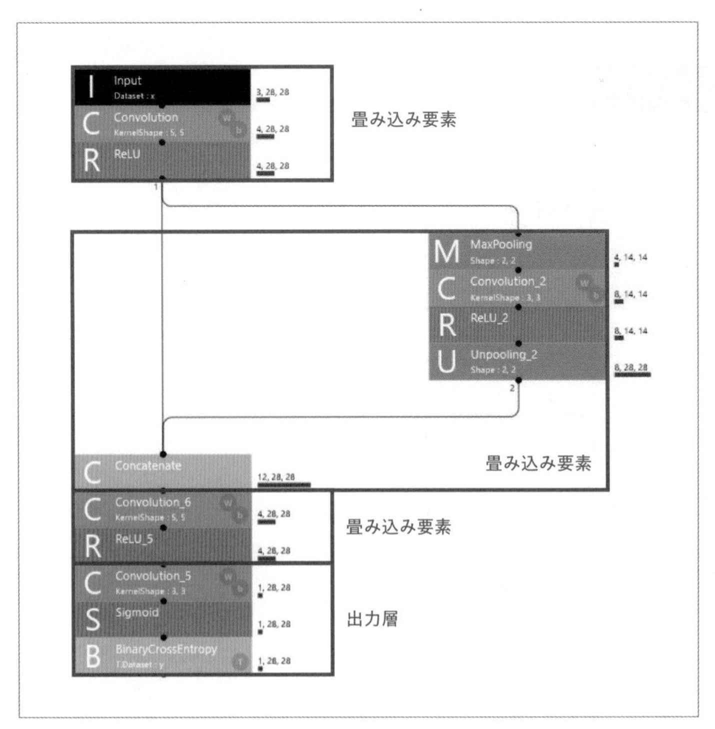

バイナリセマンティックセグメンテーションの構成

オートエンコーダの構成

続いて、異常検知を行うためのオートエンコーダの構成の例を見てみましょう。このオートエンコーダには畳み込み要素はなく、全結合要素のみで構成されていることがわかります。

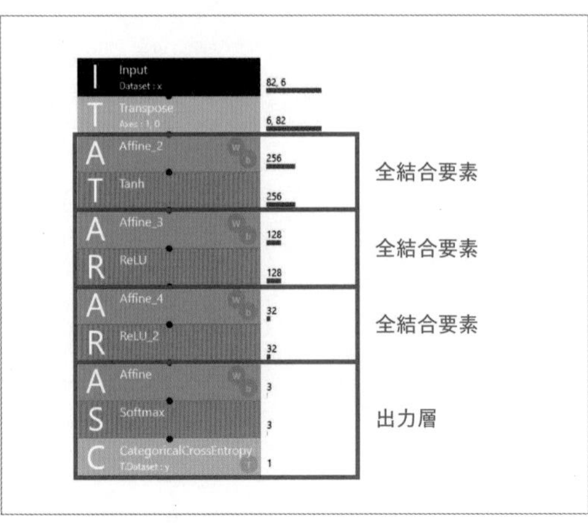

オートエンコーダの構成

ニューラルネットワークの構成要素

ここまで3つの代表的なニューラルネットワークの構成について見ていきました。ほかのニューラルネットワークも、畳み込み要素、全結合要素と出力層の組み合わせで実現されているものが多いです。ニューラルネットワークの構造を操作する場合は、これらの要素単位を注意深く見ていくことにより、破綻せずに最適化できます。

全結合要素の構造

全結合要素は、全結合層（Affine）と活性化関数で構成されています。入力が3つ、出力が2つの全結合要素は、次図のような構成となります。全結合層はその構造上、計算量、メモリー量ともに大きく消費します。計算資源が限られる組み込みAIの場合は、全結合層の構造（入力と出力の数）は計算機資源とのバランスを考えて設計する必要があります。

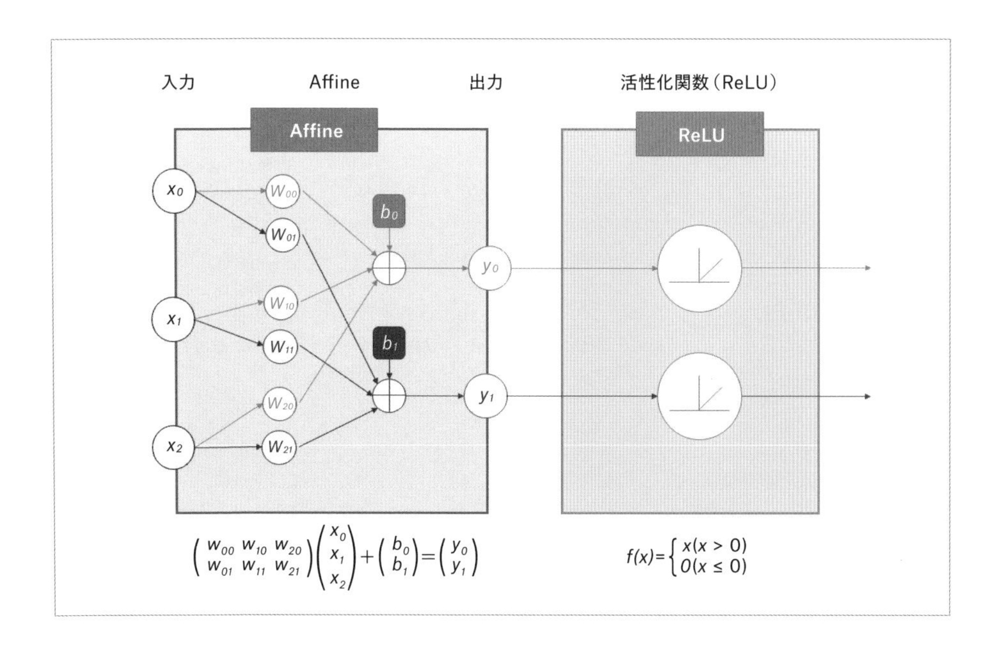

全結合層（Affine）のふるまい

全結合層（Affine）は、最も基本的なニューラルネットワークで、脳細胞のニューロンを模した構造となっています。入力と出力が学習によって設定された重み付け（W）とバイアス（b）で結合されているのが特徴です。式で表すと次のようになります。入力と出力の数が増えると、重み付け係数が増え、そのぶんメモリーと計算量が必要になります。

$$\begin{pmatrix} Y_0 \\ Y_1 \end{pmatrix} = \begin{pmatrix} W_{00} & W_{10} & W_{20} \\ W_{01} & W_{11} & W_{21} \end{pmatrix} \begin{pmatrix} X_0 \\ X_1 \\ X_2 \end{pmatrix} + \begin{pmatrix} b_0 \\ b_1 \end{pmatrix}$$

活性化関数のふるまい

活性化関数は、入力信号をもとに非線形の関数によって出力値を決定する関数です。全結合層と活性化関数を組み合わせることで多層化が可能となり、精度を向上できます。活性化関数にはさまざまなものがありますが、ReLU、Tanh、Sigmoidがよく使用されます。

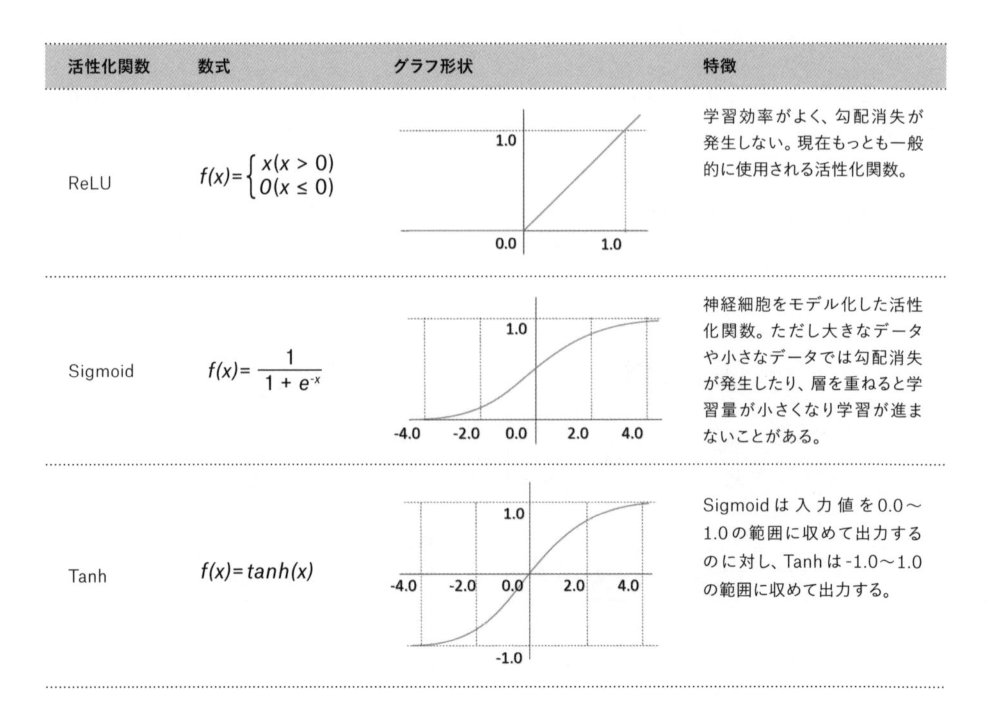

活性化関数	数式	グラフ形状	特徴
ReLU	$f(x)=\begin{cases} x(x>0) \\ 0(x\leq 0) \end{cases}$	1.0 / 0.0 / 1.0	学習効率がよく、勾配消失が発生しない。現在もっとも一般的に使用される活性化関数。
Sigmoid	$f(x)=\dfrac{1}{1+e^{-x}}$	1.0 / -4.0 / -2.0 / 0.0 / 2.0 / 4.0	神経細胞をモデル化した活性化関数。ただし大きなデータや小さなデータでは勾配消失が発生したり、層を重ねると学習量が小さくなり学習が進まないことがある。
Tanh	$f(x)=tanh(x)$	1.0 / -4.0 / -2.0 / 0.0 / 2.0 / 4.0 / -1.0	Sigmoidは入力値を0.0～1.0の範囲に収めて出力するのに対し、Tanhは-1.0～1.0の範囲に収めて出力する。

畳み込み要素の構造

畳み込み要素は、畳み込み層／プーリング層／活性化関数で構成されています。畳み込み層は、画像処理でよく使われる2次元フィルター（カーネル）を用いてニューラルネットワークを構成する方式です。畳み込み要素の働きを理解するため、畳み込み層、プーリング層がどのような働きをするかを以下に説明します。

畳み込み層のふるまい

畳み込み層には、2次元フィルター（カーネル）に学習で得られる重み付けが格納されています。全結合層はすべての入力と出力の結合に重み付けが必要だったのに対し、畳み込み層は2次元フィルターの数のみで済むため、重み付けのパラメーター数を劇的に減らせます。

この手法は、従来の画像処理のコンピューティング技術がそのまま適用できるため、ニューラルネットワークの研究が飛躍的に発展しました。畳み込み層は、その性質から画像認識の課題に大きな威力を発揮します。

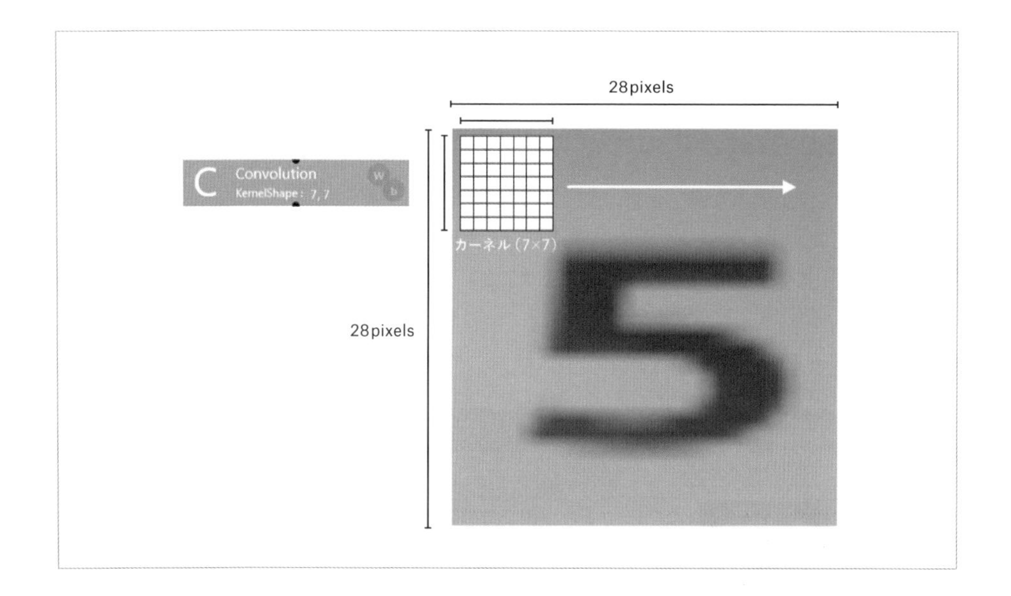

重み付けをもったカーネル（2次元フィルター）が出力したデータを「特徴マップ」と言います。特徴マップの数を増やすと、入力データの特徴を細かく見ることができます。例えば、斜めの線に反応するカーネルや縦の線に反応するカーネルなど、画像の特徴に反応するカーネルが学習によって生成されます。ただし、特徴マップの数を増やすと、そのぶんメモリーを消費するので、エッジAIの場合は、メモリー消費量とのバランスを考えて特徴マップ数を設定する必要があります。

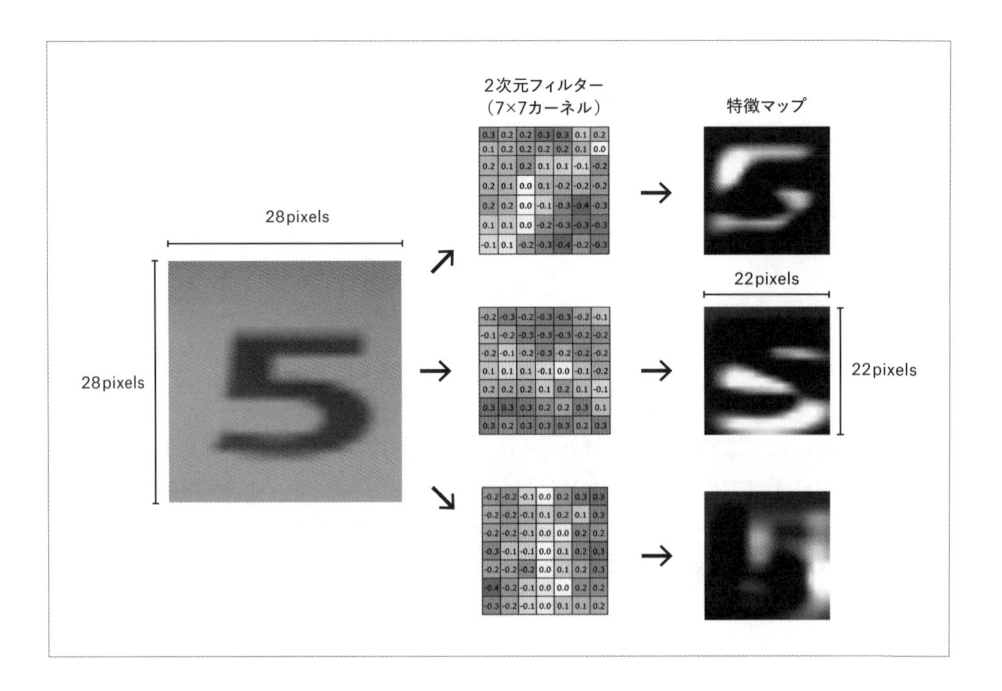

活性化関数（ReLU）との組み合わせ

画像認識において、畳み込み層は活性化関数ReLUと組み合わせて利用されることがあります。ReLUは、マイナスの値をゼロに変換する活性化関数です。畳み込み演算の結果、マイナスとなった値は、ReLUを通すとゼロに置き換わります。これは、学習速度の向上が図れるだけでなく、学習結果を安定させる効果もあります。

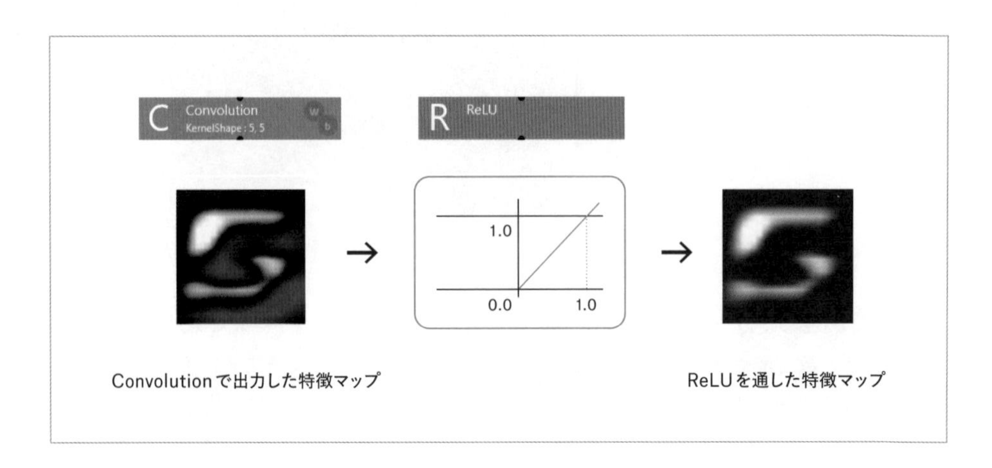

Convolutionで出力した特徴マップ

ReLUを通した特徴マップ

プーリング層のふるまい

畳み込み層はプーリング層との組み合わせで利用されます。プーリング層は、2次元の間引きフィルターで特徴マップを間引きします。これにより計算量の低減と、特徴をより凝縮させる効果があります。

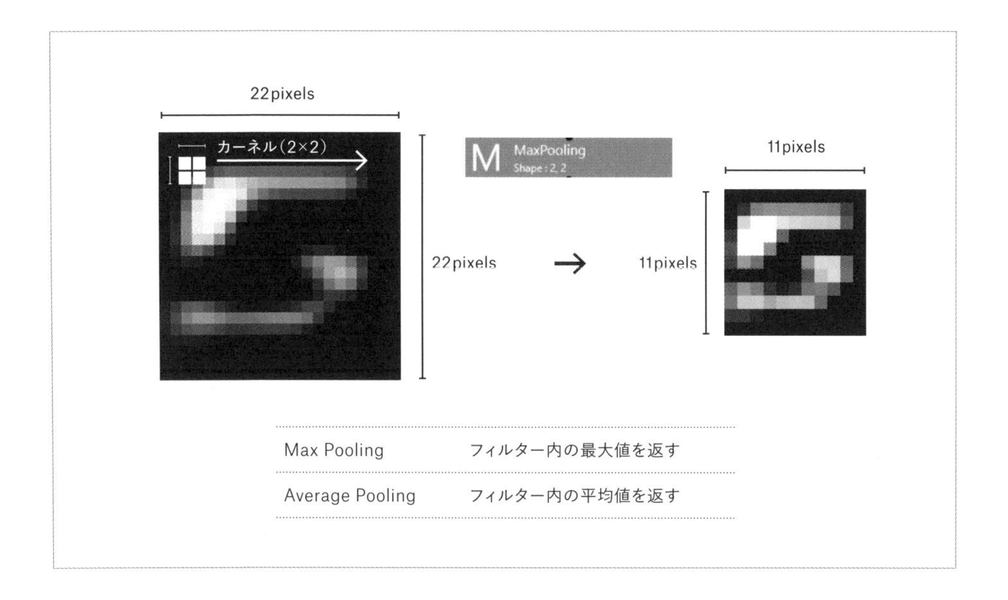

プーリング層の逆の働きをする逆プーリング層（UnPooling）もあります。オートエンコーダや領域抽出など凝縮した特徴を入力画像と同じサイズに広げたい場合などに用いられます。

出力層と損失関数の構成

Neural Network Consoleでは、出力層に損失関数を付加して学習を行います。出力層と損失関数は、解決したい課題によって設定します。組み込みシステムのニューラルネットワークでは、次の3つの課題がよく扱われます。

問題の種類	ニューラルネットワークの出力例
2値分類問題	Aを1.0、Bを0.0としてその確率を出力する
クラス分類問題	複数候補についてそれぞれの確率を出力する
回帰問題	入力されたデータに基づき連続値である出力を予測する

2値分類とクラス分類問題では、確からしさの出力に0.0〜1.0の値を出力値としますが、回帰問題の場合は、必ずしも出力がその範囲に収まりません。それぞれのふるまいについて解説していきます。

2値分類問題のふるまい

2値分類問題は、活性化関数のSigmoidとBinary Cross Entropy関数の組み合わせがよく用いられます。Sigmoidは、プラスからマイナスまでの値を0.0〜1.0で出力するため、対象の確からしさを確率で表現するのに適しています。

Binary Cross Entropyは、0もしくは1.0で示される教師データとSigmoid関数の出力の損失（値の差）を算出します。その値が最小になるように、中間層（Hidden Layer）の重み付けとバイアス値を調整していきます。

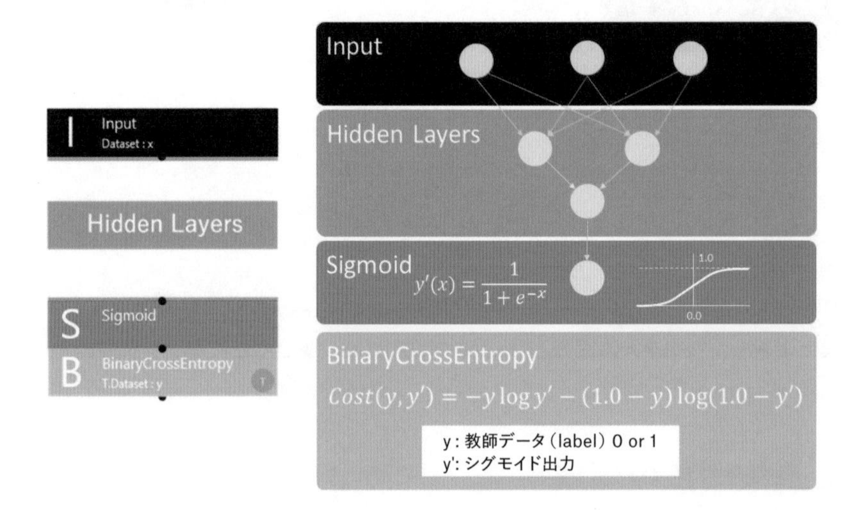

クラス分類問題のふるまい

クラス分類には、活性化関数SoftmaxとCategorical Cross Entropy 関数の組み合わせが用いられます。Softmaxは、複数の候補に対して確からしさを出力する関数です。すべての出力の数値を合計すると1.0になります。

Categorical Cross Entropyは、ラベル付けされた候補を読み込み、そのラベルの数値を1.0として損失を計算します。損失値が最小となるように、中間層（Hidden Layer）の重み付けとバイアス値を調整します。

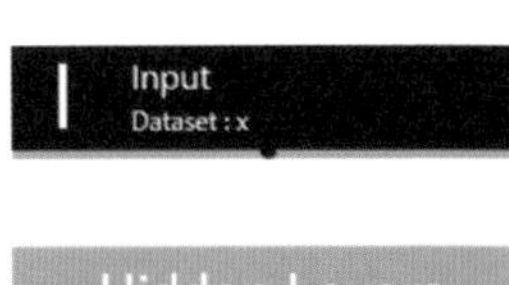

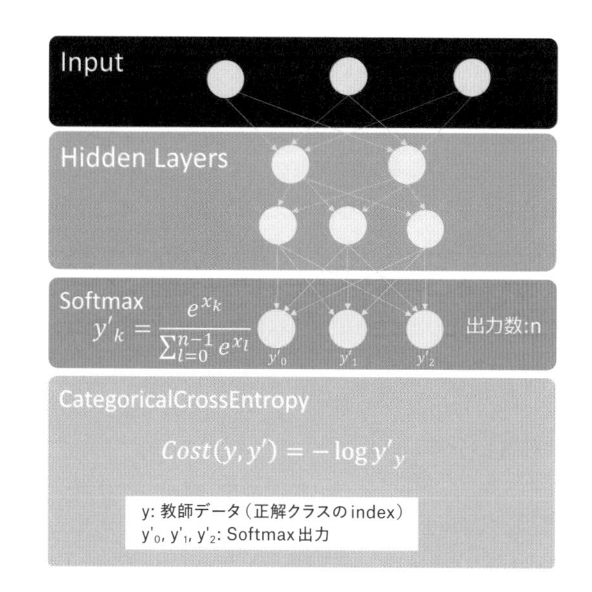

回帰問題のふるまい

回帰問題は、入力に対して予測値を出力するものです。異常検出をするオートエンコーダなどでも使用されます。回帰問題の損失関数は平均二乗誤差などを用いることができます。

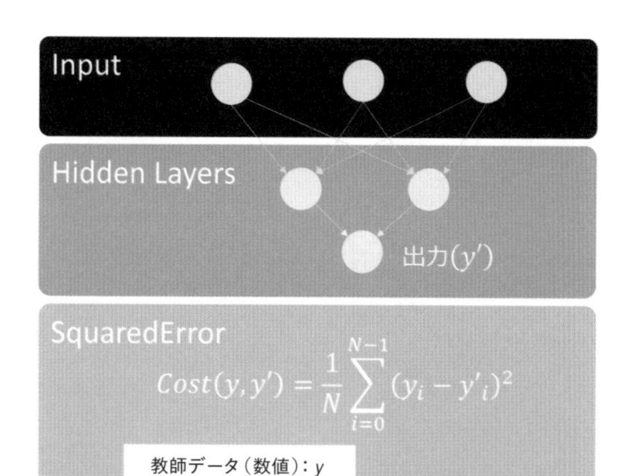

ニューラルネットワークを最適化する

組み込み向けのマイコンシステムの内蔵メモリーは数百KB程度が主流で、スマートフォンやPCとは比較にならないほど少ないです。Spresenseは1.5MBと比較的多めですが、汎用的なAIを動かすには十分ではありません。特に、カメラや音声、グラフィックを使うには、そのぶんメモリーを消費するため、AIで使えるメモリーは、数百KByte程度です。そのため、解決したい課題に合わせてニューラルネットワークのサイズを調整する必要があります。ここでは、数字を認識させるLeNetを例に、ネットワークのサイズをコンパクトにする過程を紹介します。

数字認識を行うLeNet

例として、Neural Network Consoleに含まれているLeNetのサンプルプロジェクトを用います。データセットは、4章「Neural Network Consoleとは?」で用いた0～9と背景の11クラスのものを使用します。

ニューラルネットワークを動かすには、約365KBのワークメモリーを必要とします。

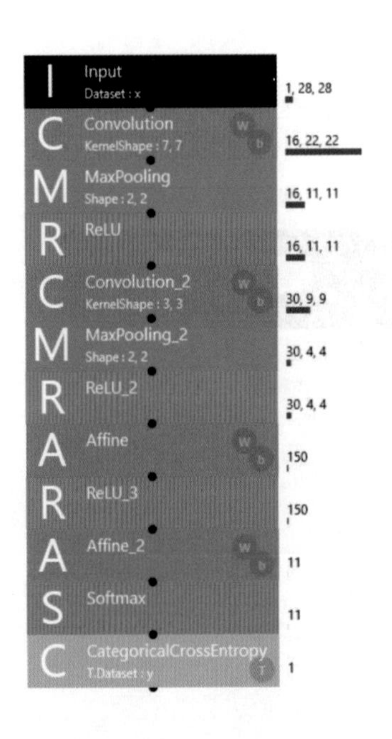

指標	評価結果
Accuracy（正解率）	1.0
Avg. Precision（適合率）	1.0
Avg. Recall（再現率）	1.0
Avg. F-Measures（F値）	1.0

メモリー消費の内訳		消費メモリー
model.nnb（学習済モデル）		311 kB
ワークメモリー	Input	3 kB
	Convolution	31 kB
	MaxPooling	8 kB
	Convolution_2	10 kB
	MaxPoolong_2	2 kB
合計		365 kB

model.nnbに含まれる学習済モデルの重み付け係数、バイアスなどのパラメーターはSpresenseのメモリーに展開されるので、学習済みモデルのファイルサイズはそのままメモリーを消費します。加えて、畳み込み層は特徴マップ分のワークメモリーが必要になるので、合計365KBになります。

Spresense上で動かすことは可能ですが、オーディオやカメラが使えるメモリーはかなり限られてしまいます。そこで、ネットワークを最適化し、メモリー消費を抑える作業をしていきます。具体的には、ニューラルネットワークの構成要素を削っていき、認識率とメモリー消費量の変化を見ていきます。

全結合要素を減らしてネットワークをコンパクトにする

全結合要素を1層減らし、メモリー消費と認識率がどのように変化するかを試してみました。メモリー消費量は97KBと大幅に減らすことができました。

内訳を見ると、学習済モデルのmodel.nnbが大幅に小さくなっていることがわかります。これは、全結合層が消費する重み付け係数が大幅に少なくなったことが寄与しています。

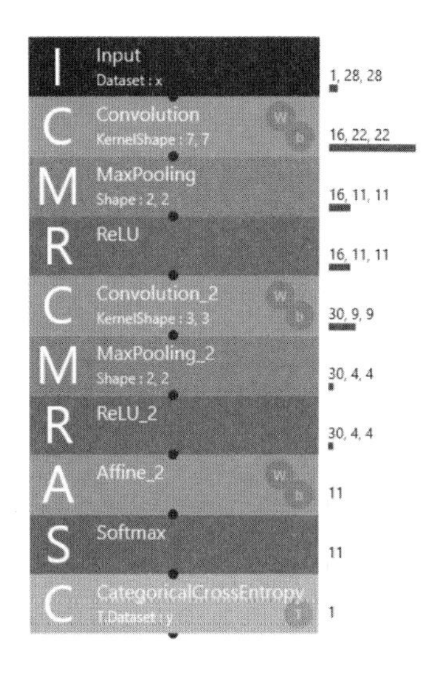

指標	評価結果
Accuracy（正解率）	0.9947
Avg. Precision（適合率）	0.9949
Avg. Recall（再現率）	0.9939
Avg. F-Measures（F値）	0.9942

メモリー消費の内訳		消費メモリー
model.nnb（学習済モデル）		43 kB
ワークメモリー	Input	3 kB
	Convolution	31 kB
	MaxPooling	8 kB
	Convolution_2	10 kB
	MaxPoolong_2	2 kB
合計		97 kB

畳み込み要素を減らしてみる

次に、畳み込み要素をさらに1層減らしてみましょう。畳み込み層を減らすことで特徴マップが使用するメモリー量が削減できます。畳み込み層を減らすことでワークメモリーは減少したものの、学習済モデルのサイズが倍以上に増え、結果的にメモリー消費量が130KBになってしまいました。これは、プーリング層と全結合層の結合数が大幅に増えたため、重み付け係数が増加してしまったためと考えられます。全結合層がメモリー消費に大きな負担となることが確認できました。

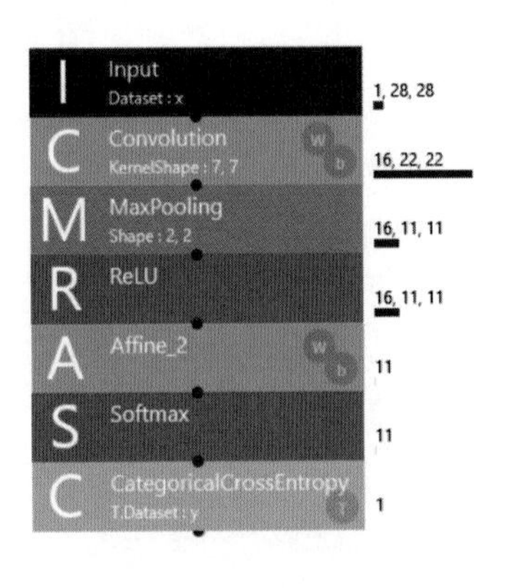

指標	評価結果
Accuracy（正解率）	0.9894
Avg. Precision（適合率）	0.9904
Avg. Recall（再現率）	0.9885
Avg. F-Measures（F値）	0.9890

メモリー消費の内訳		消費メモリー
model.nnb（学習済モデル）		88 kB
ワークメモリー	Input	3 kB
	Convolution	31 kB
	MaxPooling	8 kB
合計		130 kB

畳み込み層の特徴マップを減らしてネットワークをコンパクトにする

さらに、特徴マップを減らして、メモリー消費量と認識率がどのように変化していくかを見てみましょう。畳み込み層のレイヤープロパティのOutmapsの数値を小さくすると、特徴マップを減らすことができます。特徴マップが減ると全結合層との結合数が減るだけでなく、特徴マップが消費するメモリーも節約できます。ただし、細かく特徴が捉えられなくなる可能性もあります。Neural Network Consoleでは、特徴マップの出力を見ることができるので、ひとつひとつの出力を確認しながら数を調整するとよいでしょう。9章「セマンティックセグメンテーションで物体抽出を行う」(163ページ)にやり方を紹介しています。

さらに全結合層との結合数を減らすために、MaxPoolingのカーネル数を2×2から4×4に変更します。これにより、全結合層との結合する量が4分の1になり、重み付け係数が大幅に減り、メモリー消費量を削減できます。

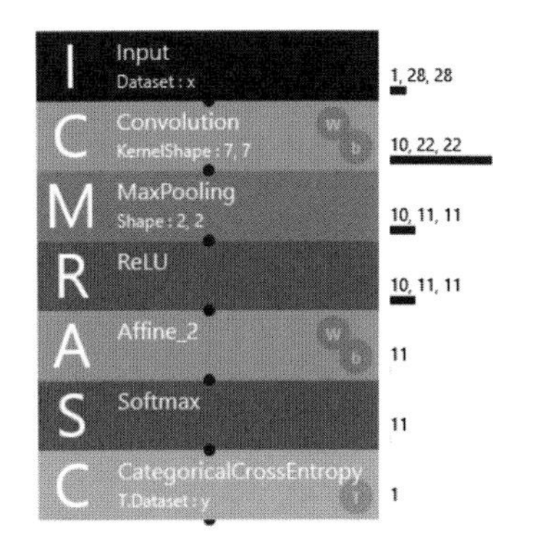

指標	評価結果
Accuracy(正解率)	0.9894
Avg. Precision(適合率)	0.9904
Avg. Recall(再現率)	0.9885
Avg. F-Measures(F値)	0.9890

メモリー消費の内訳		消費メモリー
model.nnb(学習済モデル)		14 kB
ワークメモリー	Input	3 kB
	Convolution	19 kB
	MaxPooling	5 kB
合計		41 kB

学習した結果を見てみると、認識結果はそれほど劣化していませんが、メモリー消費量は41KBまで圧縮できています。学習済モデルのサイズが小さくなり、また特徴マップで使用するメモリー消費量も減らすことができました。

このように、ニューラルネットワークを構成する各要素がどのようなふるまいをしているかを把握することによって、組み込みで動作するコンパクトなAIを実現できます。

学習データの不足を解消する

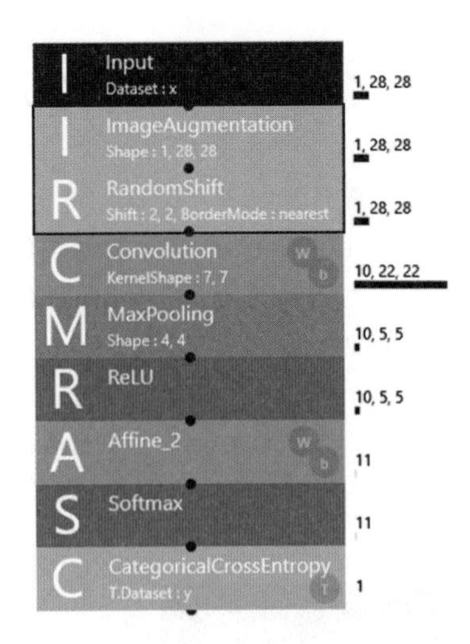

組み込みAIは、小型省電力・高速起動という利点との引き換えに計算資源が少なく、利用用途が限られます。そのため、世の中で広く利用されている既存のデータセットが活用できない場合があります。小さなモデルで高い性能を得るため、データセットを自前で準備することになりますが、十分なデータセットを用意することが難しい場合もあります。

Neural Network Consoleは、データセットの量が十分でない場合に学習の効率を上げるため、学習データを水増しするツールを用意しています。ここでは、画像データの水増しに威力を発揮する「Image Augmentation」と「Random Shift」について解説します。

学習回数を増やす

Image AugumentationやRandom Shiftは学習ごとに適用され、学習回数（Epoch数）を増やすと、より多くのデータで学習させることができます。Epoch数は、Neural Network Consoleの「コンフィグ」メニューの中の「学習反復世代数」で変更できます。

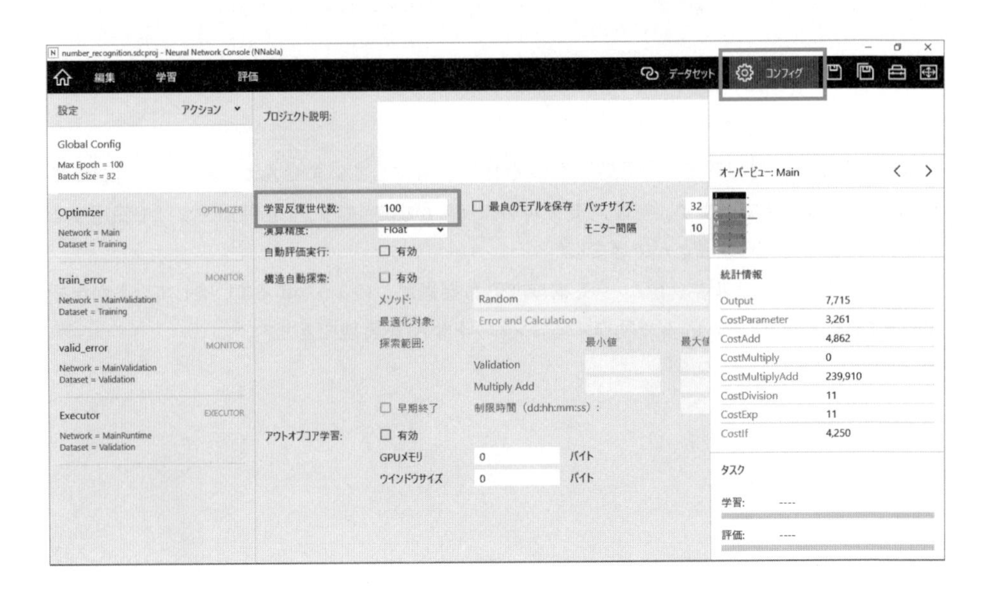

Image Augmentationの使い方

Image Augmentationは、入力された画像にさまざまな変位を与えることができます。設定できるパラメーターを表に示します。このとき、SkipAtTestはTrueになっていることを確認してください。

パラメーター	入力例	機能
Shape	1,28,28	出力画像データのサイズを指定します。
Pad	3,2	配列の端に追加するサイズを指定します。例えば画像の上下方向に3ピクセル、左右に2ピクセルを挿入するには「3,2」とします。
MinScale	0.8	画像をランダムに拡大縮小する際の最小の拡大率を指定します。例えば、元の画像の0.8倍まで縮小を行う場合「0.8」とします。ランダムな拡大縮小を行わない場合はMinScale、MaxScale共に「1.0」とします。
MaxScale	2.0	画像をランダムに拡大縮小する際の最大の拡大率を指定します。例えば、元の画像の2倍まで拡大を行う場合「2.0」とします。
Angle	0.26	画像をランダムに回転する際の回転角度の範囲をradian単位で指定します。画像は-Angle～～ +Angleの範囲でランダムに回転されます。例えば、画像を±15度の範囲で回転させるには、「0.26」とします（15度/360度×2π）。ランダムな回転を行わない場合は「0.0」とします。
AspectRatio	1.3	画像のアスペクト比をランダムに変更する際のアスペクト比の変更範囲を指定します。例えば、元の画像を1:1としたとき、1:1.31.3:1の範囲でアスペクト比を変更する場合「1.3」とします。
Distortion	0.1	画像をランダムに歪ませる際の強度の範囲を指定します。
FlipLR	False	True:ランダムな左右反転を行います。 False:左右反転は行いません。
FlipUD	False	True:ランダムな上下反転を行います。 False:上下反転は行いません。
Brightness	0.05	輝度値にランダムに加算する値の範囲を指定します。輝度値には-Brightness～～ +Brightnessの範囲のランダムな値が加算されます。例えば、輝度を-0.05～～ +0.05の範囲で変化させるには「0.05」とします。輝度のランダムな加算を行わない場合は「0.0」とします。
BirightnessEach	False	Brightnessで指定する輝度値のランダムな加算をカラーチャンネル毎に行うかどうかを指定します。 True：各チャンネルで異なる乱数値を元に輝度を加算します。 False：各チャンネルで共通の乱数値を元に輝度を加算します。
Contrast	1.1	画像のコントラストをランダムに変更する範囲を指定します。コントラストは1/Contrast倍～Contrast倍のランダムな範囲で変更されます。出力の輝度値はコントラストの中心が0.5だった場合、(input-0.5) * contrast+0.5です。例えばコントラストを0.91倍～1.1倍の範囲で変化させるには「1.1」とします。コントラストのランダムな変更を行わない場合は「1.0」とします。
ContrastCenter	0.5	コントラストの中心を設定します。デフォルトでは0.5です。

ContrastEach	False	Contrastで指定するコントラストのランダムな変更をカラーチャンネルごとに行うかどうかを指定します。 True：各チャンネルで異なる乱数値を元にコントラストを変更します。 False：各チャンネルで共通の乱数値を元にコントラストを変更します。
Noise	0.1	画像に加算する正規乱数の標準偏差を指定します。
Seed	-1	乱数生成器のシードを指定します。-1を指定するとOSの乱数生成器を用います。
SkipAtTest	True	推論時に処理をスキップするかどうかを指定します。学習時にのみ処理を実行するにはSkipAtTestをTrueとします（デフォルト）。

Random Shiftの使い方

Random Shiftは、画像をランダムにシフトするレイヤーです。Image Augmentationと組み合わせることで多くのパターンの学習用画像を生成できます。

パラメーター	入力例	機能
Shift	3,2	要素をシフトする量を指定します。例えば、画像データを左右± 2 pixel 、上下± 3 pixel シフトするには「3,2」とします。
Border Mode	nearest	シフト処理によって値が未定となる配列の端の処理方法を指定します。 nearest: 元の配列の端のデータをコピーして使用します。 reflect: 元の配列の端を起点に元のデータを反転させたものを使用します。
Seed	-1	乱数生成器のシードを指定します。「-1」を指定するとOSの乱数生成器を用います。
SkipAtTest	True	推論時に処理をスキップするかどうかを指定します。学習時にのみ処理を実行するにはSkipAtTestをTrueとします（デフォルト）。

このRandom Shiftの処理は、Image Augmentation の Padプロパティに Shiftの値を入力することで同等の処理が行えます。Image Augmentation は、線形で画素補間をしながら小数ピクセルのシフトを行うのに対し、Random Shift は整数ピクセルで画素シフトを行います。ここではわかりやすさを優先するため、Random Shiftを用いています。

Spresense でAIを動かす

前章までNeural Network Console の使い方と最適化について解説してきました。
本章では、ニューラルネットワークで出力した学習済モデル(*.nnb)を
Spresenseに組み込む方法について解説していきます。

学習済モデルのSpresenseへの転送とプログラミング

学習済モデルをSpresenseに組み込むには、Neural Network Consoleで生成した学習済モデルをSpresenseへ転送する必要があります。転送は、SDカードを使う方法と、Spresenseに搭載されているフラッシュROMを使う方法があります。

Spresenseで学習済モデルを動作させるためには、DNNRT(Deep Neural Network RunTime)というSpresense用のArduinoライブラリを使います。DNNRTは、マルチコアで分散処理することで高速にニューラルネットワークを演算できます。ここでは、学習済モデルをSpresenseに転送する方法と、DNNRTライブラリを用いたAIのプログラミング方法について解説します。

〈 解説の流れ 〉

1. ファイルシステムライブラリの使い方
2. DNNRTライブラリでAIを動作させる
3. 認識動作を確認する

ファイルシステムライブラリの使い方

Spresenseに学習済モデル組み込むには、Spresense拡張ボードのSDカードスロットを使うのが最も簡単です。Neural Network Consoleで生成した学習済モデル（*.nnb）ファイルをSDカードにコピーし、拡張ボードに挿せばSpresenseからアクセスできるようになります。

しかし、Spresense拡張ボードを持っていない場合や、小型化するためにSpresenseメインボードに搭載されているフラッシュROMを使いたいケースもあります。ここでは、それぞれのアクセス方法について解説します。

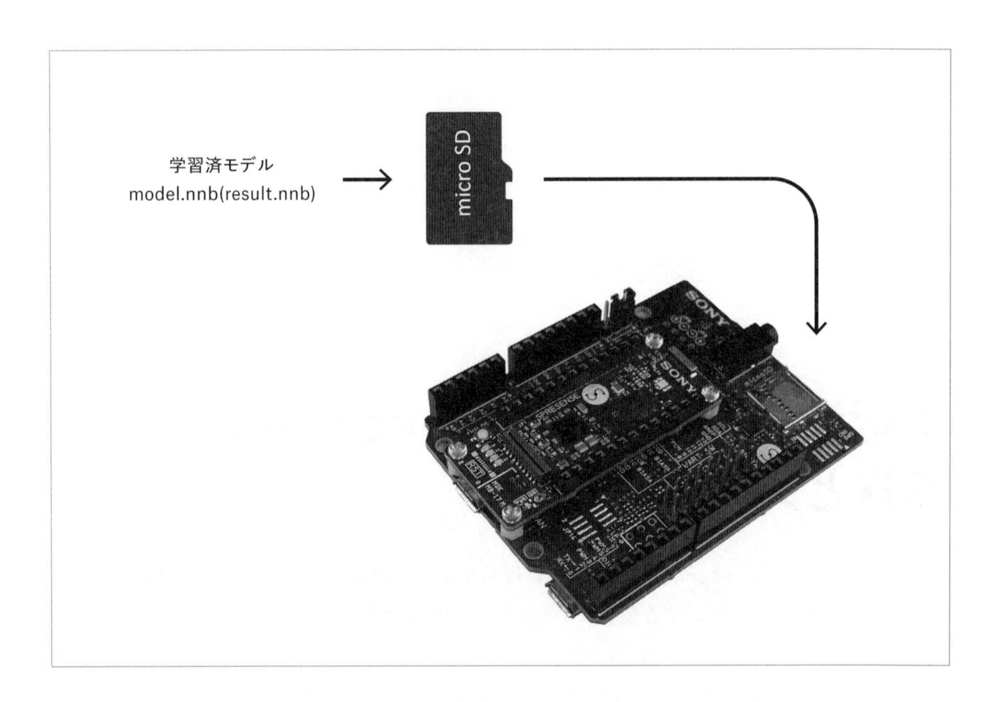

SDHCIライブラリ

SDカードの操作にはSDHCIライブラリが用意されています。ファイルのオープン／クローズ、ディレクトリの生成・削除などのファイルシステム機能は、StorageClassを継承したSDClassが定義されています。また、ファイルの読み書きにはFileクラスを使用します。

SDHCIライブラリは、SD FAT32のファイルシステムのみサポートしているため、容量の上限は32GBまでになります。

```
#include <SDHCI.h>
SDClass SD;
File myFile;

void setup() {
  Serial.begin(115200);
  // SDカードが差されていないと false を返す
  while (!SD.begin()) { Serial.println("Insert SD card"); }
  SD.mkdir("dir/"); // ディレクトリを生成

  // 書き込みモードでオープン
  myFile = SD.open("dir/test.txt", FILE_WRITE);
  if (myFile) {
    myFile.println("testing 1,2,3…"); // 文字列を書き込む
    myFile.close(); // ファイルをクローズ
  }

  // 読み込みモードでオープン
  myFile = SD.open("dir/test.txt");
  if (myFile) {
    // 読み込み可能なデータがある間は true を返す
    while (myFile.available()) {
      Serial.write(myFile.read());  /// 文字列を読み込む
    }
  }
  myFile.close(); // ファイルをクローズ
  // ファイルが存在していると true を返す
  if (SD.exists("dir/test.txt")) {
    SD.remove("dir/test.txt"); // ファイルを削除
  }
  SD.rmdir("dir/"); // ディレクトリを削除
}

void loop() {}
```

Fileクラスでは、文字列の出力にSerialライブラリと同じprintln関数が使えます。画像データなどバイナリデータを書き込むときはwrite関数を使用します。APIの詳細は、SpresenseのArduino LibraryにあるAPIリファレンスを参照してください。

⇨ **SD Class Reference SD-Card Library API**
https://developer.sony.com/develop/spresense/developer-tools/api-reference/api-references-arduino/classSDClass.html

⇨ **Storage Class Reference Storage Library API**
https://developer.sony.com/develop/spresense/developer-tools/api-reference/api-references-arduino/classStorageClass.html

⇨ **File Class Reference File Library API**
https://developer.sony.com/develop/spresense/developer-tools/api-reference/api-references-arduino/classFile.html

Flashライブラリ

SpresenseメインボードのフラッシュROMへのアクセスには、Flashライブラリを使います。Flashライブラリの使い方はSDHCIライブラリと同じです。Flashライブラリのインスタンスはヘッダーファイル「Flash.h」に「Flash」が定義されています。Flashライブラリにもbegin関数が用意されていますが、ダミー関数なので省略してもかまいません。

```
#include <Flash.h>
File myFile;

void setup() {
  Serial.begin(115200);

  Flash.mkdir("dir/"); // ディレクトリを生成

  // 書き込みモードでオープン
  myFile = Flash.open("dir/test.txt", FILE_WRITE);
  if (myFile) {
    myFile.println("testing 1,2,3…"); // 文字列を書き込む
    myFile.close();  // ファイルをクローズ
  }

  // 読み込みモードでオープン
```

```
    myFile = Flash.open("dir/test.txt");
    if (myFile) {
      // 読み込み可能なデータがある間は true を返す
      while (myFile.available()) {
        Serial.write(myFile.read());  // 文字列の読み込む
      }
    }
    myFile.close();  // ファイルのクローズ
    // ファイルが存在していると true を返す
    if (Flash.exists("dir/test.txt")) {
      Flash.remove("dir/test.txt");
    }
    Flash.rmdir("dir/");
  }

  void loop() {}
```

⇨ **FlashClass Reference Flash Library API**

https://developer.sony.com/develop/spresense/developer-tools/api-reference/api-references-arduino/classFlashClass.html

メインボードのフラッシュROMにデータを書き込む

フラッシュROMを使うには、学習済モデルをフラッシュROMに転送する必要があります。転送には、「xmodem_writer」を使います。次のURLから最新のxmodem_writerをダウンロードしてください。UbuntuとmacOSの xmodem_writer はダウンロード後「chmod 755 xmodem_writer」で実行権限を与えてください。xmodem_writerとSpresenseのブートローダのバージョンは一致している必要があります。使用する際は、必ず最新のブートローダにアップデートしてください。

⇨ **Linux 版 xmodem_writer**

https://github.com/sonydevworld/spresense/raw/master/sdk/tools/linux/xmodem_writer

⇨ **Windows 版 xmodem_writer**

https://github.com/sonydevworld/spresense/raw/master/sdk/tools/windows/xmodem_writer.exe

⇨ **maxOSX 版 xmodem_writer**

https://github.com/sonydevworld/spresense/raw/master/sdk/tools/macos/xmodem_writer

ファイルをSpresenseに転送するには次のコマンドを実行します。お使いのプラットフォームのコンソールでコマンドを入力してください。転送には少し時間がかかります。

```
$ xmodem_writer -d -c <ポート番号> <学習済モデルファイル>.nnb
```

DNNRTライブラリでAIを動作させる

Spresenseで学習済モデルを動作させるためには、DNNRT（Deep Neural Network RunTime）ライブラリを用います。これは、マルチコアで動作するSpresense専用のライブラリです。SpresenseはAIアクセラレーターが搭載されていませんが、マルチコアで計算処理を分散させることで比較的高速にAIを実行できます。

ここでは、サンプルプログラムを使ってDNNRTについて説明します。このサンプルプログラムは28×28ピクセルのモノクロ画像をテスト画像として用いています。

```
#include <DNNRT.h>
#include <SDHCI.h>
#include <BmpImage.h>

#define DNN_WIDTH (28)
#define DNN_HEIGHT (28)

DNNRT dnnrt;
SDClass SD;
BmpImage BMP;
DNNVariable input(DNN_WIDTH * DNN_HEIGHT);
const char label[11] = {'0', '1', '2', '3', '4', '5', '6',
'7', '8', '9', ' '};
const char filename[16] = "test0.bmp";

void setup() {
  Serial.begin(115200);
  while(!SD.begin()) { Serial.println("Insert SD Card"); }

  File nnbfile = SD.open("model.nnb");
  if (!nnbfile) {
    Serial.println("model.nnb is not found");  while(1);
  }
```

```
  int ret = dnnrt.begin(nnbfile);
  if (ret < 0) {
    Serial.println("DNNRT begin fail: "+String(ret));
    while(1);
  }
  File testImg = SD.open(filename);
  if (!testImg) {
    Serial.println("Test Image not found");  while(1);
  }
  BMP.begin(testImg);
  uint8_t* imgbuf = BMP.getImgBuff();
  float* buf = input.data();
  for (int n = 0; n < DNN_WIDTH*DNN_HEIGHT; ++n) {
    buf[n] = imgbuf[n] / 255.0;
  }
  BMP.end();
  dnnrt.inputVariable(input, 0);
  dnnrt.forward();
  DNNVariable output = dnnrt.outputVariable(0);
  int index = output.maxIndex();
  Serial.println("Image: " + String(filename));
  Serial.println("Result: " + String(label[index]));
  Serial.println("Probability: " + String(output[index]));
}
void loop() {}
```

DNNRTの宣言部と入力用変数

DNNRTライブラリは、DNNRT.hで定義されています。学習済モデルがSDカードに格納されているため、SDHCIライブラリを用います。また、テスト用画像がBMPファイルフォーマットで保存されているため、BMP画像ライブラリも使用します。

DNNRT変数であるDNNVariableは、ニューラルネットワークの入力にデータを渡すためのバッファーを内蔵しており、バッファーサイズを引数で指定します。この場合、28×28要素ぶんのバッファーを確保します。バッファー要素のデータ型は浮動小数点型（Float）になります。

```
#include <DNNRT.h>
#include <SDHCI.h>
#include <BmpImage.h>  // BMP画像ライブラリ
#define DNN_WIDTH (28)
#define DNN_HEIGHT (28)

DNNRT dnnrt;
SDClass SD;
BmpImage BMP;
// DNNRT入力データ用バッファー
DNNVariable input(DNN_WIDTH*DNN_HEIGHT);
const char label[11] = {'0', '1', '2', '3', '4', '5', '6',
'7', '8', '9', ' '};
const char filename[16] = "test0.bmp";  // テスト用画像
```

DNNRTの初期化

DNNRTは、学習済モデルを引数にbegin関数で開始します。エラーとなった場合は、負の値を返します。エラーの原因は大きく2つあります。ひとつは、メモリー不足のケース。もうひとつは、ブートローダが古い場合です。戻り値が「-16」になっていたら、念のためArduino IDEでブートローダのアップデートを行ってください。

```
  File nnbfile = SD.open("model.nnb");  // 学習済モデルをオープン
  int ret = dnnrt.begin(nnbfile);  // 学習済モデルでDNNRTを開始
  if (ret < 0) { // 開始に失敗すると負の値が返る
    Serial.println("DNNRT begin fail: "+String(ret));
    while(1);
  }
```

戻り値	意味
0	正常に初期化が完了
-16	ブートローダが古い、もしくはDNNRT用のメモリーが確保できなかった
-1	学習済モデル（*.nnbファイル）を格納するだけのメモリーが確保できなかった
-2	マルチコア間での通信に失敗した
-3	学習済モデル（*.nnbファイル）の整合性がおかしい

DNNRT変数にデータを設定する

DNNRT用の変数DNNVariableにデータを設定します。今回扱う画像認識のニューラルネットワークは、0.0〜1.0の範囲の値で演算するため、入力する変数もその値の範囲内に正規化する必要があります。モノクロの画像データなので、0〜255の値を0.0〜1.0に正規化してDNNVariableに設定しています。

```
File testImg = SD.open(filename);  // テスト用画像をオープン
BMP.begin(testImg);  // BMP画像を読み込み
uint8_t* imgbuf = BMP.getImgBuff();  // 画像データ取得
float* buf = input.data();  // DNNRT入力データのバッファを取得
for (int n = 0; n < DNN_WIDTH*DNN_HEIGHT; ++n) {
  buf[n] = imgbuf[n] / 255.0;  // 画像データを0.0~1.0に正規化
}
BMP.end();  // 画像用のメモリーを開放
```

DNNRTで推論を実行する

ニューラルネットワークへの入力データの準備が整ったので、いよいよ推論を実行します。inputDNNVariable関数に入力変数のDNNVariable inputをセットします。第2引数の「0」は、入力層の番号を指定します。物体認識などの複雑なニューラルネットワークの場合、複数の入力層を持つことがあるため、番号で指定できるようになっています。

forward関数は推論を実行する関数です。学習済モデルを使った演算を実行します。

outputVariable関数で推論の結果を得ることができます。引数の数字は出力層の番号を指定します。複雑なネットワークでは複数の出力層を持つことがあるため、番号で指定できるようになっています。

```
dnnrt.inputVariable(input, 0);  // DNNRT入力データ設定
dnnrt.forward();  // 推論を実行
DNNVariable output = dnnrt.outputVariable(0);  // 結果を取得
```

推論結果を得る

認識結果のうちもっとも確率の高いインデックスを取得するのにmaxIndex関数を使います。インデックス値はラベルと対応しているので、冒頭で定義したラベル配列と対応させて、認識結果が何であるかを把握できます。DNNVariableの中には、それぞれのインデックス値の確からしさが格納されています。インデックス値を使って、認識結果の確からしさが得られます。

```
  const char label[11] = {'0', '1', '2', '3', '4', '5', '6',
'7', '8', '9', ' '};
…
    int index = output.maxIndex();
    Serial.println("Result: " + String(label[index]));
    Serial.println("Probability: " + String(output[index]);
```

認識動作を確認する

本書のダウンロードドキュメントの次のフォルダーにサンプルスケッチとテスト用の画像データ、そして学習済モデルが格納されています。それらを使って実際の動きを見てみましょう。

このサンプルでは、BMP画像を扱うためのライブラリ「BmpImage」を使います。次の場所にライブラリがあるので、あらかじめインストールしてください。

⇨ **BMP画像ライブラリ**

Libraries/BmpImage_ArduinoLib-main.zip

⇨ **サンプルスケッチ**

Chap06/sketches/dnnrt_test/dnnrt_test.ino

⇨ **サンプル学習済モデル**

Chap06/nnc_model/model.nnb

⇨ **テスト用画像データ**

Chap06/dnnrt_test/testImg.zip

テスト用画像ならびに学習済モデルはSDカードか、フラッシュROMにあらかじめコピーをしてください。学習済モデルは、「学習済モデルの出力」(83ページ)で出力したものを使用します。このサンプルスケッチは、テスト用画像データtest0.bmpを読み込んでいます。この画像は、数字の「0」を撮影した28×28ピクセルのモノクロ画像です。

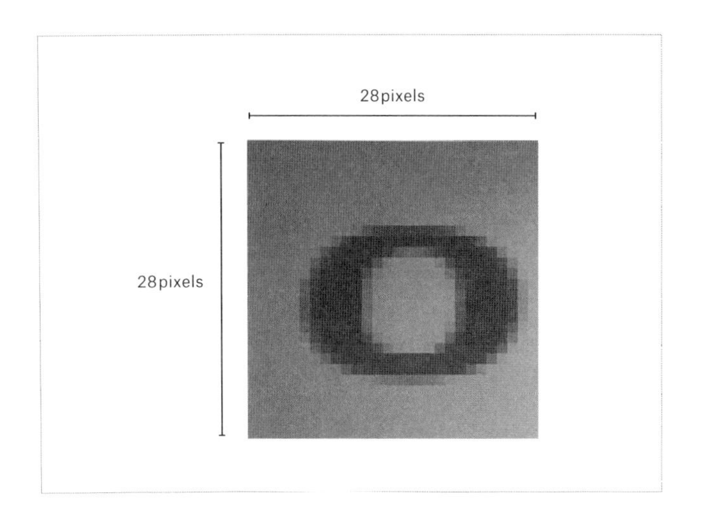

シリアルモニターの出力を確認すると、推論結果は正しく「0」と認識しています。確からしさは「0.99」と出ました。テスト用画像にはほかの数字のデータも格納されていますので、ぜひ試してみてください。

7 カメラでリアルタイム画像認識を行う

前章までSpresenseにニューラルネットワークを組み込む方法について説明をしてきました。これまでは、あらかじめ用意した画像ファイルを読み込んで画像認識をさせていましたが、本章ではSpresenseカメラを使って、リアルタイムに画像認識をさせてみましょう。

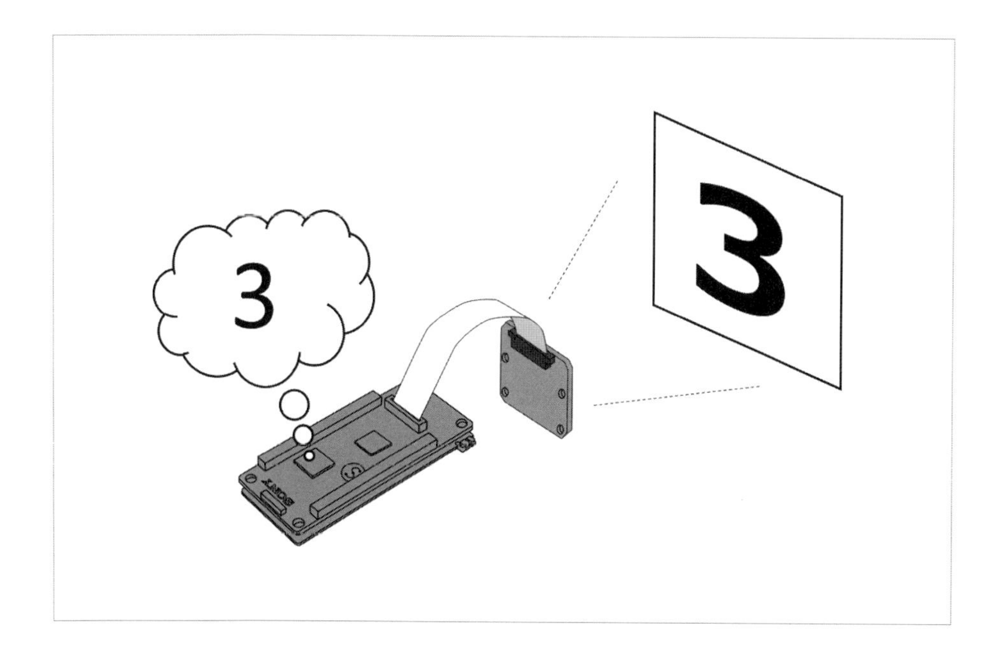

Spresenseのカメラを使ったリアルタイム画像認識

画像認識を行う学習済モデルは、4章で取り上げた数字画像を認識するニューラルネットワークプロジェクトで生成したものを使用します。ただし、番号だけではつまらないという方のために、章の最後には学習データの収集方法も解説しています。ぜひ身近なもので画像認識を試してみてください。

〈 解説の流れ 〉

1. Spresenseのカメラシステムを用意する
2. 学習済モデルを準備する
3. Spresenseカメラで認識用入力画像を生成する
4. リアルタイムで画像認識をする

Spresenseのカメラシステムを用意する

今回使用するのは、Spresenseメインボード、Sprensenseカメラボード、Spresense拡張ボード、ILI9341液晶ディスプレイ、microSDカードです。ILI9341液晶ディスプレイの接続や使い方については、2章「Spresenseの周辺機器を動かす」を参照してください。Spresense学習キットがあれば手軽に準備できます。microSDカードは、学習済モデルの格納に使います。

画像認識システムで用意するもの

1. Spresenseメインボード
2. Spresense拡張ボード
3. Spresenseカメラボード
4. ILI9341液晶ディスプレイ
5. 液晶ディプレイ接続用ワイヤー、もしくは液晶ディスプレイ接続基板（学習キット）
6. microSDカード（32GBまで）

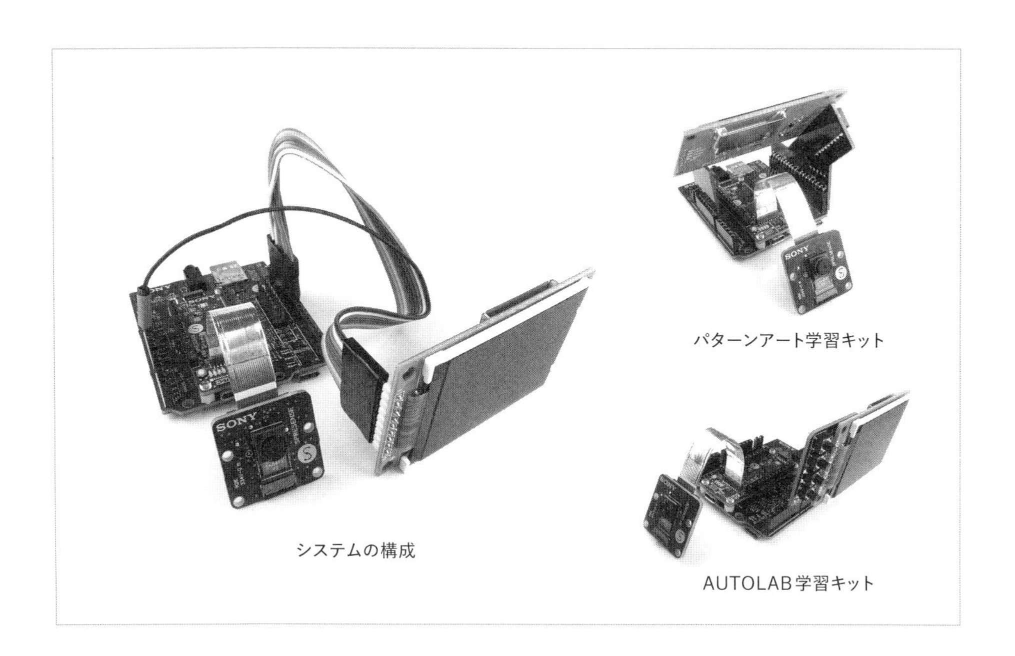

システムの構成

パターンアート学習キット

AUTOLAB学習キット

学習済モデルを準備する

学習済モデルは、4章「Neural Network Consoleとは?」のサンプルプロジェクトで生成したものを使います。学習済モデルと画像認識用のスケッチは、それぞれ本書ダウンロードドキュメントの次のフォルダーに収録しています。

⇨ **学習済みモデル**

Chap07/nnc_model/model.nnb

⇨ **画像認識用スケッチ**

Chap07/sketches/number_recog_simple/number_recog_simple.ino

Spresenseカメラで認識用入力画像を生成する

番号認識を行う範囲の設定

Spresenseのカメラの画像出力は、デフォルトでは解像度320×240（QVGA）、色空間はYUV422です。今回使用するニューラルネットワークへの入力画像は、28×28ピクセルのモノクロ画像なので、カメラで撮影した320×240ピクセルの画像を、リアルタイムに28×28ピクセルに縮小してモノクロに変換しなければなりません。

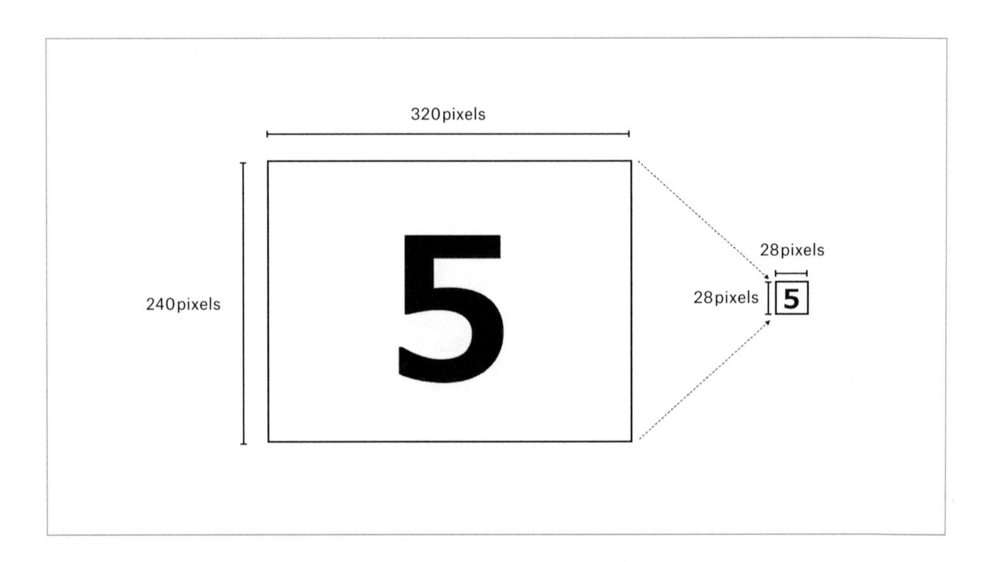

Spresenseにはスケーリングとクリッピングを高速に処理するハードウェアアクセラレーターを備えており、CamImageクラスにそのAPIが定義されています。

CamImage API	引数	意味
clipAndResizeImageByHW ()	CamImage &img	クリップ&リサイズされた画像を返す
	int left_top_x	クリップする左上の点のX座標
	int left_top_y	クリップする左上の点のY座標
	int right_bottom_x	クリップする右下の点のX座標
	int right_bottom_y	クリップする右下の点のY座標
	int width	縮小画像の幅
	int height	縮小画像の高さ

高速に処理できる反面、以下のような制約があります。

1. スケーリングする画像の最大のサイズは768×1024（幅×高さ）ピクセル
2. スケーリングの最小サイズは12×12ピクセル
3. スケーリングの倍率は2の累乗（2^n）もしくは 1/2 の累乗（1/2^n）でなければならず、リサイズ後の大きさは整数であること
4. クロップする画像の幅、高さは偶数であること

これらを勘案して、320×240のカメラ画像の認識範囲を図のように設定しました。112×224ピクセルの領域を28×28ピクセルの画像に縮小します。

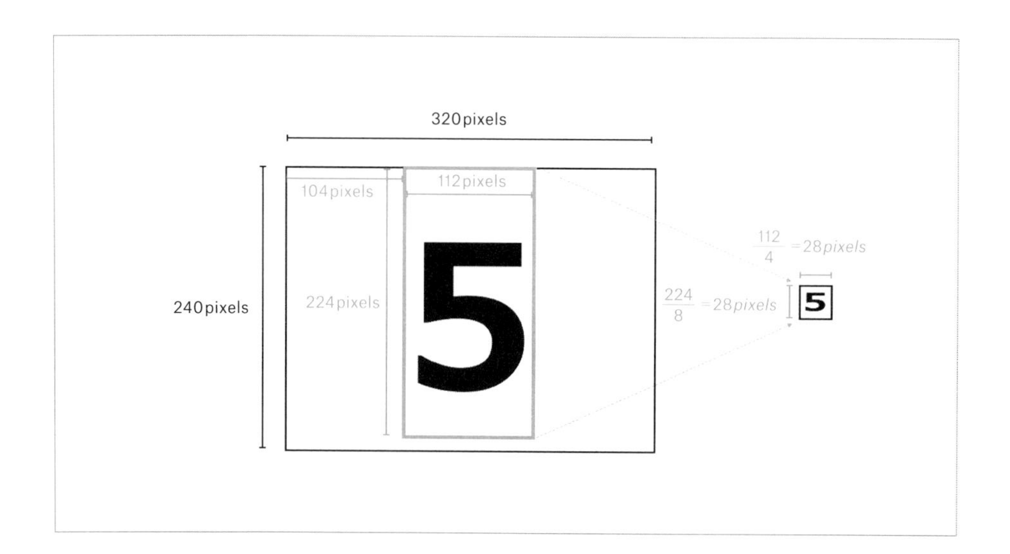

クリッピングとスケーリングをするためのプログラムは次のようになります。座標を指定する際は終了点の座標は直接指定せずに、開始点に縦横の幅を足して与えると間違いを減らすことができます。

```
#define OFFSET_X (104)
#define OFFSET_Y (0)
#define CLIP_WIDTH (112)
#define CLIP_HEIGHT (224)
#define DNN_WIDTH (28)
#define DNN_HEIGHT (28)

void CamCB(CamImage img) {
  ...
```

```
    CamImage small; // 縮小画像を格納
    CamErr err = img.clipAndResizeImageByHW(small
                          , OFFSET_X, OFFSET_Y
                          , OFFSET_X + CLIP_WIDTH -1
                          , OFFSET_Y + CLIP_HEIGHT -1
                          , DNN_WIDTH, DNN_HEIGHT);
    ...
}
```

スケーリングとクリッピングができたら、次はモノクロ画像を生成します。モノクロ画像はYUV422の16bit画像のY（輝度成分）を取り出すようにします。

スケッチでは、ビットマスクとビットシフトを使って16bitのデータからモノクロ8bitのデータを生成しています。

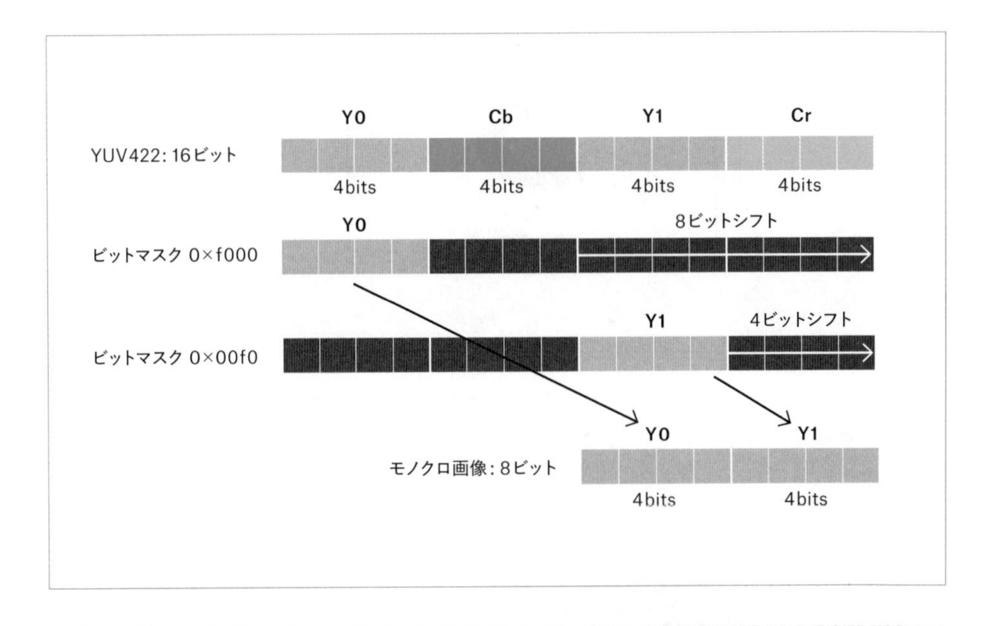


```
uint16_t* imgbuf = (uint16_t*)small.getImgBuff();
uint8_t grayImg[DNN_WIDTH*DNN_HEIGHT];
// YUV422の輝度成分をモノクロ画像として利用
for (int n = 0; n < DNN_WIDTH*DNN_HEIGHT; ++n) {
  grayImg[n] = (uint8_t)(((imgbuf[n] & 0xf000) >> 8)
                       | ((imgbuf[n] & 0x00f0) >> 4));
}
```

リアルタイムで画像認識する

Spresenseカメラで画像認識をリアルタイムで行います。ここでは、推論結果の表示にシリアルモニターを使います。

ストリーミング画像からニューラルネットワーク入力用画像を生成する

カメラ制御のプログラムは、2章「Spresenseの周辺機器を動かす」で紹介したストリーミング画像を液晶ディスプレイに表示するスケッチを使います。ストリーミング画像は、320×240ピクセルのYUV422のカラーフォーマットになります。

● camera_streaming_test.ino

```
// 2章で扱ったカメラ画像を確認するスケッチ
#include <Camera.h>
#include "Adafruit_ILI9341.h"
#define TFT_DC 9
#define TFT_CS 10
Adafruit_ILI9341 display = Adafruit_ILI9341(TFT_CS, TFT_DC);
// 画像取得毎に呼ばれるコールバック関数
void CamCB(CamImage img) {
  if (img.isAvailable()) {
    // YUV422の画像データをRGB565に変換
    img.convertPixFormat(CAM_IMAGE_PIX_FMT_RGB565);
    // 画像をディスプレイに表示
    display.drawRGBBitmap(0, 0,
      (uint16_t*)img.getImgBuff(), 320, 240);
  }
}

void setup() {
  display.begin();  // ディスプレイ開始
  theCamera.begin();  // カメラ開始
  display.setRotation(3);    // ディスプレイの向きを設定
  theCamera.startStreaming(true, CamCB);  // ストリーミング開始
}

void loop() {}
```

認識処理はCamCB関数内に実装します。DNNRTを組み込む前に、カメラ画像のクリップ&リサイズとモノクロ画像に変換するプログラムをCamCBに追加します。

● number_recog_simple.ino

```
#include <Camera.h>
#include "Adafruit_ILI9341.h"
#define TFT_DC  9
#define TFT_CS  10
Adafruit_ILI9341 display = Adafruit_ILI9341(TFT_CS, TFT_DC);

// 切り出し位置、縮小画像サイズの設定
#define OFFSET_X  (104)
#define OFFSET_Y  (0)
#define CLIP_WIDTH (112)
#define CLIP_HEIGHT (224)
#define DNN_WIDTH  (28)
#define DNN_HEIGHT  (28)

void CamCB(CamImage img) {
  if (!img.isAvailable())   return;
  // カメラ画像の切り抜きと縮小
  CamImage small;
  CamErr err = img.clipAndResizeImageByHW(small
                     , OFFSET_X, OFFSET_Y
                     , OFFSET_X + CLIP_WIDTH -1
                     , OFFSET_Y + CLIP_HEIGHT -1
                     , DNN_WIDTH, DNN_HEIGHT);
  // 縮小に失敗したらリターン
  if (!small.isAvailable()) return;
  //モノクロ画像の生成
  uint16_t* imgbuf = (uint16_t*)small.getImgBuff();
  uint8_t grayImg[DNN_WIDTH*DNN_HEIGHT];
  for (int n = 0; n < DNN_WIDTH*DNN_HEIGHT; ++n) {
    // YUV422の輝度成分をモノクロ画像として利用
    grayImg[n] = (uint8_t)(((imgbuf[n] & 0xf000) >> 8)
                         | ((imgbuf[n] & 0x00f0) >> 4));
  }
  // YUV422の画像データをRGB565に変換
  img.convertPixFormat(CAM_IMAGE_PIX_FMT_RGB565);
  // 画像をディスプレイに表示
  display.drawRGBBitmap(0, 0,
```

```
    (uint16_t*)img.getImgBuff(), 320, 240);
}

void setup() {
  display.begin();  // ディスプレイ開始
  theCamera.begin();  // カメラ開始
  display.setRotation(3);  // ディスプレイの向きを設定
  theCamera.startStreaming(true, CamCB);  // ストリーミング開始
}

void loop() {}
```


DNNRTを組み込む

これで前準備は完了しました。さらに、DNNRTで画像認識をするプログラムを加えていきます。まず、setup関数に初期化プログラムを追加します。

● number_recog_simple.ino

```
#include <Camera.h>
#include "Adafruit_ILI9341.h"
#include <DNNRT.h>
#include <SDHCI.h>

SDClass SD;
DNNRT dnnrt;

…省略（各種定義）…
…省略（CamCB関数）…

void setup() {
  Serial.begin(115200);  // シリアル出力開始
  // SDカードの挿入待ち
  while (!SD.begin()) { Serial.println("Insert SD card"); }
  // SDカードにある学習済モデルの読み込み
  File nnbfile = SD.open("model.nnb");
```

```
  // 学習済モデルでDNNRTを開始
  dnnrt.begin(nnbfile);

  display.begin();  // ディスプレイ開始
  theCamera.begin();  // カメラ開始
  display.setRotation(3);  // ディスプレイの向きを設定
  theCamera.startStreaming(true, CamCB);  // ストリーミング開始
}
```

次に、CamCB関数に認識処理を加えていきます。前回のスケッチでは、モノクロ画像を格納するためのバッファー grayImg を確保しましたが、DNNVariable ですでに入力画像用のバッファーが確保されているので、それを利用します。

● **number_recog_simple.ino**

```
// DNNRT入力用変数で宣言時に内部バッファーを確保
DNNVariable input(DNN_WIDTH*DNN_HEIGHT);
const char label[11]={'0','1','2','3','4','5','6','7','8','9','
'};

void CamCB(CamImage img) {
  if (!img.isAvailable())  return;
  // カメラ画像の切り抜きと縮小
  CamImage small;
  CamErr err = img.clipAndResizeImageByHW(small
                     , OFFSET_X, OFFSET_Y
                     , OFFSET_X + CLIP_WIDTH -1
                     , OFFSET_Y + CLIP_HEIGHT -1
                     , DNN_WIDTH, DNN_HEIGHT);
  // 縮小に失敗したらリターン
  if (!small.isAvailable())   return;
  // 認識用モノクロ画像をDNNVariableに設定
  uint16_t* imgbuf = (uint16_t*)small.getImgBuff();
  float *dnnbuf = input.data();
  for (int n = 0; n < DNN_HEIGHT*DNN_WIDTH; ++n) {
    // YUV422の輝度成分をモノクロ画像として利用
    // 学習済モデルの入力に合わせ0.0-1.0に正規化
    dnnbuf[n] = (float)(((imgbuf[n] & 0xf000) >> 8)
                      | ((imgbuf[n] & 0x00f0) >> 4))/255.;
```

```
    }
    // 推論の実行
    dnnrt.inputVariable(input, 0);
    dnnrt.forward();
    DNNVariable output = dnnrt.outputVariable(0);
    int index = output.maxIndex();

    // 推論結果の表示
    String gStrResult;
    if (index < 11) {
      gStrResult = String(label[index])
          + String(":") + String(output[index]);
    } else {
      gStrResult = String("Error");
    }
    Serial.println(gStrResult);
    // YUV422の画像データをRGB565に変換
    img.convertPixFormat(CAM_IMAGE_PIX_FMT_RGB565);
    // 画像をディスプレイに表示
    display.drawRGBBitmap(0, 0,
        (uint16_t*)img.getImgBuff(), 320, 240);
  }
```

ここで紹介したスケッチ「number_recog_simple.ino」は、わかりやすさを優先してシリアルモニターに結果を表示しています。実験する際は、「number_recognition.ino」を使用してください。認識領域のボックス描画と推論結果を液晶ディスプレイに表示します。

リアルタイムで動作をさせてみる

「number_recognition.ino」を書き込むと、液晶ディスプレイに認識領域を示す赤い枠、画面下部に認識結果とその確からしさが表示されます。テスト用の画像は本書ダウンロードドキュメントに収録しているものを印刷してご利用ください。ディスプレイに表示した画像で試してもいいですが、学習データは紙に印刷したものを収集しているため、認識率が下がることがあります。

⇨ テスト用数字画像データ

Chap07/dnnrt_test/numberRecogTest.zip

液晶ディスプレイの赤枠内に数字を合わせると、リアルタイムに画面下に認識結果とその確からしさが表示されます。適当なシーンをカメラに向けると数字と認識することがあります。これは撮影された風景を、無理に数字に当てはめようとしているためです。その場合、確からしさの値がどのようになっているかを確認するのも面白いと思います。

また、後述する学習データを自前で収集する方法で数字以外のデータを収集し、まったく新しい認識器を自前で作ることもできます。ニューラルネットワークに対する理解がより一層深まると思いますので、ぜひ試してみてください。

学習データの収集

カメラによる画像認識は、活用シーンの多い便利な機能です。ただ、学習済モデルを作るためには大量の学習用データを準備する必要があります。一般的に、公開されているデータセットでは目的に合うものを絞り込むのが大変だったり、そもそも目的に合うものがなかったりします。準備できたとしても、認識率が上がらないこともよくあります。

コンパクトで認識率の高いニューラルネットワークを実現するには、認識させたい対象を、認識させたいデバイスを使って、認識させたい場所で学習データをとるのが一番です。

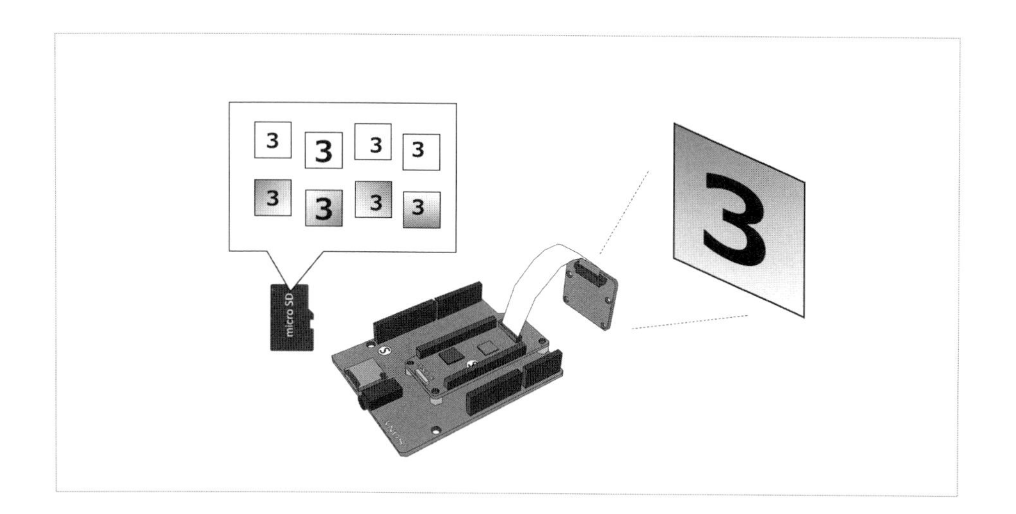

ここでは、Spresenseで学習用の画像データを収集する方法について紹介します。学習用画像を収集するプログラムは、認識用に作ったスケッチを少し変更するだけで簡単に実現できます。本書ダウンロードドキュメントの次の場所にスケッチがありますので参考にしてください。

⇨ **学習データ収集用スケッチ**

/Chap07/sketches/image_collection/image_collection.ino

このスケッチでは、BMPフォーマットを扱うためにBMP画像ライブラリを使用します。このライブラリは本書ダウンロードドキュメントの次の場所にあるので、Arduino IDEを使ってインストールしてください。

⇨ **本書掲載BMP画像ライブラリ**

/Libraries/BmpImage_ArduinoLib-main.zip

Github から最新版を入手することもできます。

➪ **BMP画像ライブラリのURL**

https://github.com/YoshinoTaro/BmpImage_ArduinoLib

CamCBの実装を変更する

画像認識用のスケッチのCamCB関数を変更して、学習用画像収集のスケッチを作ります。「number_recog_somple.ino」のCamCB関数に実装したプログラムを振り返ってみます。

● **number_recog_simple.ino**

```
// 画像認識を行うCamCB関数
void CamCB(CamImage img) {
  if (!img.isAvailable()) return;
  // カメラ画像の切り抜きと縮小
  CamImage small;
  CamErr err = img.clipAndResizeImageByHW(small
                   , OFFSET_X, OFFSET_Y
                   , OFFSET_X + CLIP_WIDTH -1
                   , OFFSET_Y + CLIP_HEIGHT -1
                   , DNN_WIDTH, DNN_HEIGHT);
  // 縮小に失敗したらリターン
  if (!small.isAvailable()) return;

  // 認識用モノクロ画像をDNNVariableに設定
  uint16_t* imgbuf = (uint16_t*)small.getImgBuff();
  float *dnnbuf = input.data();
  for (int n = 0; n < DNN_HEIGHT*DNN_WIDTH; ++n) {
    dnnbuf[n] = (float)(((imgbuf[n] & 0xf000) >> 8)
                      | ((imgbuf[n] & 0x00f0) >> 4))/255.;
  }

  // 推論の実行
  dnnrt.inputVariable(input, 0);
  dnnrt.forward();
  DNNVariable output = dnnrt.outputVariable(0);
  int index = output.maxIndex();
  // 推論結果の表示
  String gStrResult;
```

```
  if (index < 11) {
    gStrResult = String(label[index])
        + String(":") + String(output[index]);
  } else {
    gStrResult = String("Error");
  }
  Serial.println(gStrResult);

  // YUV422の画像データをRGB565に変換
  img.convertPixFormat(CAM_IMAGE_PIX_FMT_RGB565);
  // 画像をディスプレイに表示
  display.drawRGBBitmap(0, 0,
      (uint16_t *)img.getImgBuff(), 320, 240);
}
```

認識用に生成した28×28ピクセルのモノクロ画像をSDカードに記録すれば学習データとして流用できます。推論部分の処理をSDカードに記録する処理に置き換えます。またSDカードに画像データを記録するタイミングを指定するためのシャッターボタンを追加します。ボタンが押されたらCamCB関数内で画像を保存するように変更します。

● image_collection.ino

```
#include <BmpImage.h>
BmpImage bmp;
char fname[16] = {0};  // 保存ファイル名

void CamCB(CamImage img) {
  if (!img.isAvailable()) return;
  // カメラ画像の切り抜きと縮小
  CamImage small;
  CamErr err = img.clipAndResizeImageByHW(small
                        , OFFSET_X, OFFSET_Y
                        , OFFSET_X + CLIP_WIDTH -1
                        , OFFSET_Y + CLIP_HEIGHT -1
                        , DNN_WIDTH, DNN_HEIGHT);
  // 縮小に失敗したらリターン
  if (!small.isAvailable()) return;

  // 認識用モノクロ画像をDNNVariableに設定する処理を
```

```
    // 学習用画像データ記録する処理に置き換え
    uint16_t* imgbuf = (uint16_t*)small.getImgBuff();

    // 学習用データのモノクロ画像を生成
    uint8_t grayImg[DNN_WIDTH*DNN_HEIGHT];
    for (int n = 0; n < DNN_WIDTH*DNN_HEIGHT; ++n) {
      grayImg[n] = (uint8_t)(((imgbuf[n] & 0xf000) >> 8)
                          | ((imgbuf[n] & 0x00f0) >> 4));
    }

    // ボタンが押されたら画像を保存
    if (bButtonPressed) {
      Serial.println("Button Pressed");
      // 学習データを保存
      saveGrayBmpImage(DNN_WIDTH, DNN_HEIGHT, grayImg);
      bButtonPressed = false;    // フラグをfalseに戻す
    }

    // YUV422の画像データをRGB565に変換
    img.convertPixFormat(CAM_IMAGE_PIX_FMT_RGB565);
    // 画像をディスプレイに表示
    display.drawRGBBitmap(0, 0,
        (uint16_t *)img.getImgBuff(), 320, 224);
  }
```

ボタンの押下判定は、ハードウェアに追加したボタンに割り付けられた割り込み関数が「bButtonPressed」を「true」にすることで行われます。割り込みはsetup関数内で設定されています。ボタンの割り込み処理については、後述の「シャッターボタンを追加する」を参照してください。

画像の保存処理はsaveGrayBmpImage関数で行います。保存するモノクロ画像の縦横のサイズと画像へのポインターを引数に与えます。

```
// 8bitグレースケール画像を保存する関数
void saveGrayBmpImage(int width, int height, uint8_t* grayImg)
{
  static int g_counter = 0;  // ファイル名につける追番
  sprintf(fname, "%03d.bmp", g_counter); // ファイル名生成
  // すでに画像ファイルがあったら削除
  if (SD.exists(fname)) SD.remove(fname);

  // ファイルを書き込みモードでオープン
  File bmpFile = SD.open(fname, FILE_WRITE);
  if (!bmpFile) {
    Serial.println("Fail to create file: " + String(fname));
    while(1);
  }

  // ビットマップ画像を生成
  bmp.begin(BmpImage::BMP_IMAGE_GRAY8,
                   DNN_WIDTH, DNN_HEIGHT, grayImg);
  Serial.println("BMP created");

  // ビットマップ画像をSDカードに書き込み
  bmpFile.write(bmp.getBmpBuff(), bmp.getBmpSize());
  bmpFile.close(); // ファイルをクローズ
  bmp.end(); // BMP画像ライブラリ終了
  // ファイル名を表示
  Serial.println("Saved an image as " + String(fname));
  ++g_counter; // カウンターを進める
}
```

BMPフォーマットへの変換は、本書ダウンロードドキュメントに含まれているBMPライブラリを使用しています。g_counter は、画像のファイル名に追番を付けるためのカウンターで、画像を保存するたびにインクリメントをしていくstatic変数です。

シャッターボタンを追加する

ボタンの処理を追加するには、ハードウェアにタクトスイッチを追加する必要があります。学習キットはスイッチがあらかじめ付いているので、メーカーが提供している説明書でIO番号を確認してください。ここでは、独自にタクトスイッチを追加することを前提とします。タクトスイッチは、TVDT18という部品を使います。秋月電子通商などのパーツショップで入手できます。

タクトスイッチ

このタクトスイッチをメインボードのD0番とGNDに接続します。学習キットをお使いの場合は、ボタンに割り当てられているピン番号が異なるので注意してください。

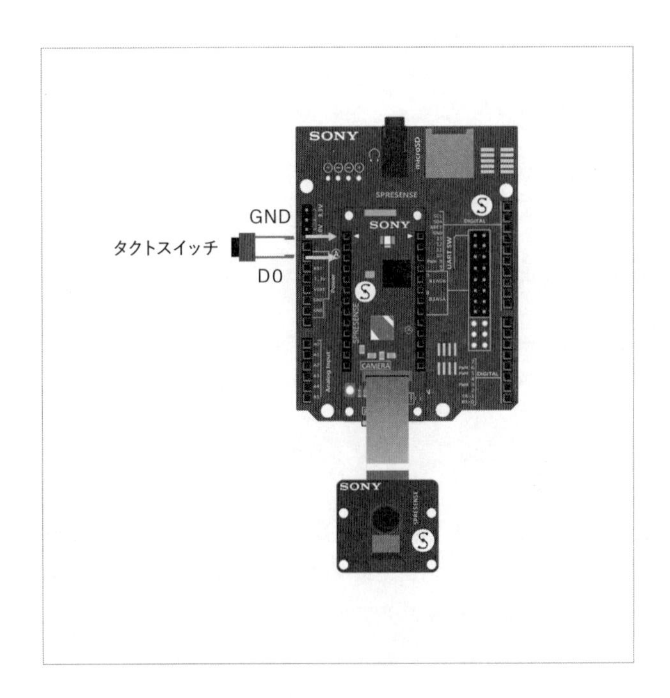

ボタンが押されたことを検出するため、setup関数に割り込み処理の設定を追加します。

● image_collection.ino

```
// ボタン用のピン番号の定義
// 学習キットの場合はピン番号を説明書で確認してください
#define BUTTON (0)

bool bButtonPressed = false;
// ボタン押下時に呼ばれる割り込み関数
void changeState() {
  bButtonPressed = true;
}

... 省略 (CamCB関数) ...

void setup() {
  Serial.begin(115200); // シリアル出力開始
  display.begin();  // ディスプレイ開始
  theCamera.begin(); // カメラ開始
  display.setRotation(3);  // ディスプレイの向きを設定
  theCamera.startStreaming(true, CamCB);  // ストリーミング開始

  /* DNNRTの開始処理を削除  */

  // 割り込み処理を設定
  // ボタン押下(FALLING)で、changeState関数が呼ばれる
  attachInterrupt(digitalPinToInterrupt(BUTTON),
                                changeState, FALLING);

  // SDカードの挿入待ち
  while (!SD.begin()) { Serial.println("Insert SD card");}
}
```

attachInterrupt関数は、Arduinoの標準ライブラリでIOの変化を割り込みとして通知してくれます。割り込みを検出すると割り込み関数を呼び出します。このスケッチの場合、割り込みが発生するとchangeState関数が呼ばれます。changeState関数の処理は非常に単純で、ボタンが押されたらbButtonPressedを「true」にするだけです。bButtonPressedはCamCB関数内で常に参照されており、trueになると画像の保存処理を行います。

本書内ではわかりやすさを優先し、ディスプレイ関連の処理は記述しませんでしたが、収録のスケッチではディスプレイ処理も記述されていますので参考にしてください。

画像データをデータセットに整える

「image_collection.ino」の書き込みが完了したら、実際に画像を収集してみましょう。学習させたい画像を赤い枠の中に入るように合わせてボタンを押します。ディスプレイ下部に表示されているファイル名が更新されたら画像が保存されたことを意味します。

収集した画像はフォルダーに分類して整理しておきます。収集した画像をデータセットにまとめるには、学習用データの管理ファイルを作成する必要があります。

管理ファイルを生成する

ここでは、画像が下図のようなフォルダーに分類されているとします。

学習に用いる画像ファイルは各認識対象ごとに同じ数を用意する必要はありません。ただし、あまり数が離れていると学習に偏りが出るため、できるだけ同じくらいの数のほうが望ましいでしょう。

この構成を参考に、Neural Network Consoleに登録するための学習データの管理ファイルを作成してみましょう。

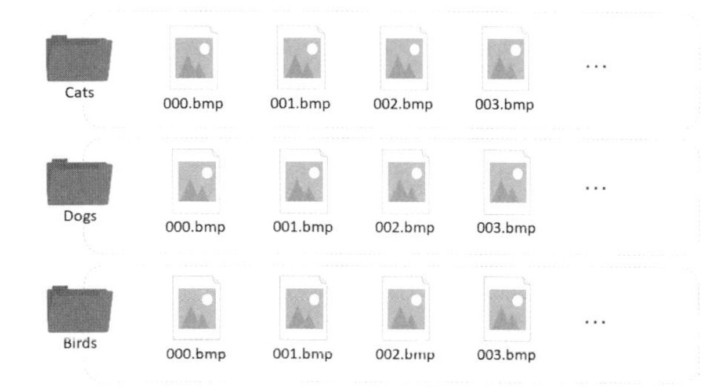

管理ファイルの構造は単純です。今回は画像を認識するニューラルネットワークなので、認識すべき画像ファイルごとにラベルを付けます。

一行目に入力(x)と出力(y)を定義します。入力は画像なので「x:image」、出力はラベルになるため「y:label」としました。「:」に続く各入出力の名前は、アルファベットであれば任意の名称を付けてかまいません。次の行からは画像データへのパスと対応したラベル値を羅列していきます。この例では、「Cat」のラベルは「0」、「Dog」は「1」、「Bird」は「2」になります。

管理ファイルは、CSVファイルとして保存する必要があります。この例では、ファイル名を「animal_train.csv」としています。

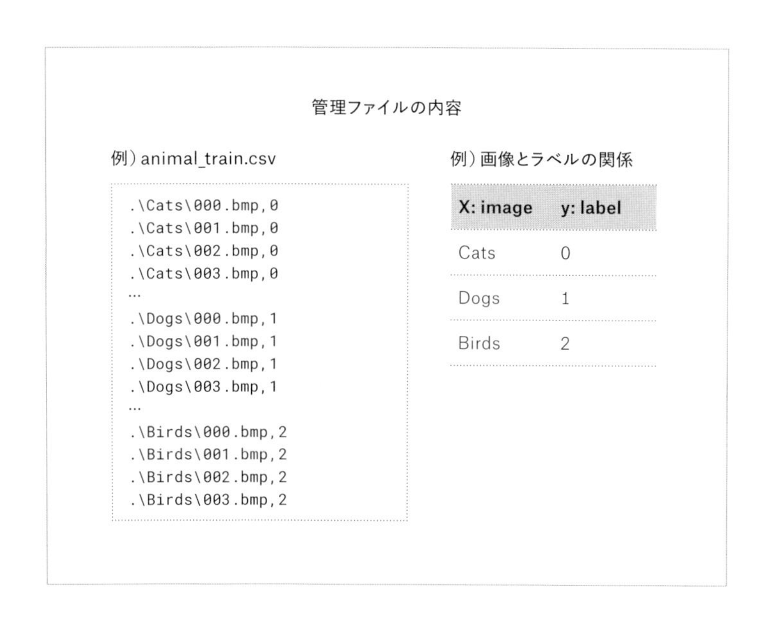

X: image	y: label
Cats	0
Dogs	1
Birds	2

評価データも同じ手順で作成します。学習データと評価データの構成は下図のようになります。Neural Network Consoleへの登録は、データセット管理画面から各管理ファイルを開いて登録します。クラウド版の場合はZIPファイルに圧縮してアップロードしてください。手順の詳細は、「データセットの準備と登録」(72ページ) を参照してください。

8 マイクとオートエンコーダで異常検知をする

前章までは画面認識を中心に解説していきましたが、本章では、
Spresenseのマイク入力を使ったニューラルネットワークについて取り上げます。
オートエンコーダというニューラルネットワークを用いてパイプの音や振動データから
配管設備の異常を検知するシステムを作ってみましょう。

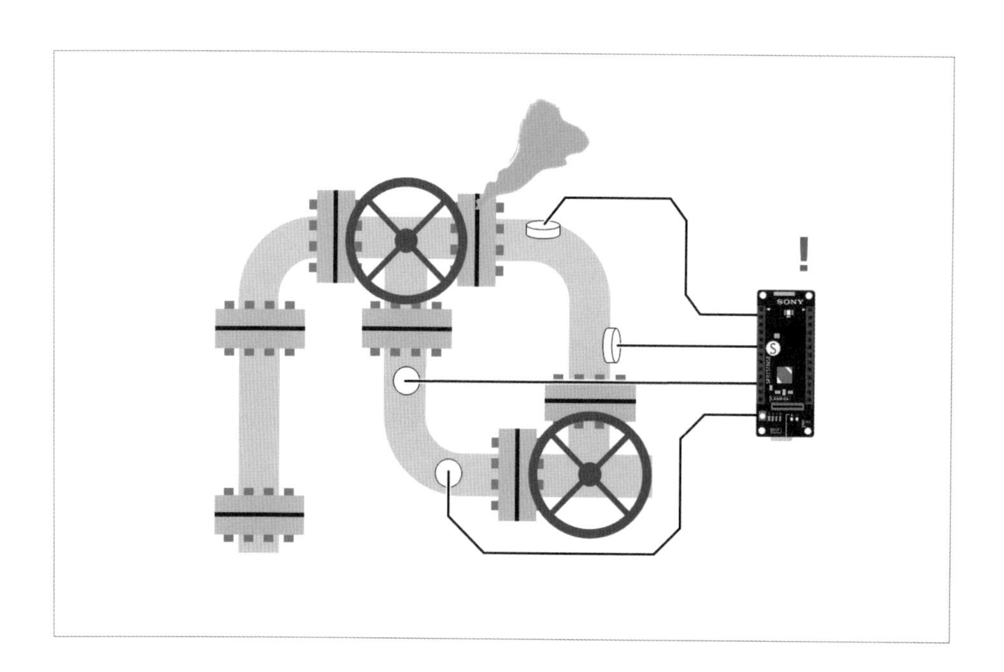

マイク入力とオートエンコーダを使った異常判定

Spresenseはマイク入力を備えており、設備の異常音などを捉えることができます。設備に使われるファンやモーター、パイプ、ダクトは、定常的に同じ振動や音を発生します。異常が発生すれば、それらの音に変化があるので、その変化を検出することで設備の異常を発見できます。ただし、設備の異常は本来あってはいけないものなので、異常が発生することはまれです。そのため、異常データが十分に収集できず、AIが得意とする認識や分類による判定ができません。そのような場合に威力を発揮するのがオートエンコーダというニューラルネットワークです。オートエンコーダは正常のデータを覚えさせて、それと異なる入力があった場合に反応するニューラルネットワークです。

ここでは、Spresenseのマイク入力を使った音響の信号処理とオートエンコーダによる異常判定、ならびに学習データの収集方法について解説します。

〈 解説の流れ 〉

1. Spresenseの異常検知のモデルを準備する
2. オートエンコーダの設計と学習済モデルの生成
3. Spresenseにオートエンコーダを組み込む
4. 異常判定を試してみる
5. 学習用データを収集する

Spresenseの異常検知のモデルを準備する

今回使用するのは、Spresenseメインボード、Spresense拡張ボード、液晶ディスプレイ、マイクとマイク入力基板、microSDカードです。液晶ディスプレイやマイクの接続ならびに使い方については、2章「Spresenseで周辺機器を動かす」を参照してください。液晶ディスプレイはSpresenseで処理した周波数スペクトルの表示に使います。

今回は検証用モデルとしてファンとパイプを使います。ファンからパイプに空気を送り込み、ファンやパイプに異常があると反応するものです。検証モデルは、市販の塩ビのパイプとファンで作成しました。できるだけ手に入りやすい部材を選択しましたので、可能であれば、お近くのホームセンターなどで材料を調達して作ってみてください。ファンは秋葉原で入手したものを使っています。

ワイヤー接続
パターンアートキットの接続
AutoLabキットの接続

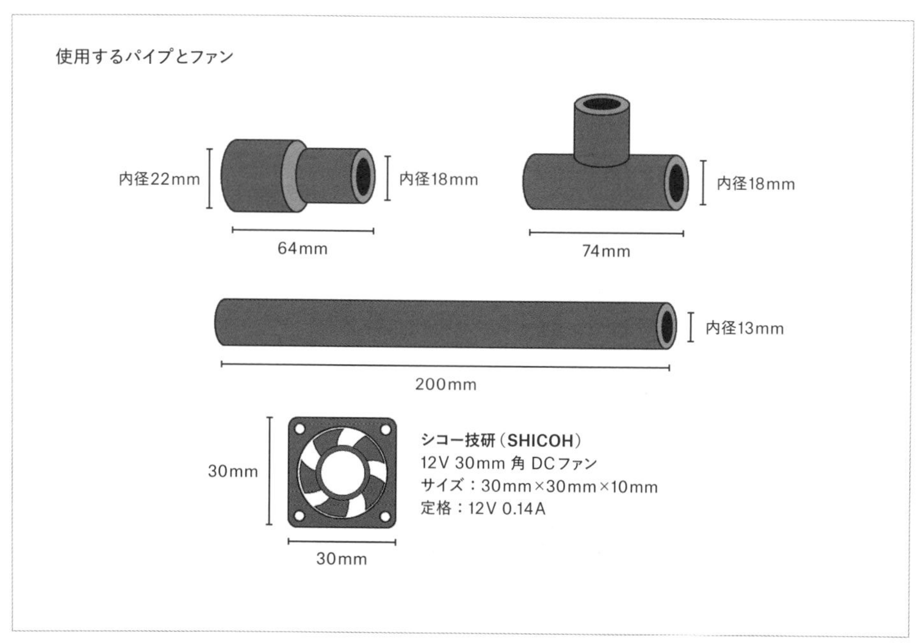
使用するパイプとファン
内径22mm
内径18mm
64mm
内径18mm
74mm
内径13mm
200mm
30mm
30mm
シコー技研（SHICOH）
12V 30mm 角 DCファン
サイズ：30mm×30mm×10mm
定格：12V 0.14A

異常検知システムで用意するもの

1. Spresenseメインボード
2. Spresense拡張ボード
3. ピンマイク（インピーダンス：2.2kΩ）
4. マイク接続基板
5. ILI9341液晶ディスプレイ
6. 液晶ディプレイ接続用ワイヤー、もしくは液晶ディスプレイ接続基板（学習キット）
7. microSDカード（32GBまで）
8. 内径13mm塩ビパイプ
9. 内径18mmT字型塩ビパイプ継手
10. 内径18mm内径22mm異経塩ビパイプ継手
11. 12V 30mm角DCファン

実際に組み上げたものが以下の写真です。ファンとパイプには、3Dプリンターで作った取り付け治具を使いましたが、ビニールテープなどで固定してもかまいません。このモデルはパイプの真ん中に切り込みを入れており、テープで切り込みをふさいだり、開けたりすることができます。パイプのひび割れなどのリークを意識したものにしています。

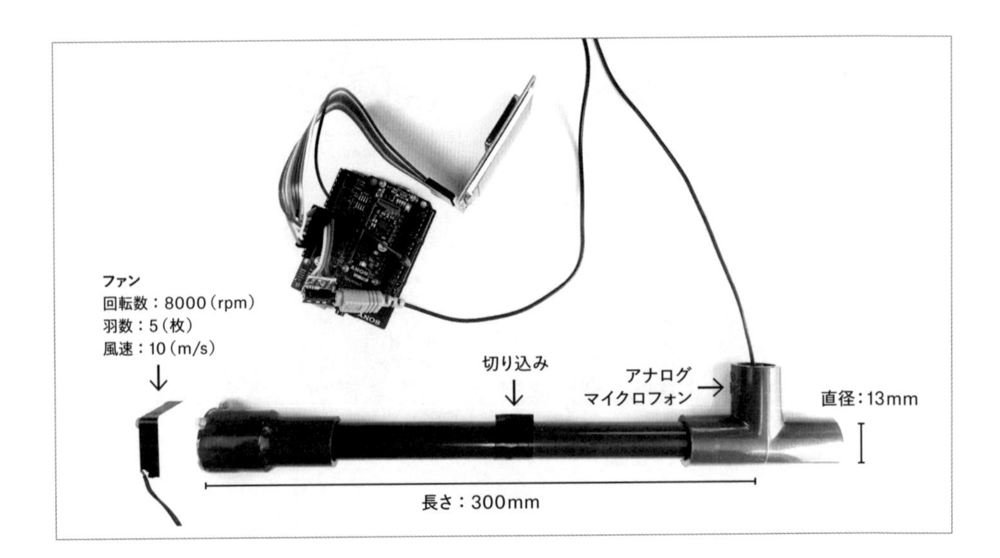

このシステムを準備するのが難しい方のために、本章の最後に学習データの収集方法を紹介しています。お手持ちのファンやモーターでも試してみてください。マイク入力はA/Dコンバータとしても使えるので、アナログマイクだけでなく、振動センサーやピエゾピックアップ、マグネティックピックアップなど、さまざまなアナログセンサーを接続できます。接続するセンサーのバリエーションを変えることで、アプリケーションの幅はより一層広がるでしょう。

オートエンコーダによるパイプ異常検出

オートエンコーダとは?

オートエンコーダ（自己符号化器）とは、学習によって入力データの特徴的な部分を中間層（Hidden Layer）に圧縮し、出力時にもとの次元に復元処理をするニューラルネットワークです。正常なデータの特徴を圧縮処理し覚えさせるため、異常データが入手しにくい設備監視などによく用いられます。

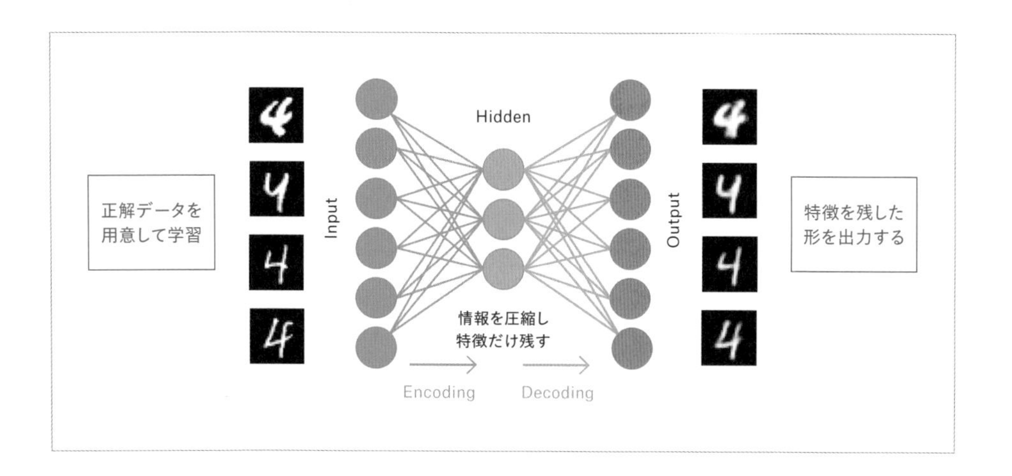

オートエンコーダは、正常データの特徴のみを記憶させているため、異常データの入力があると正常データに合わせようとするためノイズが増えます。異常データの入力と出力の差分をとると、ノイズが増えたぶんだけ正常データよりも差分量が大きくなります。正常データの入力と出力の差分量（変動量）はある範囲内に収まるので、それを閾値とすれば異常を検知できます。

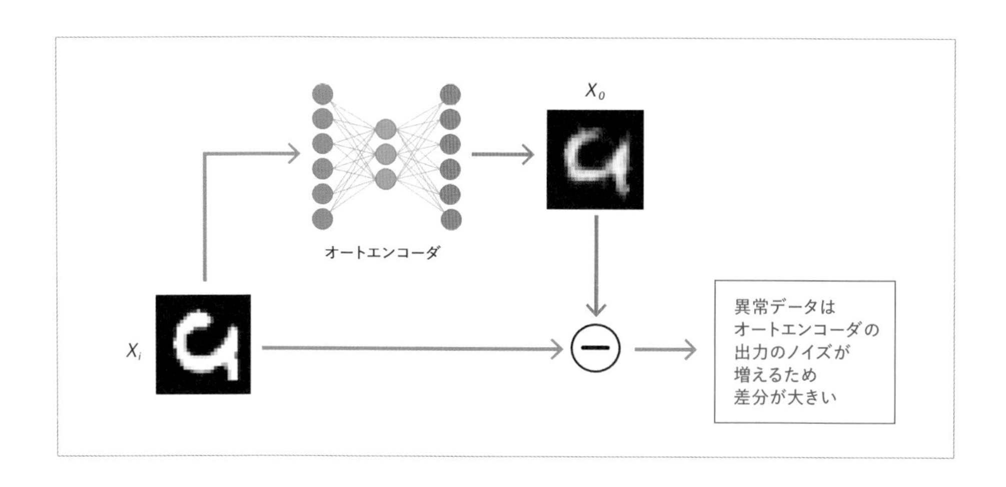

周波数スペクトルでパイプの異常を判定する

今回モデルとしたパイプの異常監視の場合、オートエンコーダの学習データに周波数スペクトルを用います。異常判定は、データの入力値とオートエンコーダの出力の二乗平均平方根誤差（RMSE）を用いています。閾値は、正常データの二乗平均平方根誤差の変化を見て、適切と思われる値を決定します。

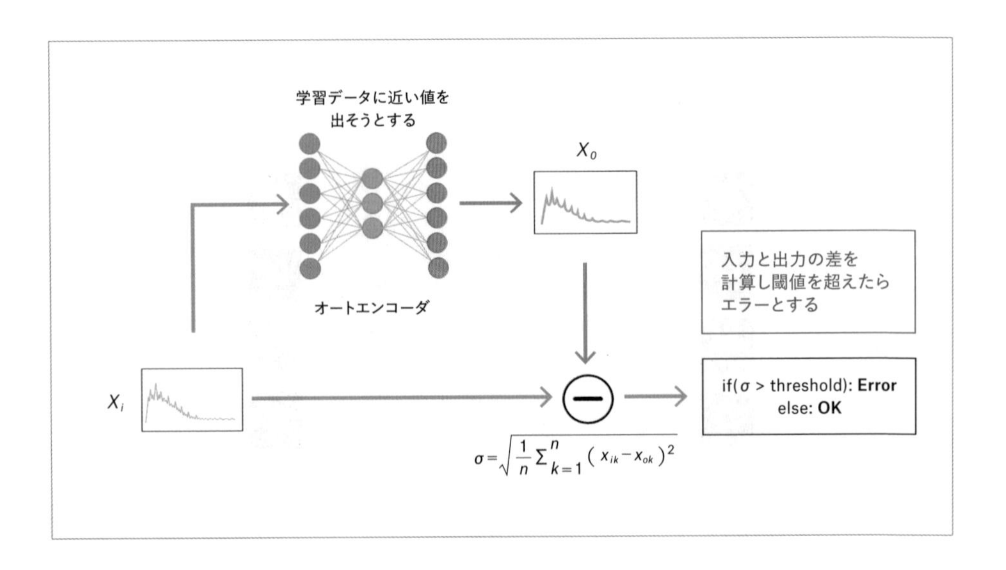

なぜ異常検出にオートエンコーダを使うのか？

異常検出にオートエンコーダが使えることはわかりましたが、正常値の平均値との差分をとっても良さそうに思えます。なぜオートエンコーダを使うのでしょうか？

平均値からの差分の場合、正常データであったとしても周波数スペクトルの変動があるため、それが誤差として現れます。しかし、最終的に数値で現れた誤差は、正常データのばらつきの誤差なのか、異常値の誤差なのか違いを判別することができません。

オートエンコーダの場合、入力値に対する出力値との相対的な差分になります。正常データの場合は、ある程度の変動があってもエンコーダの出力は正常とみなされ、入力になるべく近い出力値になるので差分は小さくなります。一方、異常データの場合は、前述のように誤差が広がります。

平均値との差分は絶対値に対する差分なので、正常と異常の誤差を区別するのが難しくなりますが、オートエンコーダの場合は、入力に対する相対的な変動なので正常と異常を区別することができる、というわけです。

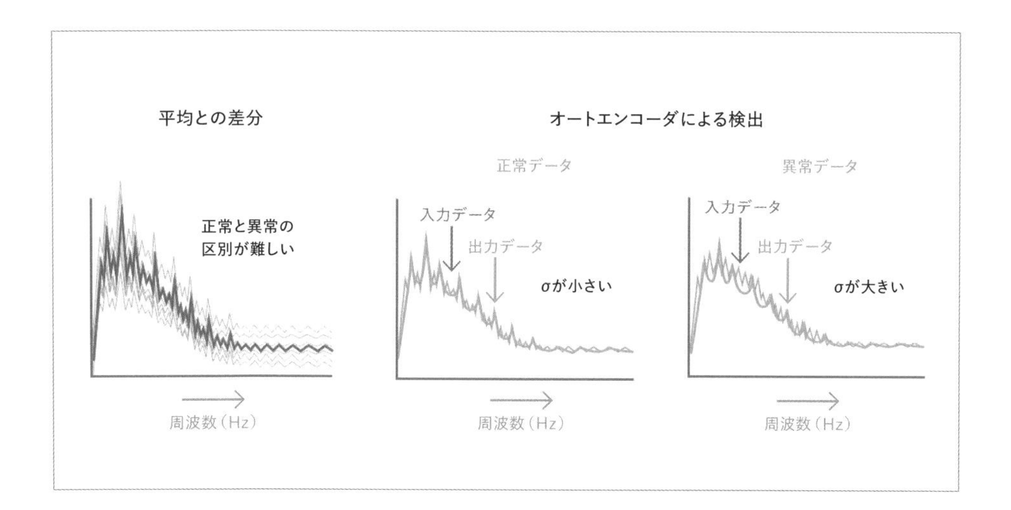

オートエンコーダの学習済モデルを生成する

では、Neural Network Console を使ってオートエンコーダの学習済モデルを作っていきましょう。オートエンコーダのデータセットと、Neural Network Consoleのプロジェクトは本書ダウンロードドキュメントの次の場所にあります。手っ取り早く試したい方は、出力済の学習済モデルをご利用ください。

⇨ **データセット**

Chap08/dataset/autoencoder.zip

⇨ **Neural Network Console プロジェクト**

Chap08/nnc_project/autoencoder.sdcproj

⇨ **学習済モデル**

Chap08/nnc_model/model.nnb

データセットを登録する

データの内容

データセットは、サンプリングレート48,000Hzのものをサンプル数1024のFFT演算で得た周波数スペクトルのうち128サンプルを用います。FFTの出力の周波数分解能は、46.875 Hz（=48,000/1024）です。この分解能から128サンプルは6kHzとなります（46.875*128=6kHz）。実データを見ると3kHzで大きく減衰し6kHzでほぼゼロになっているので、128サンプルで問題なさそうです。データをグラフ化すると、かなりばらつきはありますが、モータ振動、ファン振動、共鳴振動の特徴が現れています。

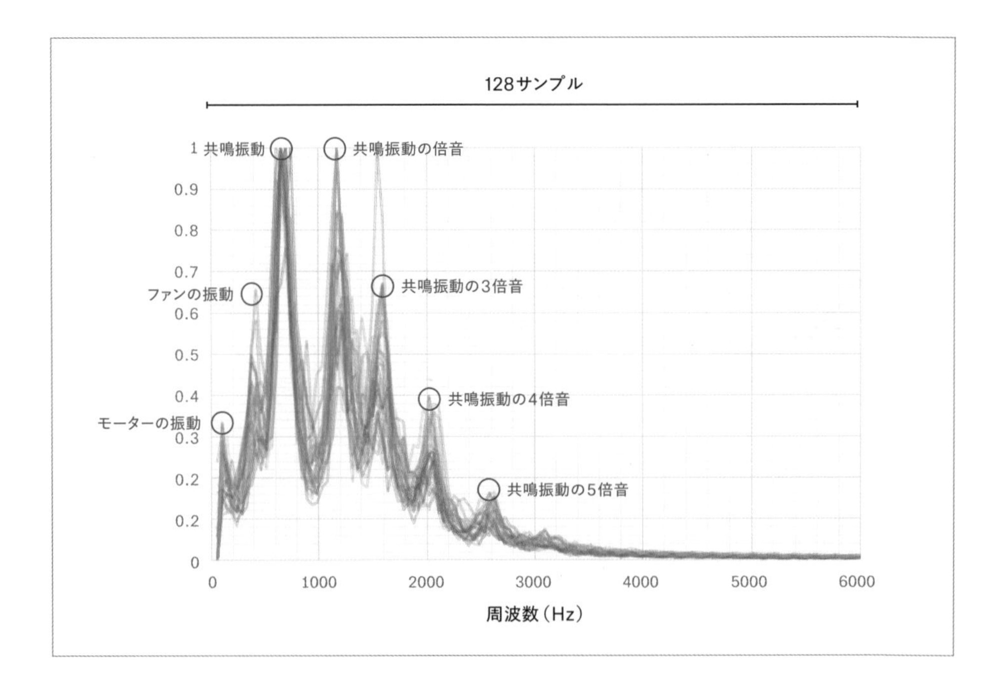

データセットの構造

データセットは、周波数スペクトルのデータを羅列したテキストファイル（拡張子は.csvである必要があります）とファイルのリストを記述した管理ファイルで構成されています。これを学習データ（train）と評価データ（valid）ともに用意します。

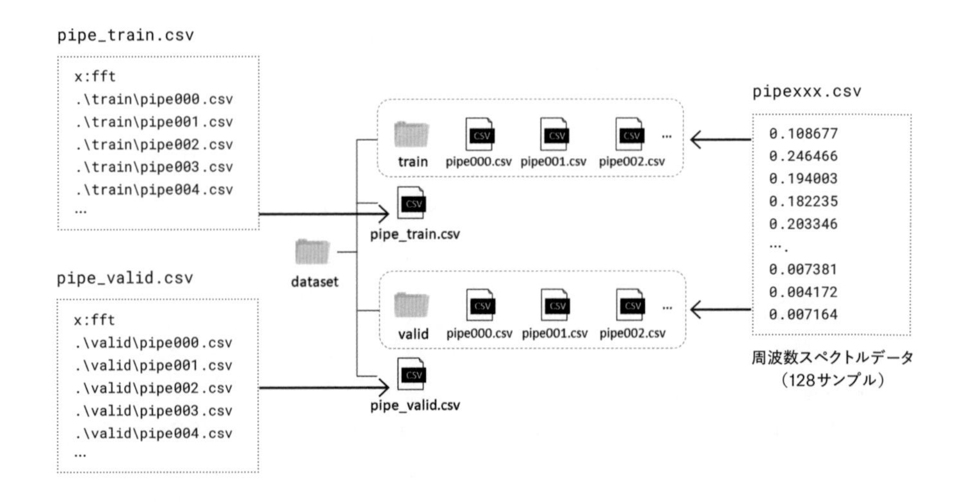

データセットを登録

Neural Network Consoleにデータセットを登録します。データセットの登録は、4章の「データセットの準備と登録」(72ページ)を参照してください。データセットの登録が完了すると次のような画面が現れます。

オートエンコーダを設計する

入力は128サンプルとそれほど多くないため、全結合だけで構成をしてもメモリー消費量が大きくなりすぎることはありません。より特徴を際立たせるため、128の入力を中間層で8まで圧縮し、再び128に広げる構造にしてみました。各レイヤーの数を変えてみて、どのように出力が変化するかを観察してみてください。よりオートエンコーダに対する理解が深まると思います。

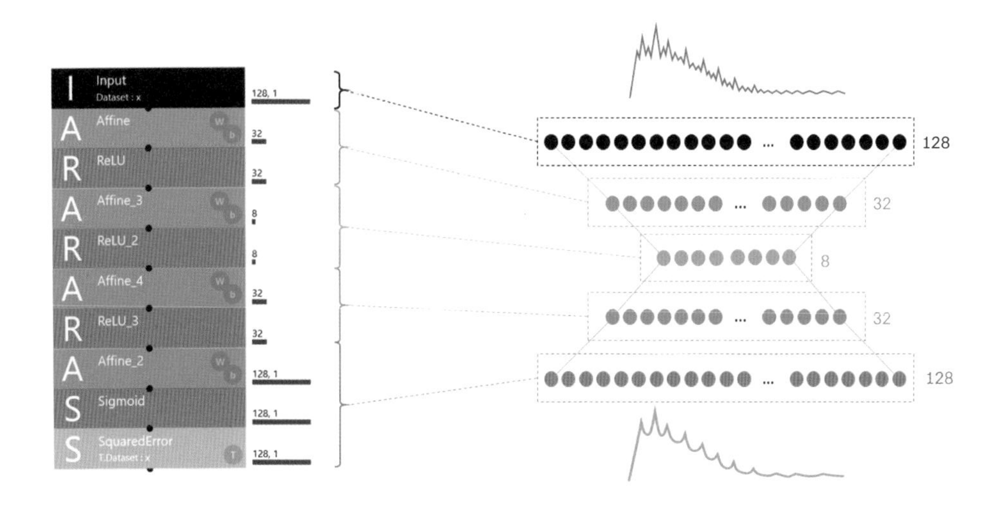

オートエンコーダの学習済モデルを出力する

設計したオートエンコーダを学習し、モデルの出力を行います。学習の仕方と学習済モデルの出力の仕方は「ニューラルネットワークの学習と評価」（79ページ）と「学習済モデルの出力」（83ページ）を参照してください。学習の結果は次のようになります。今回は指標とすべき統計データがないため、混合行列を使うことはできません。入力データと出力データを比較してみましょう。

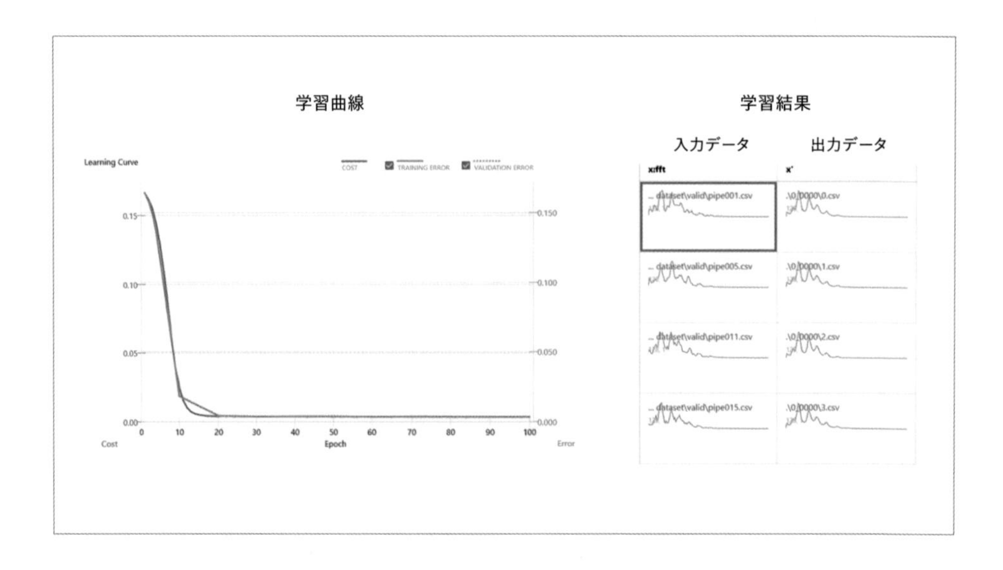

オートエンコーダをSpresenseに組み込む

オートエンコーダをSpresenseに組み込みます。引き続きサンプリングレート48000Hzでサンプル数が1024で信号処理を行います。1024のサンプルを取得するには、約21ミリ秒の時間がかかります（0.02133...＝1024/48000）。

Spresenseのハードウェアと DSPコーデックは、キャプチャーした音を絶え間なくFIFOに蓄積していきます。ユーザープログラムは、この21ミリ秒以内に一連の処理を行わないとFIFOがあふれてしまいます。音のようなストリームデータの処理は、与えられた時間がどれだけあるか常に意識してソフトウェアの設計をする必要があります。

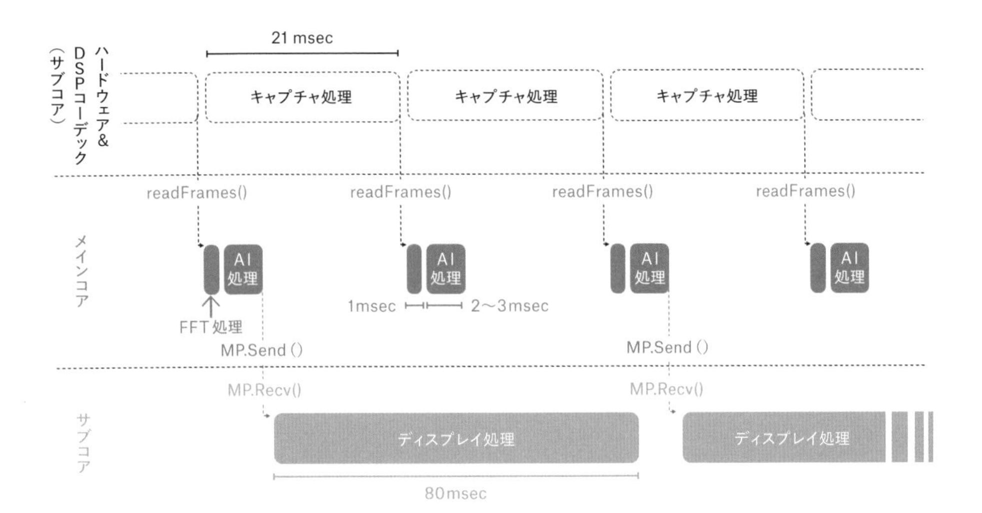

今回実装したオートエンコーダの処理は2〜3ミリ秒程度と非常に高速に処理できるため、FFTにかかる1ミリ秒を含めても信号処理には十分な時間があります。リアルタイム信号処理を行う場合は、AIがいかにコンパクトに高速に実装できるかもポイントになります。

今回は、FFTスペクトルとニューラルネットワークによる判定の結果をディスプレイに表示します。ディスプレイ処理にかかる時間は80ミリ秒とかなり長いため、この処理を一連の信号処理に加えると、スレッドで分割したとしても処理が破綻してしまいます。

そこで、周波数スペクトルをディスプレイに表示する処理はサブコアに分離することにします。Spresenseはマルチコアで並列に処理できるので、ディスプレイ処理をサブコアに実装すれば、AIを含めた信号処理への影響をなくせます。

タイムクリティカルな処理を保証するために、サブコアに処理を分割する手法は信号処理に限らず、制御システムなどにも有効な手法です。Spresenseは、Arduino IDEでマルチコアプログラミングができるので、並行処理プログラミングの実装も簡単です。

オートエンコーダを信号処理に組み込む

スケッチの本体は、本書ダウンロードドキュメントの次の場所にあります。この「fft_autoencoder.ino」は3章の「fft_test.ino」を変更したものです。ここでは、変更部分を中心に解説します。

⇨ Chap08/sketches/fft_autodencoder/fft_autoencoder.ino

setup関数の変更

「fft_test.ino」の宣言部とsetup関数にDNNRTの初期化処理を記述します。スケッチの宣言部には、DNNRTのヘッダーインクルードとインスタンスを記述します。SDカードにオートエンコーダの学習済モデル「model.nnb」を忘れずにコピーしておいてください。

● fft_autoencoder.ino

```
#include <Audio.h>
#include <FFT.h>
#include <SDHCI.h>
SDClass theSD;

#include <DNNRT.h>
DNNRT dnnrt;
…
```

setup関数では、SDカード上にあるオートエンコーダの学習済モデルを開き、DNNRTのインスタンスを学習済モデルで初期化する処理を記述します。

● fft_autoencoder.ino

```
void setup() {
  Serial.begin(115200);
  // SDカードの挿入を待つ
  while (!SD.begin() ) { Serial.println("Insert SD card"); };

  // SDカード上にある学習済モデルを読み込み
  File nnbfile = SD.open("model.nnb");;
  if (!nnbfile) {
    Serial.print("nnb not found");
    while(1);
  }
```

```
  // 読み込んだ学習済モデルでDNNRTを開始
  int ret = dnnrt.begin(nnbfile);
  if (ret < 0) {
    Serial.print("DNN Runtime begin fail: " + String(ret));
    while(1);
  }
  // ハミング窓、モノラル、オーバーラップ50%
  FFT.begin(WindowHamming,
                      AS_CHANNEL_MONO, (FFT_LEN/2));
  Serial.println("Init Audio Recorder");
  ...省略...
}
```


loop関数の変更

DNNRTの推論処理と判定処理を記述していきます。入力信号は周波数スペクトルの最大値と最小値で正規化します。異常値と判定する閾値は1.0に設定しました。ファンやパイプの状態、マイクの特性によってこの数値は大きく変わります。お使いの環境に合わせて数値を調整してください。

また、二乗平均平方根誤差（RMSE）の出力値が大きく変動するので、定常的なエラーかどうかの確認に16回（320ミリ秒）ぶんを平均する処理を追加しました。320ミリ秒の間に大きな異常、もしくは定常的な異常があった場合にエラーとなります。

● fft_autoencoder.ino

```
void loop(){
  ...省略（音のキャプチャ処理）...
  FFT.put((q15_t*)buff, FFT_LEN);  // FFTを実行
  FFT.get(pDst, 0); // FFT演算結果を取得
  avgFilter(pDst); // 過去のFFTの演算結果で平滑化

  // 周波数スペクトルの最大値最小値を検出
  float fpmax = FLT_MIN;  float fpmin = FLT_MAX;
  for (int i = 0; i < FFT_LEN/8; ++i) {
    if (pDst[i] < 0.0) pDst[i] = 0.0;
    if (pDst[i] > fpmax) fpmax = pDst[i];
    if (pDst[i] < fpmin) fpmin = pDst[i];
  }
```

```
    // DNNRTの入力データにFFT演算結果を設定
    DNNVariable input(FFT_LEN/8);
    float *dnnbuf = input.data();
    for (int i = 0; i < FFT_LEN/8; ++i) {
    // 0.0～1.0に正規化
    dnnbuf[i] = pDst[i] = (pDst[i] - fpmin) / (fpmax-fpmin);  }
    // 推論を実行
    dnnrt.inputVariable(input, 0);
    dnnrt.forward();
    DNNVariable output = dnnrt.outputVariable(0);
    float* result = output.data();
    // 二乗平均平方根誤差(RMSE)を計算
    float sqr_err = 0.0;
    for (int i = 0; i < FFT_LEN/8; ++i) {
      float err = pDst[i] - result[i];
      sqr_err += sqrt(err*err/(FFT_LEN/8));
    }
     // RMSEの結果を平均化
    static const int average_cnt = 16; // 平均回数
    static float average[average_cnt];
    static uint8_t gCounter = 0;
    average[gCounter++] = sqr_err;
    if (gCounter == delta_average) gCounter = 0;
    float avg_err = 0.0;
    for (int i = 0; i < average_cnt; ++i) {
      avg_err += average[i];
    }
    avg_err /= average_cnt;
    Serial.println("Result: " + String(avg_err, 7));

    // 閾値の設定：マイクやファン、パイプの状態で数値は変動します
    // 実測をして、適切と思われる数値に設定してください
    static const float threshold = 1.0; // RMSEのばらつきを見て調整
    // 閾値でOK/NGを判定
    bool bNG = false;
    avg_err > threshold ? bNG = true : bNG = false;
    if (bNG) Serial.println("Fault on the pipe");
}
```

周波数スペクトルの表示処理を追加する

次に、周波数スペクトルのディスプレイ処理をサブコアに追加していきます。先ほどのオートエンコーダのスケッチ「fft_autoencoder.ino」に順次追加する形で説明をしていきます。追加後のスケッチは、本書ダウンロードドキュメントの以下の場所にあります。スケッチは、メインコア用とサブコア用に分かれているので、それぞれのスケッチをArduino IDEで開いてお使いください。

メインコア用スケッチ

Chap08/sketches/fft_autoencoder_with_disp/Maincore/Maincore.ino

サブコア用スケッチ

Chap08/sketches/fft_autoencoder_with_disp/Subcore/Subcore.ino

メインコア用のスケッチ

オートエンコーダのスケッチ「fft_autoencoder.ino」にマルチコアの処理を追加していきます。今回はメインコアとサブコアで処理のタイミングを合わせるため、コア間での排他処理にMPMutexを用います。信号処理にかかる時間は21ミリ秒に対して、表示処理は80ミリ秒かかっているため、表示処理中はデータの送信をしないようにするためです。

サブコアに送信する周波数スペクトルは、サブコアの描画処理に影響が出ないようにコピーをしてから渡す必要があります。コピーしなかった場合、表示処理中にメインコア内でメモリーの内容が書き換わってしまい、予期せぬ動きをする可能性があります。

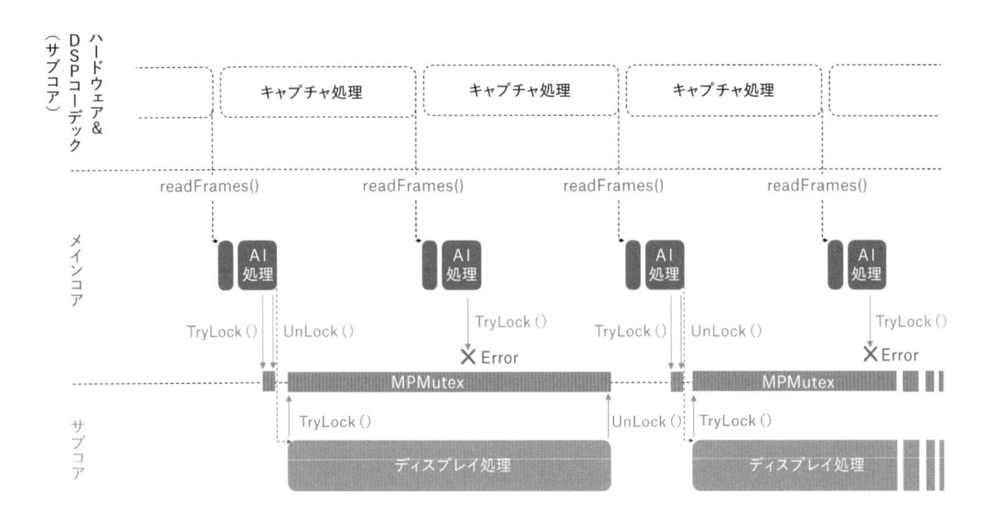

● Maincore.ino

```
#include <MP.h>
#include <MPMutex.h>
MPMutex mutex(MP_MUTEX_ID0);
const int subcore = 1;

void setup() {
  ... 省略（DNNRT初期化処理、録音設定）...

  Serial.println("Start Recorder");
  theAudio->startRecorder(); // 録音開始
   // サブコア起動
  Serial.println("Subcore start");
  MP.begin(subcore);
}

void loop() {
  ... 省略（Autoencoderによる認識処理）...

  // サブコアへのデータ転送処理
  static const int8_t snd_ok = 100;
  static const int8_t snd_ng = 101;
  static const int disp_samples = 128;
  static float data[disp_samples];
  int8_t sndid = bNG ? snd_ng : snd_ok;

  // MPMutexの取得
  if (mutex.Trylock() != 0) return; //サブコア処理中のためリターン
  // データをコピー
  memcpy(data, pDst, disp_samples*sizeof(float));
  // サブコアにデータ転送
  ret = MP.Send(sndid, &data, subcore);
  if (ret < 0) Serial.println("MP.Send Error");
  mutex.Unlock(); //サブコアにMutexを渡す
}
```

サブコア用のスケッチ

サブコアは正規化された周波数スペクトル（128サンプル）と正常／異常のフラグをメインコアから受信し、それらをディスプレイに表示します。冒頭でSUBCOREの定義をチェックすることで、コアの選択が間違っていないか確認しています。setupLcd関数、showSpecrum関数については、別ファイルで定義されている関数です（後述します）。

loop関数は、データを受け取ったらMutexを取得し、データを表示する、という処理を繰り返します。

● Subcore.ino

```
#ifndef SUBCORE
#error "Core selection is wrong!!"
#endif
#include <MP.h>
#include <MPMutex.h>
MPMutex mutex(MP_MUTEX_ID0);

void setup() {
  setupLcd();  // 液晶ディスプレイの設定
  MP.begin();  // メインコアに起動を通知
}

void loop() {
  int ret;
  int8_t msgid;
  float *buff;  // メインコアから渡されたデータへのポインター
  bool bNG = false;
  ret = MP.Recv(&msgid, &buff);  // データを受信
  if (ret < 0)  return;  // データがない場合は何もしない
  do {
    ret = mutex.Trylock();  // MPMutexを取得
  } while (ret != 0);  // メインコアの処理が終わるまで待つ
  static const int msg_ng = 101;
  msgid == msg_ng ? bNG = true : bNG = false;
  showSpectrum(buff, bNG); // スペクトルを表示
  mutex.Unlock();  // MPMutexをメインコアに渡す
}
```

ディスプレイ表示を行う処理は、displayUtil.inoというファイルに記述されています。宣言部では、液晶ディスプレイと描画領域の定義を行っています。TX、TYはアプリの名前「FFT Spectrum Analyzer」をテキストで表示する開始位置を指定しています。

GRAPH_WIDTHとGRAPH_HEIGHTは、グラフの描画領域の大きさ、GX、GYはグラフの描画開始する位置を指定しています。NG_X、NG_Y、NG_Wは、異常が発生したときに表示する赤い四角のインジケーターの描画開始位置とその四角の大きさを指定しています。SAMPLESは周波数スペクトルのサンプル数です。

● **displayUtil.ino**

```
#include "Adafruit_GFX.h"
#include "Adafruit_ILI9341.h"
#define TFT_DC  9
#define TFT_CS  10
Adafruit_ILI9341 display = Adafruit_ILI9341(TFT_CS, TFT_DC);

// テキストの定義とテキストの表示位置
#define TX 35
#define TY 210
#define APP_TITLE "FFT Spectrum Analyzer"

// グラフの幅と高さ（縦向きなのに注意）
#define GRAPH_WIDTH  (200)
#define GRAPH_HEIGHT (320)
// グラフの描画開始位置
#define GX (40)
#define GY (0)

// NGマークの描画開始位置と四角の幅
#define NG_X (GRAPH_WIDTH -30)
#define NG_Y (GRAPH_HEIGHT-30)
#define NG_W (20)

// 描画するデータの長さ
#define SAMPLES (128)
```

ディスプレイ表示領域の定義は、setupLcd で座標軸をテキスト描画とグラフ描画で変更しているため、少しわかりにくくなっています。テキストを描画するときは、setRotation(3) 、グラフ描画のときはsetRotation(2) としています。

● displayUtil.ino

```
void setupLcd() {
  display.begin();
  display.setRotation(3);   // ディスプレイ向きを横(3)に設定
  display.fillScreen(ILI9341_BLACK); // 黒に塗りつぶし
  display.setCursor(TX, TY); // テキスト描画開始位置を設定
  display.setTextColor(ILI9341_DARKGREY); // テキストを灰色に設定
  display.setTextSize(2);   // テキストの大きさを設定
  display.println(APP_TITLE); // テキスト描画
  display.setRotation(2); // ディスプレイ向きを縦(2)に設定
}
```

setRotation（3）とsetRotation（2）のそれぞれの原点は、次図のようになります。

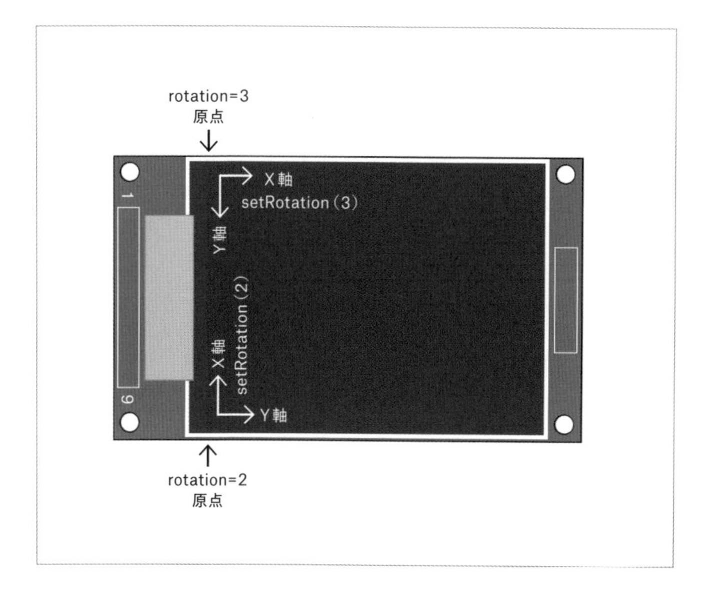

テキスト描画のTX,TYは(35,210)なので、次図の位置に描画されます。

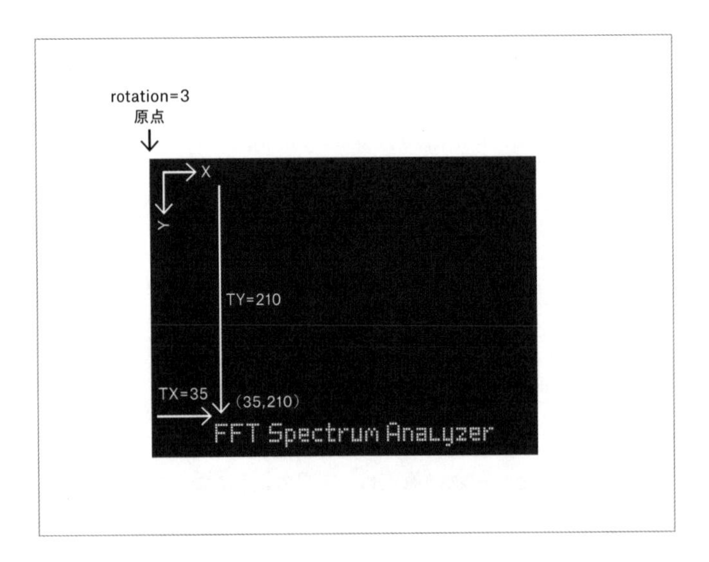

showSpectrumでは、グラフ描画と異常判定時の赤い四角のインジケーターをフレームバッファーに書き込み、ディスプレイに転送する処理をしています。フレームバッファーに書き込むことで描画命令が1回で済み、高速な描画が可能になります。グラフ描画の座標は少々わかりにくいので、図を参照しながらコードの内容について理解を進めるとよいでしょう。

● **displayUtil.ino**

```
void showSpectrum(float *data, bool bNG) {
  static uint16_t frameBuf[GRAPH_HEIGHT][GRAPH_WIDTH];
  int val;
  for (int i = 0; i < GRAPH_HEIGHT; ++i) {
    // サンプル数までしか描画しない
    i < SAMPLES ? val = data[i]*GRAPH_WIDTH+1 : val = 0;
    val = (val > GRAPH_WIDTH) ? GRAPH_WIDTH: val;
    for (int j = 0; j < GRAPH_WIDTH; ++j) {
      // 値以下は白を描画、値より上はグレイ（背景）を描画
      frameBuf[i][j] = (j > val) ?
          ILI9341_DARKGREY : ILI9341_WHITE;
      // 異常判定時に赤い四角を描画
      if (bNG) {
        if ((i > NG_Y) && (i < (NG_Y + NG_W))
         && (j > NG_X) && (j < (NG_X + NG_W)))
          frameBuf[i][j] = ILI9341_RED;
```

```
        }
      }
    }
    // ディスプレイにグラフを転送
    display.drawRGBBitmap(GX, GY,
      (uint16_t*)frameBuf, GRAPH_WIDTH, GRAPH_HEIGHT);
    return;
  }
```


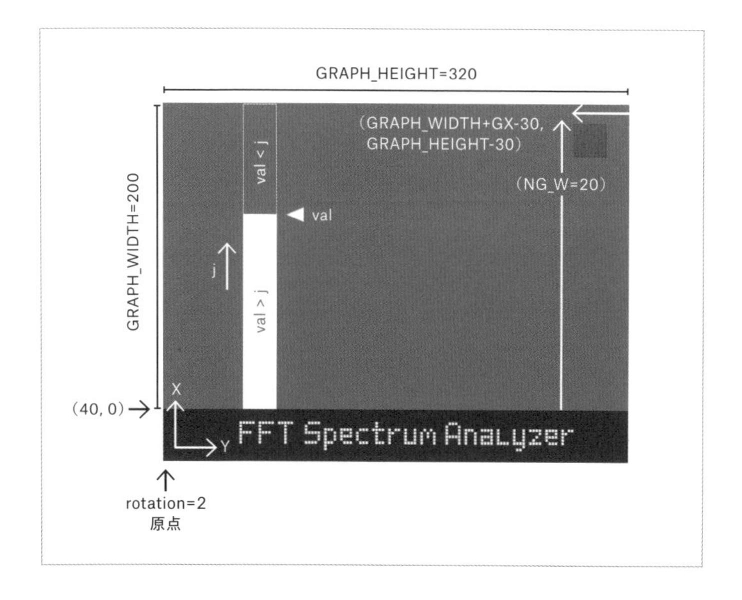

実際に動いている様子です。正常の場合と異常の場合、それぞれについて撮影してみました。

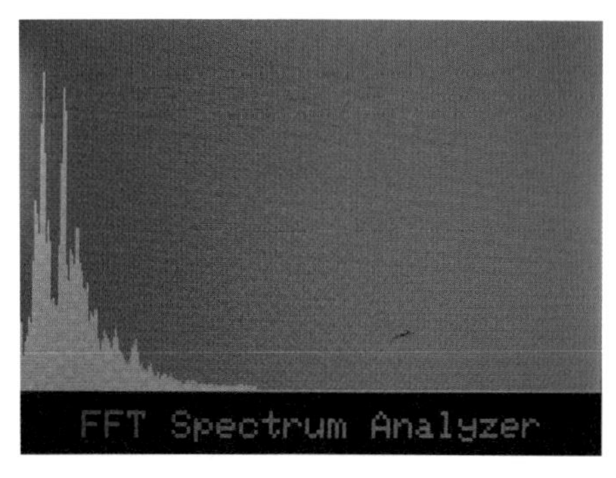

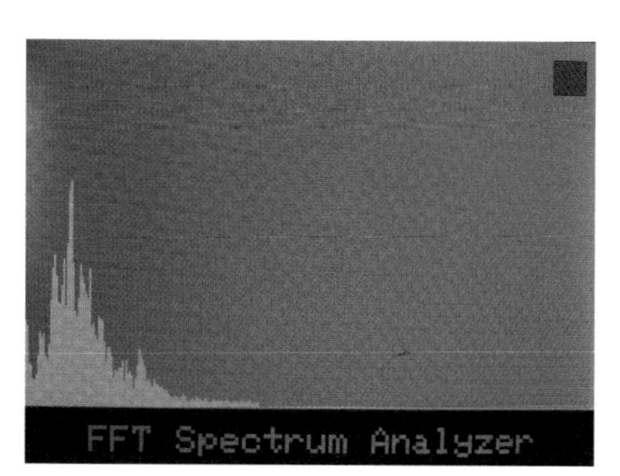

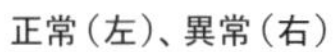
正常（左）、異常（右）

学習用データを収集する

最後に、Spresenseを使って学習データを収集する方法について紹介します。本章ではマイク入力を使いましたが、Spresenseのマイク入力の定格である±0.45Vの範囲内のアナログ信号であれば、マイク以外のセンサーでもADコンバータを使ってデータ化が可能です。工業用によく使われる振動センサーやピエゾピックアップ、マグネティックピックアップをプリアンプで増幅してSpresenseに入力すれば、プロフェッショナルなユースケースにも対応できるようになります。

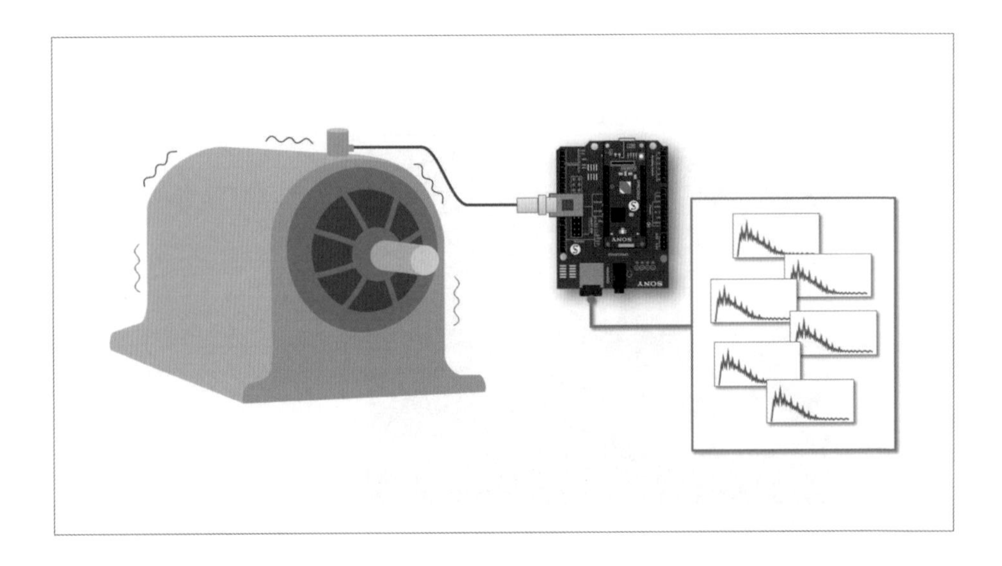

FFT演算による周波数スペクトルを収集するスケッチは本書ダウンロードドキュメントの以下の場所にあります。処理の詳細を確認する際に参照してください。

⇨ **学習データ収集用スケッチ**

Chap08/sketches/fft_datacollection/fft_datacllection.ino

データ収集の処理を追加する

データ収集用のプログラムは、3章で使用したスケッチ「fft_test.ino」を書き換えて、1秒ごとに周波数スペクトルをSDカードに記録する処理を追加することで実現します。

「fft_test.ino」のピーク値を求めていた処理の部分に変えて、SDカードに記録する処理を追加していきます。

SDカードに記録する際は、FIFOのバッファーがあふれないように、Recorderを一旦停止してください。SDカードへのデータの記録はsaveData関数内で行っています。saveData関数の第1引数は周波数スペクトルデータ、第2引数は記録するデータの長さ、第3引数は記録するデータの数です。ここでは記録するデータ数を100と指定しているので、100個のデータが集まると記録を停止します。記録が終わったら、Recorderを再開します。

● fft_datacollection.ino

```
void loop() {
  ... 省略（オーディオのキャプチャ処理） ...
  FFT.put((q15_t*)buff, FFT_LEN);  //FFTを実行
  FFT.get(pDst, 0);  // FFT演算結果を取得
  avgFilter(pDst); // 過去のFFT演算結果で平滑化

  static uint32_t last_capture_time = 0;
  uint32_t capture_interval = millis() - last_capture_time;

  // 1秒経過したら記録する
  if (capture_interval > 1000) {
    theAudio->stopRecorder(); // 録音停止
    // saveData関数：SDカードにデータを記録
    //    データへのポインタ（pDst）
    //    記録データのサイズ（FFT_LEN/8）
    //    データ保存数（100）
    saveData(pDst, FFT_LEN/8, 100);
    theAudio->startRecorder(); // 録音再開
    // データ保存した時間を記録
    last_capture_time = millis();
  }
}
```

saveData関数の実装はシンプルであまり特筆すべきところはありません。SDカードに記録したファイルに追番をつけて新しいファイルを生成し、順次記録をするようにしています。必要データ数を記録したら何もせずにリターンします。

● fft_datacollection.ino

```
void saveData(float* pDst, int dsize, int quantity) {
  static int gCounter = 0;  // ファイル名につける追番
  char filename[16] = {};
  //  指定された保存数以上に達したら何もせずにリターン
  if (gCounter > quantity) {
    Serial.println("Data accumulated");
    return;
  }
  //  データ保存用ファイルを開く
  sprintf(filename, "data%03d.csv", gCounter++);
  // すでにファイルがあったら削除する
  if (SD.exists(filename)) SD.remove(filename);
  // ファイルをオープン
  File myFile = SD.open(filename, FILE_WRITE);
  //  データの書き込み
  for (int i = 0; i < dsize; ++i) {
    myFile.println(String(pDst[i],6));
  }
  myFile.close();  // ファイルをクローズ
  Serial.println("Data saved as " + String(filename));
}
```

データセットに整える

Neural Network Consoleに登録するためのデータセットに整える方法は、4章の「データセットの準備と登録」(72ページ)で紹介しています。Neural Network Consoleに登録するために記録したデータをまとめる管理ファイルを作成します。ここでは、仮に「data_train.csv」とします。管理ファイルの1行目は、入力であることを示す「x:」に続けてデータの属性を表す名前を付けてください。data_train.csvでは、「fft」という名称を付けています。

Neural Network Consoleのデータセット管理画面から作成した管理ファイルを開いて、記録したデータを登録します。データセットとして活用するために、学習データと評価データの両方を準備してください。学習データと評価データはおおよそ7：3くらいの比率で十分でしょう。

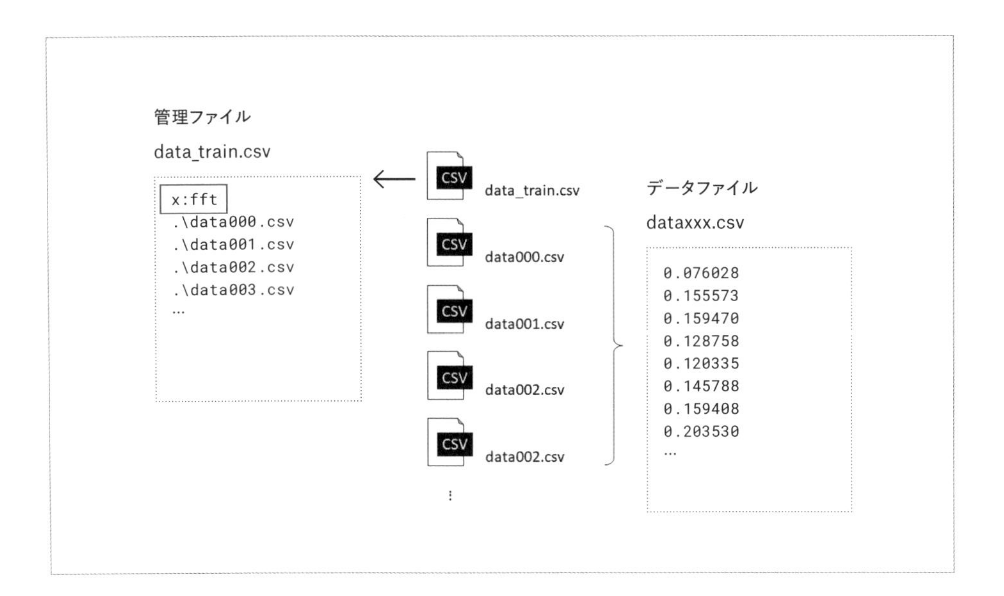
管理ファイル
data_train.csv
x:fft
.\data000.csv
.\data001.csv
.\data002.csv
.\data003.csv
…
CSV
data_train.csv
CSV
data000.csv
CSV
data001.csv
CSV
data002.csv
CSV
data002.csv
データファイル
dataxxx.csv
0.076028
0.155573
0.159470
0.128758
0.120335
0.145788
0.159408
0.203530
…

9 セマンティックセグメンテーションで物体抽出を行う

セマンティックセグメンテーションは、
画像のピクセル1つ1つが何に属しているかを分類するニューラルネットワークです。
意味のある（セマンティック）領域（セグメンテーション）ごとに分ける手法なので、
「セマンティックセグメンテーション」と呼ばれています。
本章では、セマンティックセグメンテーションの実装方法を説明します。

バイナリセマンティックセグメンテーションの実装

セマンティックセグメンテーションは、画像から自動車や人、ビルや道路などの分類に使われるのが一般的ですが、こうした数の多いものの分類には、規模の大きなニューラルネットワークが必要になります。

メモリー容量の少ないSpresenseでセマンティックセグメンテーションを行うのは難しいのですが、限定された環境で認識すべき対象が1つであれば、実現は可能です。これをバイナリセマンティックセグメンテーションと呼びます。バイナリセマンティックセグメンテーションは検査対象の位置や特定のマーカーの検出などに利用できるので、Spresenseの小さなカメラと低消費電力という利点を活かせば、簡易的な検出器としてさまざまな場面で役立てられます。

セマンティックセグメンテーション

バイナリセマンティックセグメンテーション

ここでは、バイナリセマンティックセグメンテーションをSpresenseに実装する方法について解説します。

〈 解説の流れ 〉

1. Spresenseの検証環境を準備する
2. セマンティックセグメンテーションの概要
3. セマンティックセグメンテーションの学習済モデルを生成する
4. バイナリセマンティックセグメンテーションをSpresenseに組み込む

Spresenseの検証環境を準備する

今回使用するのは、Spresenseメインボード、Spresenseカメラボード、Spresense拡張ボード、microSDカード、TFT液晶ディスプレイです。液晶ディスプレイやカメラの使い方については、2章「Spresenseで周辺機器を動かす」を参照してください。なお、液晶ディスプレイはバイナリセマンティックセグメンテーションの動作確認に使います。

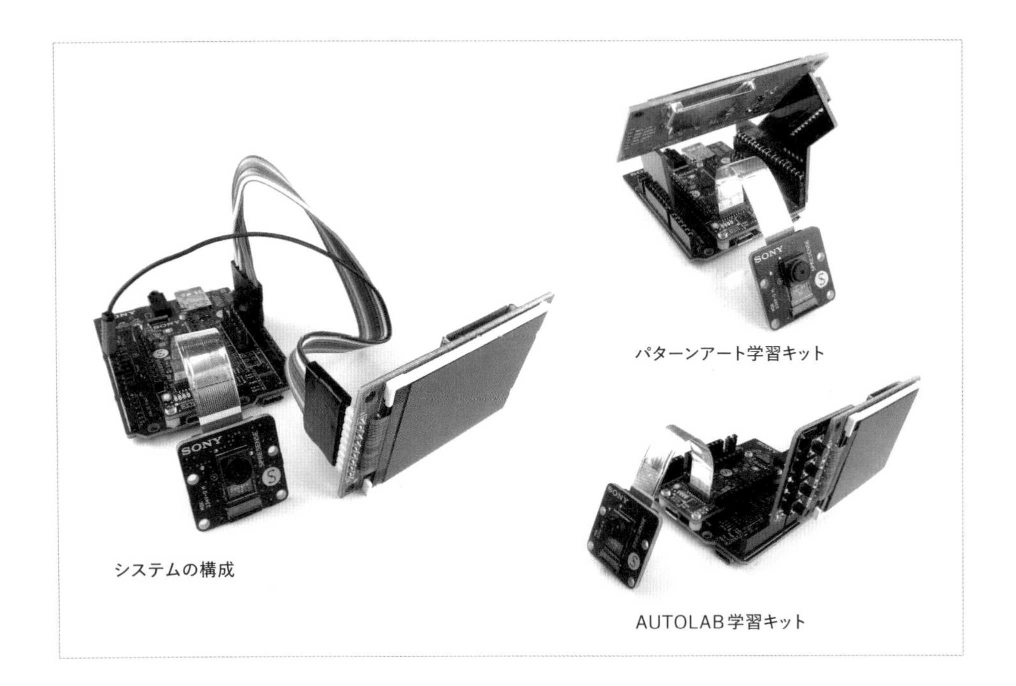

システムの構成

パターンアート学習キット

AUTOLAB学習キット

用意するもの

1. Spresenseメインボード
2. Spresenseカメラボード
3. Spresense拡張ボード
4. ILI9341液晶ディスプレイ
5. 液晶ディスプレイ接続用ワイヤー、もしくは液晶ディスプレイ接続基板（学習キット）

セマンティックセグメンテーションの概要

セマンティックセグメンテーションは画像の各ピクセルが何に属しているか出力する画像生成アルゴリズムです。中間層に特徴を圧縮して覚えさせる、という点ではオートエンコーダとよく似ています。しかし、最終段の出力でそれぞれのピクセルが何に属しているかを示すラベル値を出力するのがオートエンコーダとの大きな違いです。

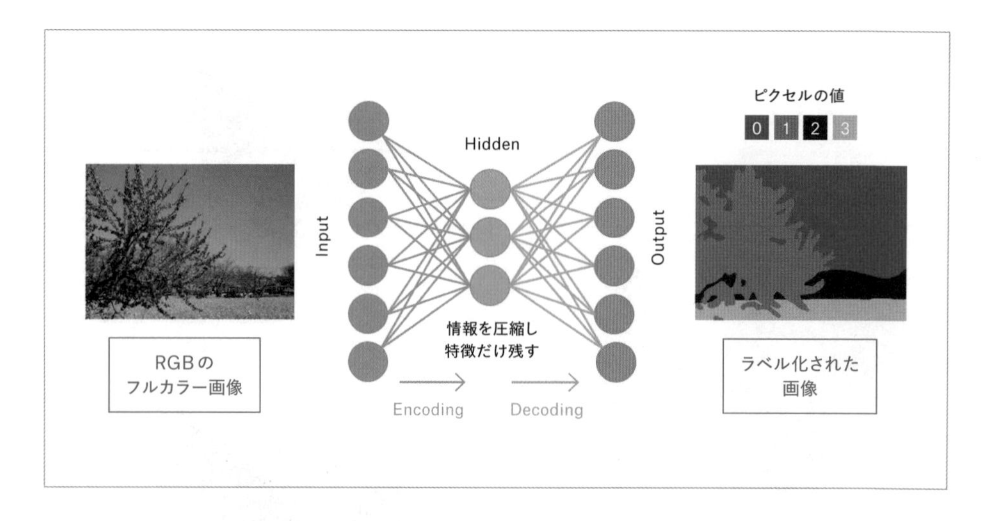

認識すべき対象が複数ある場合は、ネットワークの規模もある程度大きくしなければなりませんが、今回Spresenseが扱うバイナリセマンティックセグメンテーションは、ピクセルが検出すべき対象に属しているかの確率（0.0〜1.0）を出力します。対象物が1つということに加え、出力が大きく限られるので、工夫次第でネットワークの規模を抑えられます。限られた環境・条件下では、マイコンクラスのリソースでもバランスのとれた規模のニューラルネットワークとすることができます。

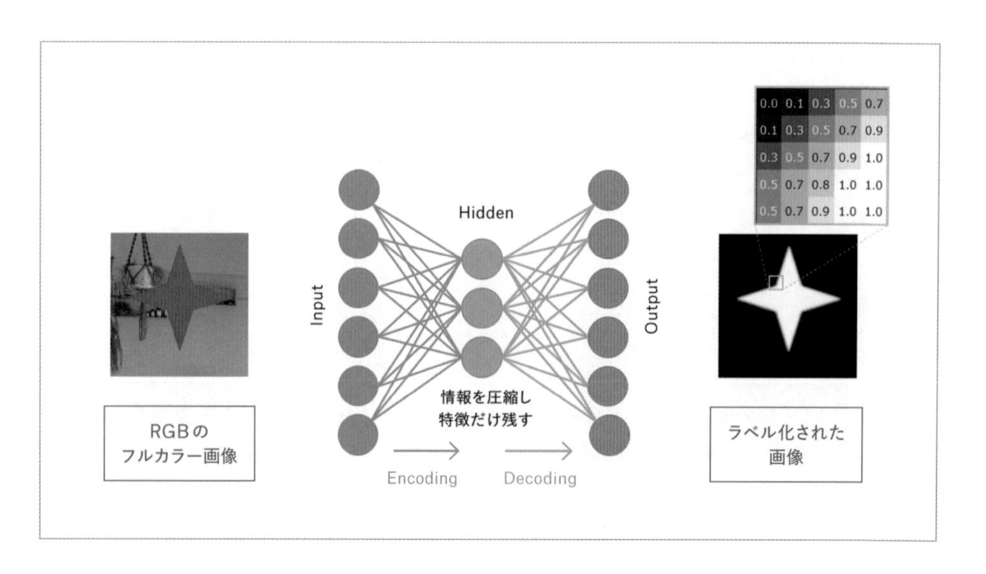

セマンティックセグメンテーションは、畳み込み要素を重ねることで実現していきます。プーリング層で中間層に特徴を圧縮して、後段のアンプーリング層によってアップサンプリングを行い出力します。バイナリセマンティックセグメンテーションの出力層は0.0〜1.0 の出力をするSigmoidとBinary Cross Entropyで構成されています。

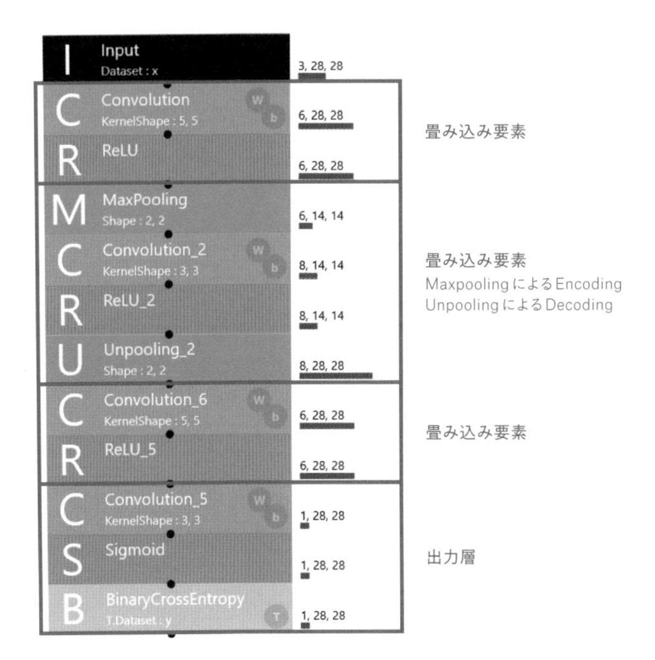

畳み込み要素を重ねただけの構造では、中間層に情報が圧縮されてしまい、認識対象とそれ以外の境界が最終出力においてボケてしまい、精度が悪くなる、という問題が生じます。それを改善するのにスキップコネクションという手法を用います。スキップコネクションは前段の解像度の高い情報を後段につなげることで情報の欠落を改善できます。

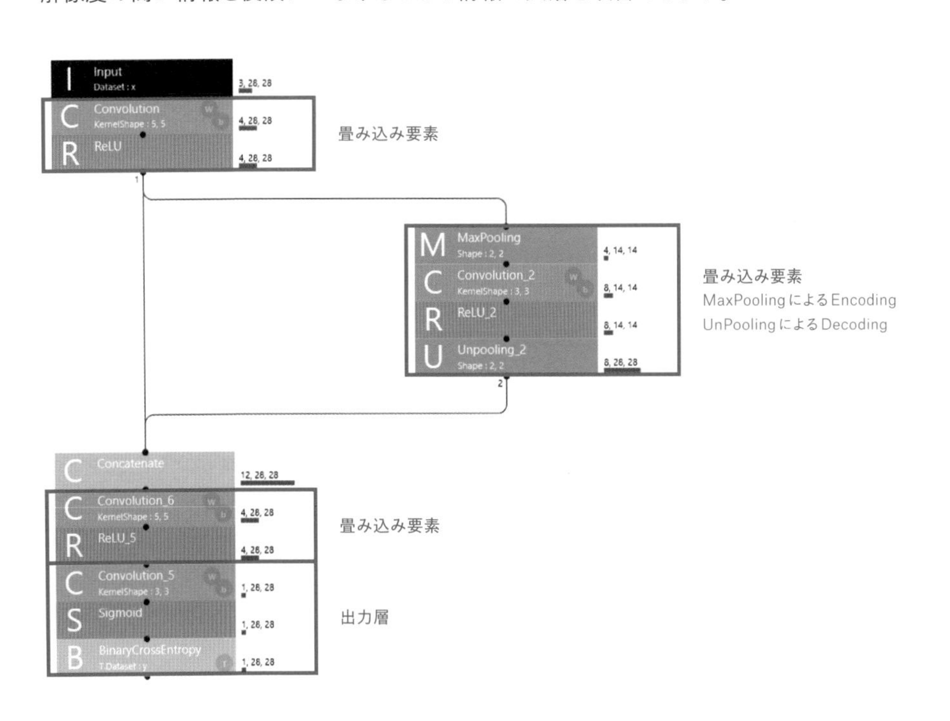

セマンティックセグメンテーションの学習済モデルを生成する

バイナリセマンティックセグメンテーションのデータセットと、Neural Network Consoleのプロジェクトは本書ダウンロードドキュメントの次の場所にあります。出力済の学習済モデルも収録しているので必要に応じて利用してください。

⇨ **データセット**

Chap09/nnc_dataset/binary_semaseg.zip

⇨ **Neural Network Console プロジェクト**

Chap09/nnc_project/binary_semaseg.sdcproj

⇨ **学習済モデル**

Chap09/nnc_model/model.nnb

データセットを登録する

入力データと出力データ(学習データ)のフォーマット

データセットは、入力が28×28ピクセルのフルカラー24bit(RGB888)の画像を用います。出力の学習データは、8bitのグレースケール28×28ピクセルの画像を用いています。出力は検出したい領域を白のピクセルでマスクする画像になります。

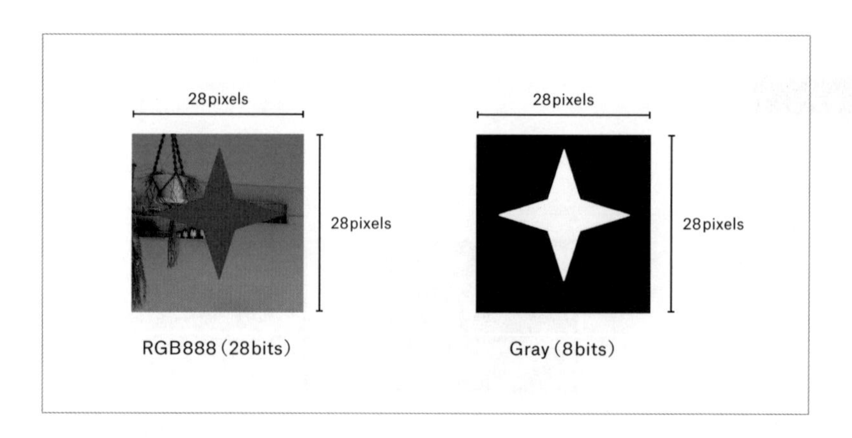

学習データの画像は、本来は0,1のバイナリビットマップ画像とすべきですが、バイナリビットマップはPCで簡単に画像を確認できないため、取り扱いが難しいフォーマットです。学習時に「Image Normalization」のチェックを付けることでグレースケール8bitの画像もバイナリセマンティックセグメンテーションの学習データとして利用できます。

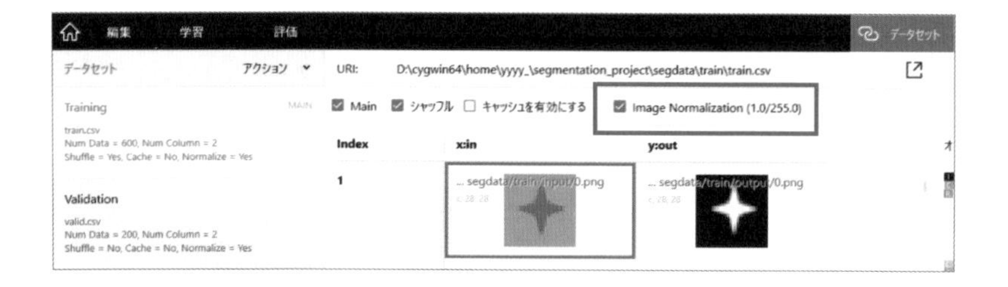

データセットの構造

管理ファイル（seg_train.csv、seg_valid.csv）は入力画像へのパスと、それに対になる出力画像へのパスをリスト化したものです。管理ファイルのヘッダーに「x:in」と「y:out」を指定し、入力データと出力データであることを明示します。これを学習データと評価データぶんそれぞれ準備します。

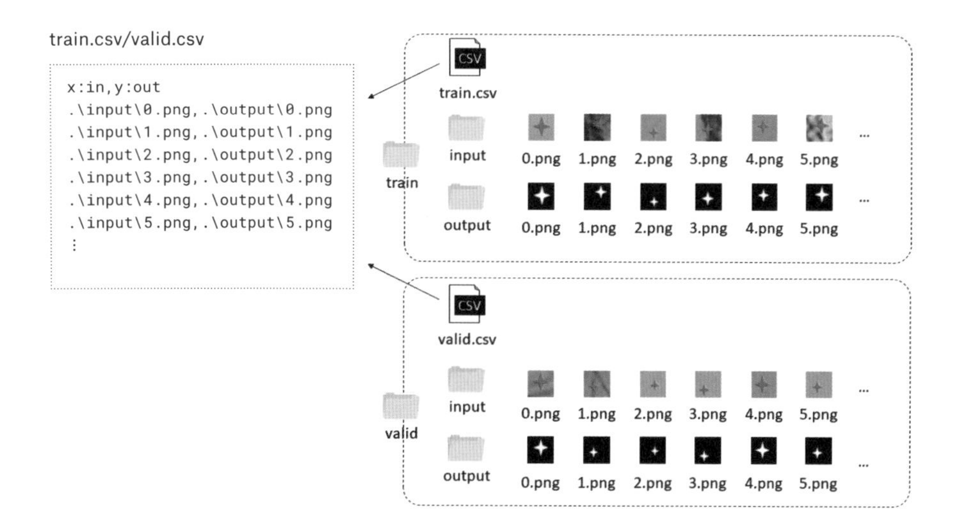

データセットを登録

Neural Network Consoleにデータセットを登録します。Neural Network Consoleのデータセット管理画面から管理ファイル(seg_train.csv、set_valid.csv)を開くだけで登録できます。データセットの登録方法について詳しくは4章の「データセットの準備と登録」(72ページ)を参照してください。登録が完了すると、次のような画面が現れます。

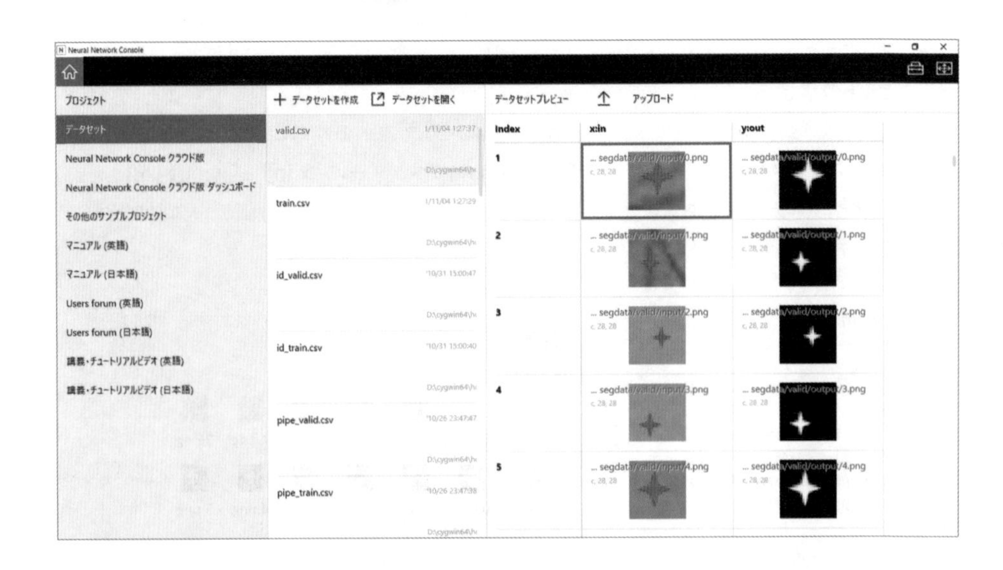

基本的なバイナリセマンティックセグメンテーションを設計する

入力には28×28ピクセルのフルカラー画像データを用います。モノクロ画像の3倍のメモリーを消費しますので、入力画像のサイズを大きくする場合は、メモリー消費量に十分注意を払ってください。

このネットワークでは形状を把握するために、カーネルサイズを5×5と少し大きめに設定しています。対象に応じてカーネルサイズを調整してください。

畳み込み層は、出力も含めると4層になります。複雑な形状や複数の色がある場合は、層を重ねてそれぞれの特徴が関連するようにします。今回は単純な形状・色なので4層にしました。畳み込み層はそれぞれ特徴マップ(OutMaps)を出力し、その数の画面ぶんのメモリーを消費します。そのため、リソースが限られるマイコンでは特徴マップの数は慎重に決める必要があります。このネットワークの場合、消費するメモリー量(カーネル分は除く)は、おおよそ次のようになります。

入力層

畳み込み要素1

畳み込み要素2
MaxPoolingによるEncoding
UnPoolingによるDecoding

畳み込み要素3

出力層

レイヤー	サイズ	マップ数	使用メモリー
入力層	28×28	3	9,408 Bytes
畳み込み要素1	28×28	6	18,816 Bytes
畳み込み要素2	14×14	8	6,272 Bytes
畳み込み要素3	28×28	6	18,816 Bytes
出力層	28×28	1	3,135 Bytes
合計			56,477 Bytes

セマンティックセグメンテーションネットワークは、畳み込み層を多く使うため、特徴マップが消費するメモリー量は無視できません。かといって特徴マップを減らしてしまうと、重要な特徴を取りこぼし、認識がうまく働かない可能性があります。

特徴マップの数を最適化する

特徴マップ数の最適化は、各畳み込み層が出力する特徴マップの様子を観察することでおおよそのあたりを付けることができます。対象物の特徴やニューラルネットワークの構成によっては、あまり機能していない特徴マップが存在する可能性があります。そのような特徴マップを減らすことで、ニューラルネットワークをよりコンパクトかつ高速にできます。

ここでは特徴マップの出力方法を説明し、その結果から特徴マップ数を最適化する方法を説明します。特徴マップの出力方法は、次のチュートリアルを参照してください。

⇨ チュートリアル：学習されたニューラルネットワークの途中出力を分析する
https://support.dl.sony.com/docs-ja/チュートリアル：学習されたニューラルネットワ/

特徴マップを最適化の手順は、次の5ステップになります。

1. 新規タブで新たな編集画面を追加し、出力用のネットワークを作成する
2. コンフィグで新たな「Executor」を追加する
3. 「学習結果の作成」を指定して学習・評価を実行する
4. 特徴マップの出力を確認して特徴マップ数を調整し出力を比較する
5. ニューラルネットワークの構成を変更しながら3〜4を繰り返す

新規タブに出力用のネットワークを作成する

編集画面に新規タブを追加するには、編集画面のタブ欄の「+」をクリックします。追加したタブの名称を「ActivationMonitor」に変更します。名称に特に決まりはありませんので、任意の名前を付けてください。

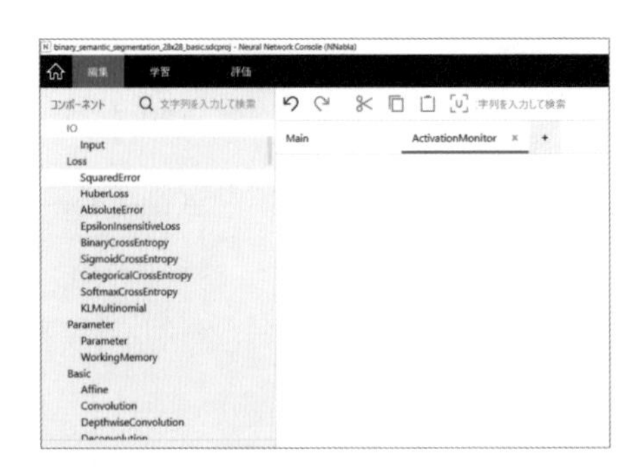

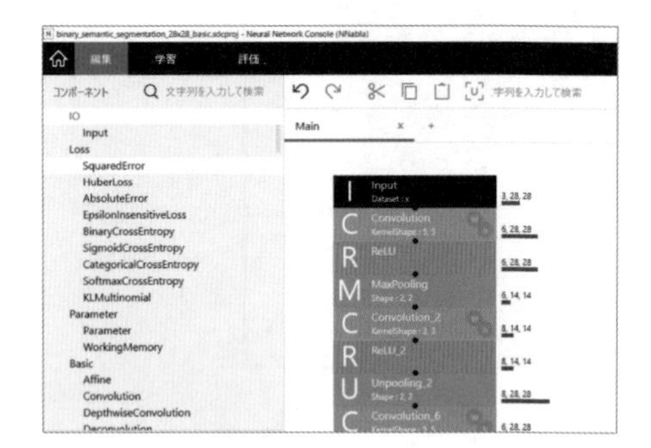

ActivationMonitorタブの編集画面に「Main」タブにあるネットワークをコピーして、「ReLU」出力の後に「Identity」を追加していきます。Identityレイヤーは、入力をそのまま出力するレイヤーです。

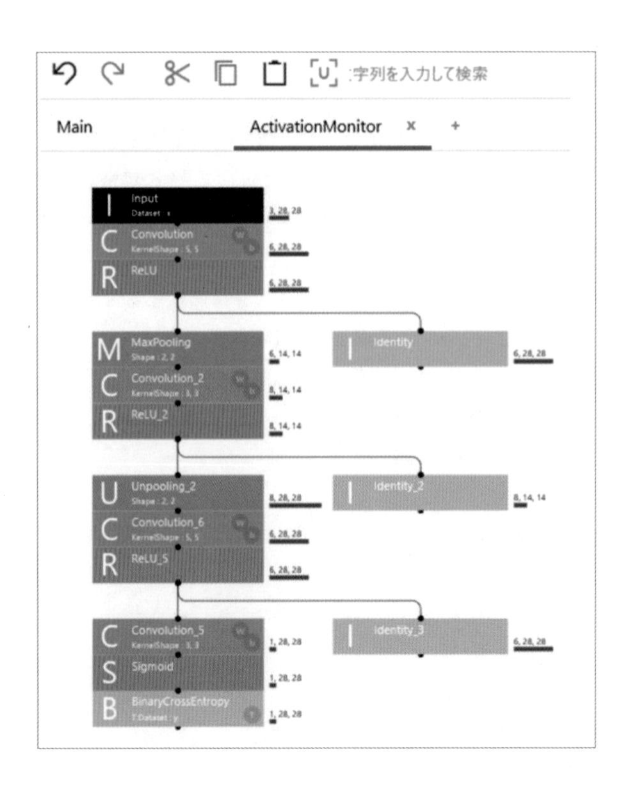

コンフィグで新たな「Executor」を追加する

「⚙コンフィグ」ボタンをクリックして画面を開きます。「Global Config」を右クリックしてサブメニューを開き、リストの中の「Executorを追加」をクリックします。

Executor追加の画面が現れるので、画面の「ネットワーク」テキストボックスの中を先ほど新たに追加したネットワークの「ActiveMonitor」に書き換えます。これでコンフィグの設定は完了です。

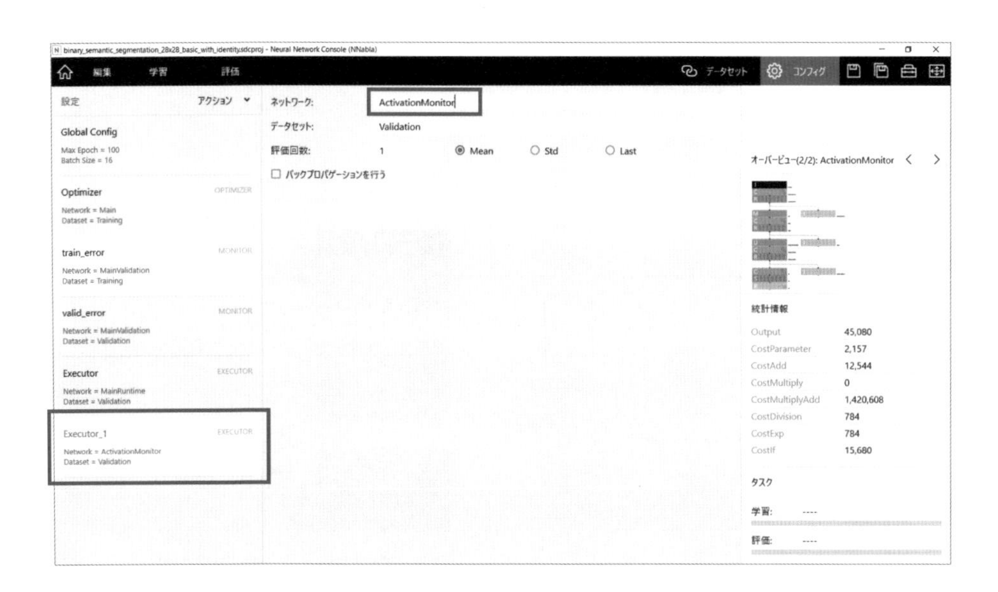

特徴マップの出力を確認する

評価まで終了すると、学習結果に畳み込み層の出力が追加され、大量の画像が表示されます。

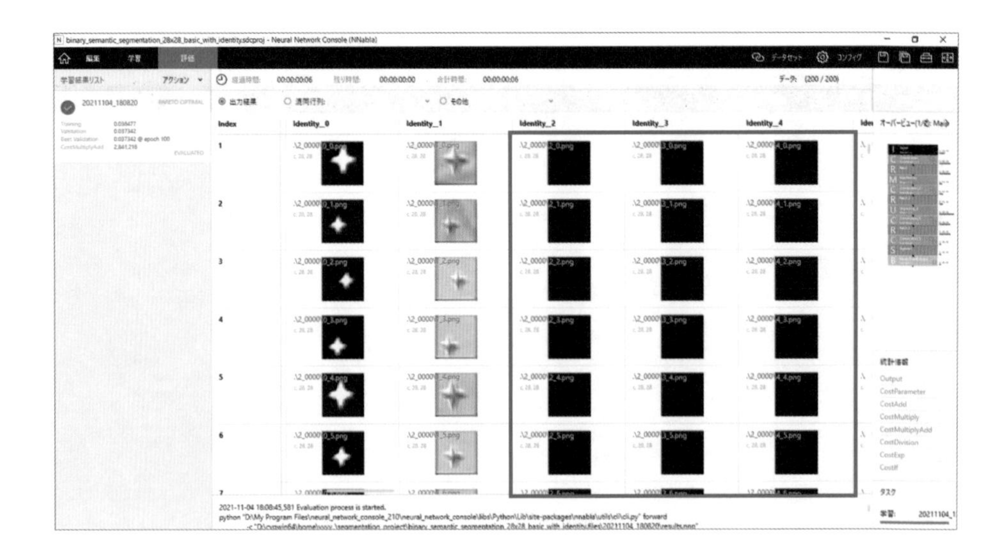

一覧を眺めると、出力がほぼ0しかない特徴マップがいくつもあることに気付くと思います。それらの特徴マップのいくつかは機能していない可能性があるので、数を減らして検証をしてみましょう。

特徴マップ数を最適化して出力を比較する

特徴マップの数を「Main」ならびに「ActivationMonitor」の両方とも減らし、「学習結果の作成」を選択して学習・評価を行います。

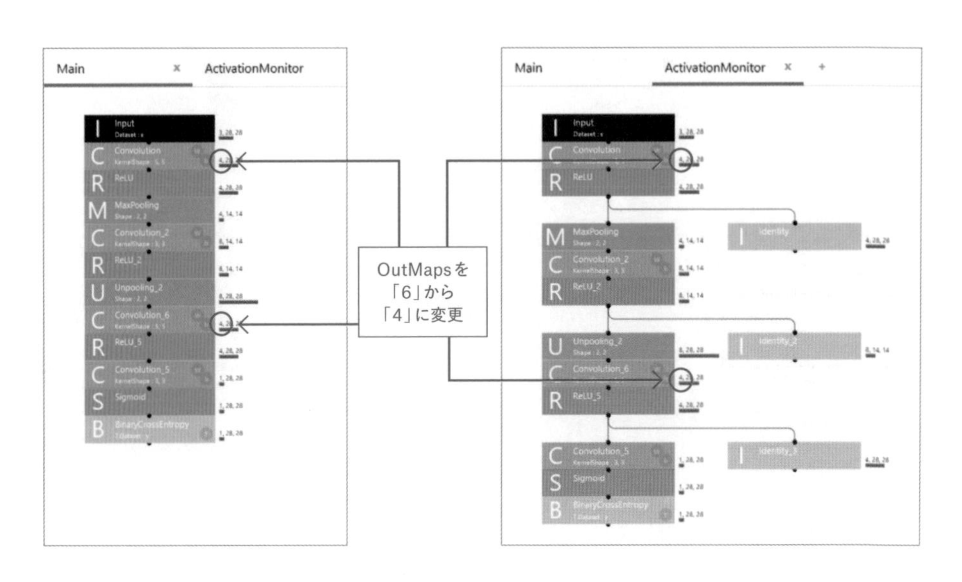

特徴マップの出力を確認すると、明らかに機能していないと思われる特徴マップの数が少なくなっています。ただし、機能していないと思われる特徴マップの中には重要な特徴にだけ反応するものもあるので、出力結果を比較して問題がないかを確認する必要があります。

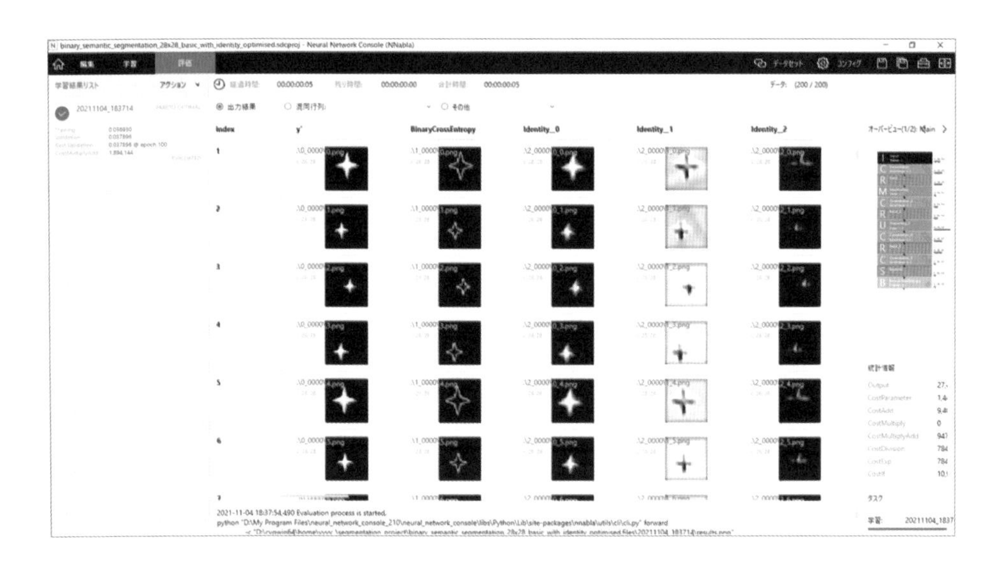

出力結果を比較してみると若干の変化が見られるものの、目立った問題はなさそうです。ただし、最終的な判断はSpresenseに組み込んだときのパフォーマンスで決定してください。セマンティックセグメンテーションの学習データは人工的に生成されたものが多いため、実際の環境下で効果があるかどうかは未知数なためです。

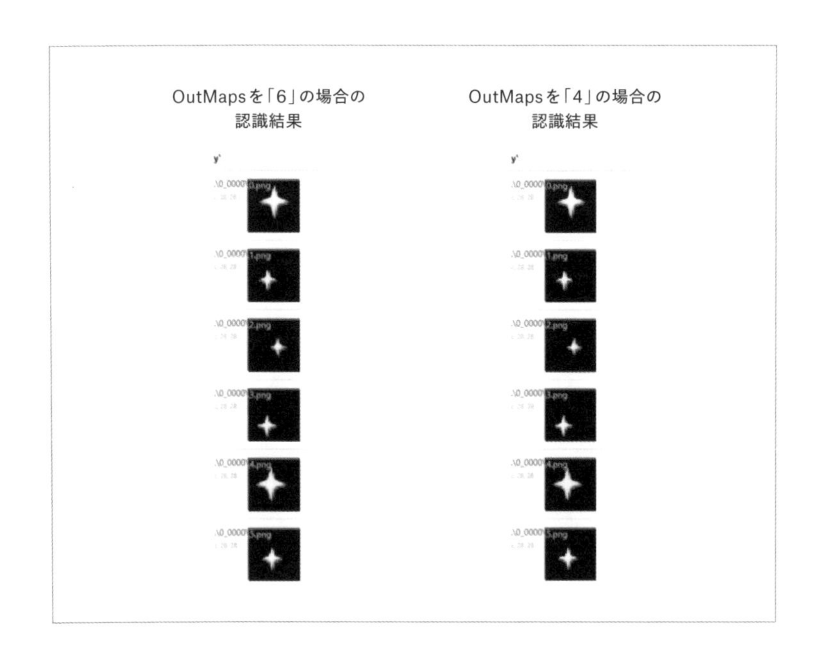

最適化の際の注意

不用意に特徴マップの数を削ってしまうと特徴を捉える能力が落ちてしまい、対象でないものに反応したり、対象とすべきものに反応しなかったりと、認識器としての能力が落ちてしまいます。対象外のものに反応する場合は、層が浅いか、特徴マップの数が少ないか、カーネルサイズが適切でない可能性があります。特徴マップの数が少ないと対象の特徴が抽出されないことが想定されるので、特徴マップの数を増やせば改善する場合があります。また、カーネルサイズを調整すると、より特徴を捉えやすくなります。

一方、複雑な形状や複数の色が含まれるものは特徴マップだけでは改善しない場合があります。特に遠くのピクセルとの関連を保持するには、層を厚くし、特徴をより圧縮する必要がでてきます。認識させたい対象によってネットワークの規模を変えて試してみましょう。ただし、層数を増やすとメモリー消費量が増えるので、注意深くソフトウェア設計を行ってください。また、層数を増やすと出力において細かい形状の特徴が失われてしまう問題が発生します。その際は、後述するスキップコネクションという手法をお試しください。

少し手間がかかりますが、Neural Network Consoleは学習の途中経過を簡単に確認できるので、試行錯誤しながら特徴マップを最適化してみてください。

スキップコネクションを導入する

セマンティックセグメンテーションはオートエンコーダと同じく、特徴を中間層に圧縮して保持します。それによって遠いピクセル間の関連を保持できますが、形状の特徴が徐々に失われてしまう、という問題があります。そのような問題を解決するのがスキップコネクションという手法です。

スキップコネクションは、前節までに作成したニューラルネットワークを分岐し、入力に近い畳み込み要素の出力を、出力に近い畳み込み要素に直接バイパスする手法です。高い解像度の情報を出力に直接届けることで、形状の情報を失うことなく伝えられます。分岐した中間層とスキップコネクションの統合にはConcatenateレイヤーを用います。Concatenateレイヤーは2つの行列を統合する働きをします。

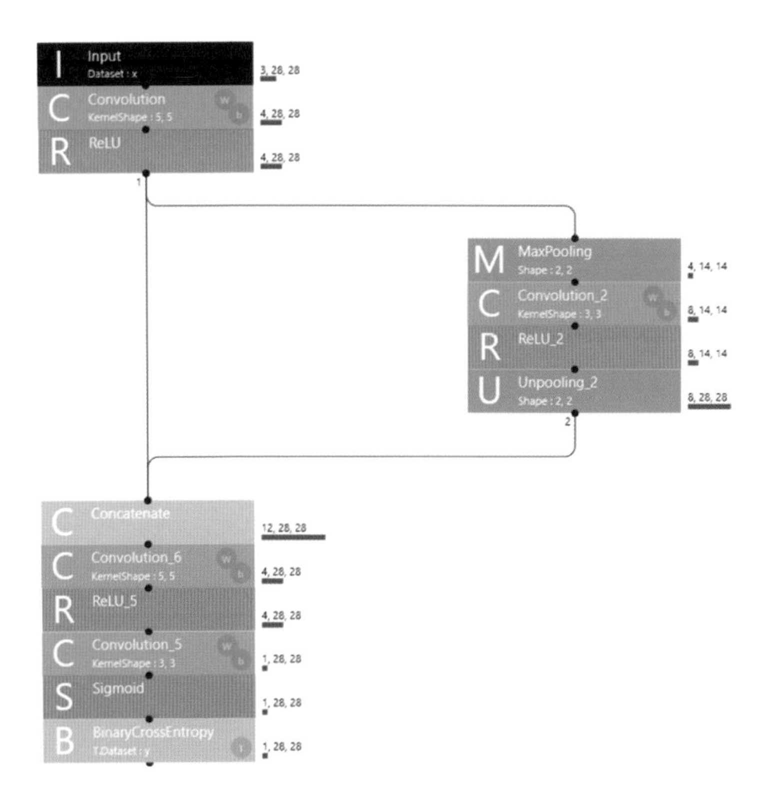

スキップコネクション導入前と導入後で、どのように出力が変化したかを比較してみましょう。入力画像が小さいので、正直なところあまり変わり映えがしないのですが、よく見ると違いがわかるかと思います。特に小さい領域の出力に違いが出ているようです。

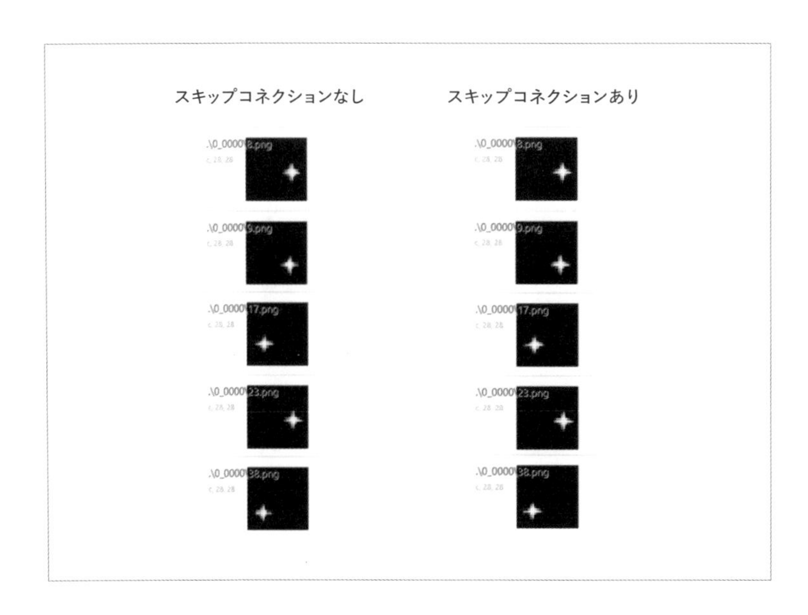

バイナリセマンティックセグメンテーションの学習済モデルを出力する

設計した学習済モデルは、評価結果の履歴から出力できます。ActivationMonitorを追加していても問題なく学習済モデルを出力できます。学習済モデルの出力の仕方は4章「学習済モデルの出力」(83ページ)を参照してください。

バイナリセマンティックセグメンテーションをSpresenseに組み込む

バイナリセマンティックセグメンテーションをSpresenseに組み込むためのArduino IDEのスケッチを解説します。スケッチと学習済みモデルは以下の場所に収録しています。

⇨ **バイナリセマンティックセグメンテーションスケッチ**

Chap09/sketches/semaseg_camera/semaseg_camera.ino

⇨ **学習済モデル**

Chap09/nnc_model/model.nnb

7章「カメラでリアルタイム画像認識を行う」では、モノクロ画像を用いて画像認識を行いましたが、セマンティックセグメンテーションでは情報量が多いほど領域抽出の精度が高くなるため、カラー画像を用います。また、出力もラベル出力から2次元の配列の出力になるので、その部分も見直しを行います。

スケッチの構造

7章で取り上げた「number_recog_simple.ino」のスケッチを振り返ってみましょう。CamCB関数内では、Spresenseの①ハードウェアアクセラレーターによるカメラ画像の切り出しと縮小、②モノクロ画像の生成、③ラベルの出力、という順番で処理をしています。セマンティックセグメンテーションを実装するにあたり、①の処理はそのまま流用できます。②の処理はモノクロからカラーに、③はラベルから画像出力に変更します。

```
// 7章「number_recog_simple.ino」のCamCB関数抜粋

void CamCB(CamImage img) {
  if (!img.isAvailable()) return;

  // ① カメラ画像の切り抜きと縮小
  CamImage small;
  CamErr err = img.clipAndResizeImageByHW(small
                    , OFFSET_X, OFFSET_Y
                    , OFFSET_X + CLIP_WIDTH -1
                    , OFFSET_Y + CLIP_HEIGHT -1
                    , DNN_WIDTH, DNN_HEIGHT);
  if (!small.isAvailable()) return;

  // ② 認識用モノクロ画像をDNNVariableに設定
  uint16_t* imgbuf = (uint16_t*)small.getImgBuff();
  float *dnnbuf = input.data();
  for (int n = 0; n < DNN_HEIGHT*DNN_WIDTH; ++n) {
    dnnbuf[n] = (float)(((imgbuf[n] & 0xf000) >> 8)
                     | ((imgbuf[n] & 0x00f0) >> 4))/255.;
  }
  // 推論の実行
  dnnrt.inputVariable(input, 0);
  dnnrt.forward();
  DNNVariable output = dnnrt.outputVariable(0);

  // ③ 推論結果の表示
  int index = output.maxIndex();
  String gStrResult;
  if (index < 11) {
    gStrResult = String(label[index])
        + String(":") + String(output[index]);
  } else {
    gStrResult = String("Error");
  }
  Serial.println(gStrResult);
}
```

DNNRTへのカラー画像入力

DNNRTの画像はフレーム単位で入力する必要があります。カメラ画像はピクセル単位でRGB565の16ビットカラーなので、RGBピクセルを分解してR画像、G画像、B画像の3つのブロックに分離します。DNNRTへの画像入力は、画像の最大値が1.0になるように正規化する必要があります。

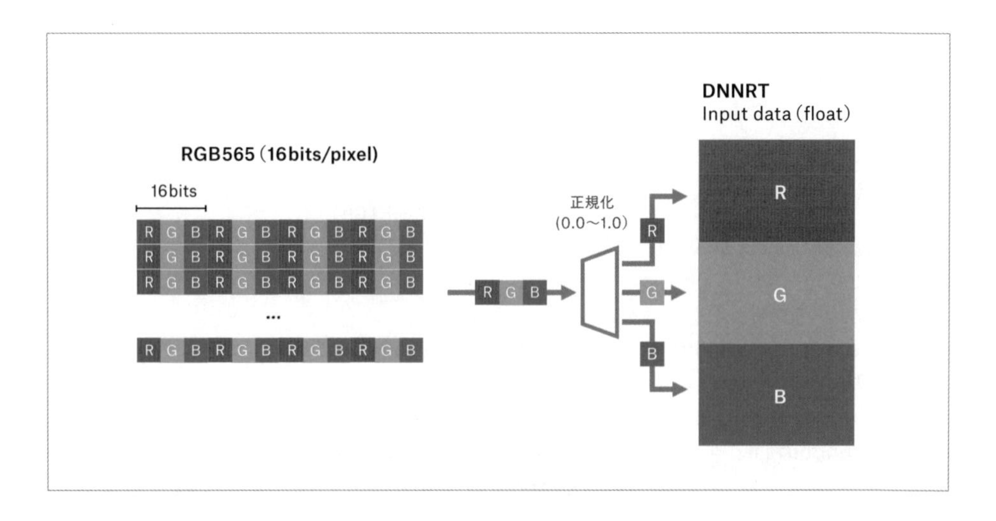

RGB565は、Rが5bit、Gが6bit、Bが5bitなので、それぞれの最大値(31, 63, 31)で割って1.0に正規化し、DNNVariableに与えます。正規化の際には、RGBそれぞれの値をビットシフトとビットマスクで抽出します。

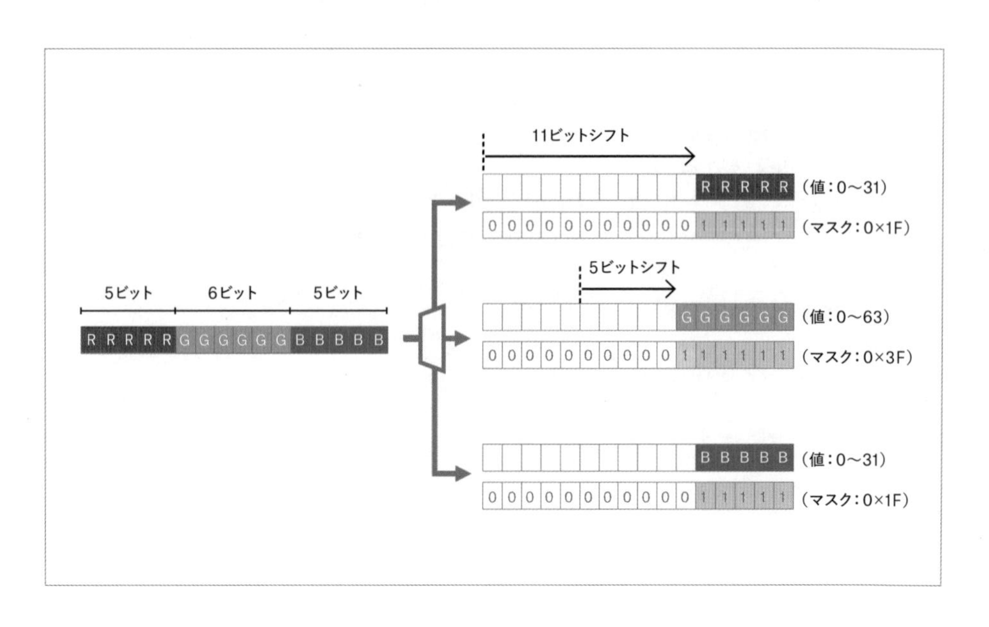

スケッチは、RGBの各フレームの先頭となる位置のポインターの設定、カメラ画像のRGB565のピクセル値をビットシフトとビットマスクによる抽出と最大値1.0の正規化、RGBのポインターに値を設定する、という処理に入れ替えます。

● semaseg_camera.ino

```
void CamCB(CamImage img) {
  if (!img.isAvailable()) return;

  // ①画像の切り出しと縮小
  CamImage small;
  CamErr camErr = img.clipAndResizeImageByHW(small
            ,OFFSET_X ,OFFSET_Y
            ,OFFSET_X+CLIP_WIDTH-1
            ,OFFSET_Y+CLIP_HEIGHT-1
            ,DNN_WIDTH ,DNN_HEIGHT);
  if (!small.isAvailable()) return;

  // 画像をYUVからRGB565に変換
  small.convertPixFormat(CAM_IMAGE_PIX_FMT_RGB565);
  uint16_t* sbuf = (uint16_t*)small.getImgBuff();

  // RGBの各フレームへのポインターを設定
  float* fbuf_r = input.data();
  float* fbuf_g = fbuf_r + DNN_WIDTH*DNN_HEIGHT;
  float* fbuf_b = fbuf_g + DNN_WIDTH*DNN_HEIGHT;
  // RGB565のピクセルを0.0-1.0に正規化し入力バッファに設定
  for (int i = 0; i < DNN_WIDTH*DNN_HEIGHT; ++i) {
    fbuf_r[i] = (float)((sbuf[i] >> 11) & 0x1F)/31.0;
    fbuf_g[i] = (float)((sbuf[i] >>  5) & 0x3F)/63.0;
    fbuf_b[i] = (float)((sbuf[i])       & 0x1F)/31.0;
  }

  // 推論を実行
  dnnrt.inputVariable(input, 0);
  dnnrt.forward();
  DNNVariable output = dnnrt.outputVariable(0);

  ...省略...
}
```

DNNRTの出力を画像化

DNNRTの出力は、各ピクセルが0.0〜1.0の値をもつ画像になります。このサンプルでは、DNNRTの出力を液晶ディスプレイに表示できるようにRGB565の形式に画像化します。検出した領域はディスプレイの右上に緑色で表示されます。

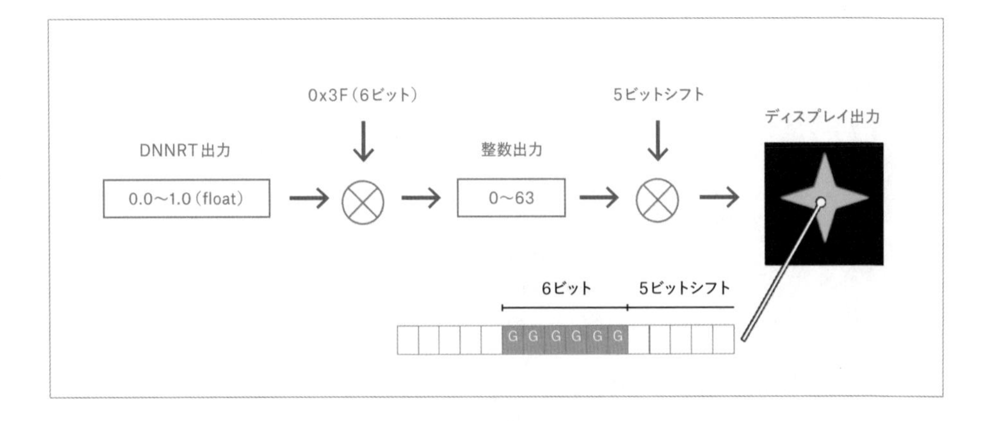

● semaseg_camera.ino

```
void CamCB(CamImage img) {
... 省略 ...
  // 推論を実行
  dnnrt.inputVariable(input, 0);
  dnnrt.forward();
  DNNVariable output = dnnrt.outputVariable(0);

  // DNNRTの結果をLCDに出力するために画像化
  static uint16_t result_buf[DNN_WIDTH*DNN_HEIGHT];
  for (int i = 0; i < DNN_WIDTH * DNN_HEIGHT; ++i) {
    uint16_t value = output[i] * 0x3F; // 6ビットの値を結果に乗算
    if (value > 0x3F) value = 0x3F;
    result_buf[i] = (value << 5);  // 5ビットシフト
  }
  ... 省略 ...
}
```

領域算出のアルゴリズム

領域が抽出できたので領域の範囲を算出します。このサンプルでは簡略化のため、1つの物体のみ領域を算出する。単純なアルゴリズムを用いました。

1. 縦横それぞれのラインで閾値以上の値が連続している場合は、連続したぶんの数値をピクセルに格納、不連続となった時点で0にリセットするマップを作成する
2. 縦横方向それぞれ走査して得られたマップから連続値の最大値を抽出し、縦横の幅と縦横の終端座標を得る

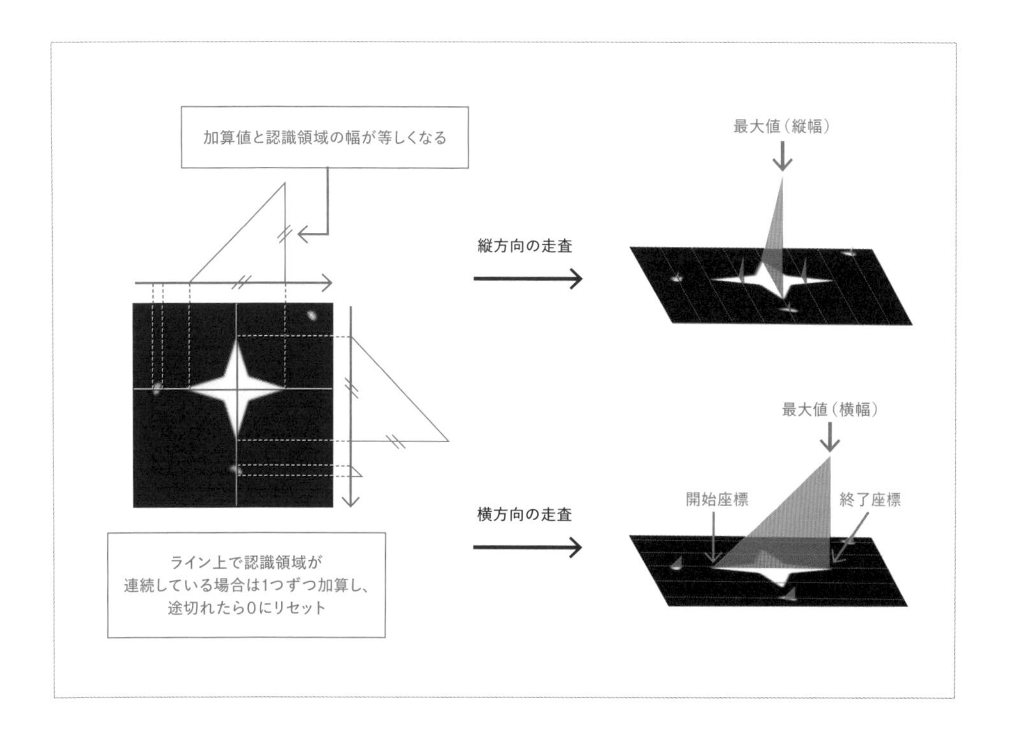

閾値を設定しているのは最終出力が確率値のためです。信頼性の高いピクセルのみを加算対象とすることで、ノイズを排除できます。この方法は、正確な位置の特定はできませんが、大まかな場所の把握には有効です。

スケッチでは、縦方向と横方向では走査方向が異なるため、異なる関数で実装しています。ここでは縦方向の処理のみを掲載しますので、横方向の処理はサンプルスケッチを参照してください。

● region_detect.ino

```
// ピクセルの連続値を記録する閾値
const float threshold = 0.8;

// 横方向の最大領域の開始座標と幅を検出する
//    DNNRT出力: output、出力の幅: w、出力の高さ: h
//    最大領域のx軸座標: s_sx、最大領域の幅: s_width
bool get_sx_and_width_of_region(DNNVariable &output,
  int w, int h, int16_t* s_sx, int16_t* s_width) {

  // マップ用のメモリーを確保
  uint16_t *h_integ = (uint16_t*)malloc(w*h*sizeof(uint16_t));

  // 横方向の連続値のマップを作成
  for (int i = 0; i < h; ++i) {
    int h_val = 0;
    for (int j = 0; j < w; ++j) {
      // ピクセルの出力が0.8より上の場合は加算
      if (output[i*w+j] > threshold) ++h_val;
      else h_val = 0;  // 0.8以下は0リセット
      h_integ[i*w+j] = h_val;  // マップに追加
    }
  }
  // マップの最大値を探し、最大領域の幅と終端座標を得る
  int max_h_val = -1;  // 最大幅（水平方向）を格納
  int max_h_point = -1;  // 最大幅の終了座標
  for (int i = 0; i < h; ++i) {
    for (int j = 0; j < w; ++j) {
      if (h_integ[i*w+j] > max_h_val)
        max_h_val = h_integ[i*w+j];  max_h_point = j;
    }
  }
  *s_sx = max_h_point - max_h_val;  // 開始座標(x)
  *s_width = max_h_val;  // 最大領域の幅
  free (h_integ);
  if (s_sx < 0) return false;
  return true;
}
```

実際に動かしてみる

スケッチ「semaseg_camera.ino」をSpresenseに書き込んで動作を確認してみましょう。SDカードに、「model.nnb」をコピーするのを忘れないでください。本書ダウンロードドキュメントにあるテスト用画像「seg_test.jpg」をPC画面に表示し、Spresenseで試してみます。左上に小さく表示されているのがDNNRTに入力する画像、右上に小さく表示されているのが認識結果の画像になります。

⇨ **バイナリセマンティックテスト用画像**

Chap09/dnnrt_test/seg_test1.jpg

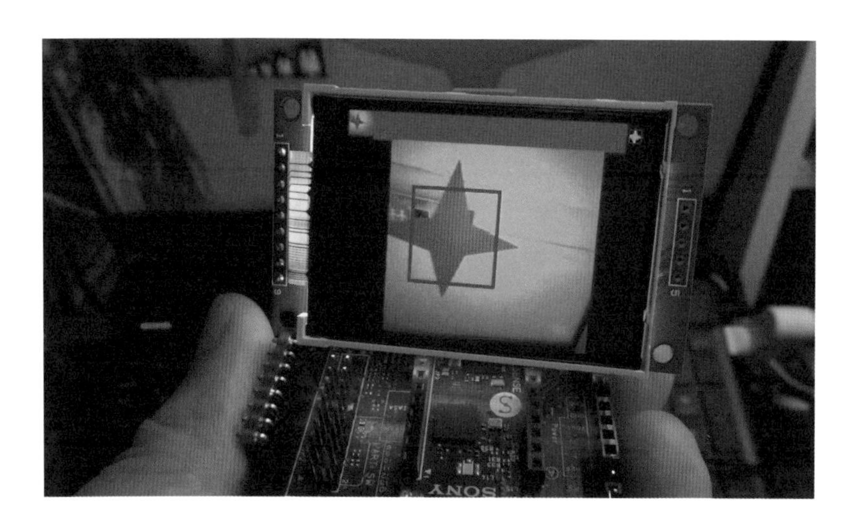

グラフィックだけでは現実味がないので赤い折り紙の手裏剣を認識させてみましょう。特徴的な形や色を選ぶと合成で作ったデータセットでも十分に活用できます。

学習データを生成する

データセットを生成する

セマンティックセグメンテーションの学習データはマスク画像を生成しなければなりません。Spresenseでの収集が難しいため、PC上のプログラムで生成するのが一般的です。ここでは今回使用した学習データを作ったPython のプログラムを紹介します。プログラムは、本書ダウンロードドキュメントの次の場所にあります。圧縮ファイルの中には、Pythonのプログラムとサンプルデータが格納されています。

⇨ **バイナリセマンティックセグメンテーション学習データ生成プログラム**

Chap09/Python/mksegdata.zip

Pythonのパッケージはアナコンダを用いました。画像処理パッケージはPillow(PIL:Python Imaging Library)を使用しています。Anaconda は次のサイトからダウンロードできます。

⇨ **Anaconda**

https://www.python.jp/install/anaconda

データセットを作る際のヒント

Spresenseは、メモリーの制限から大きな画像が扱えず、また複雑で大きなニューラルネットワークも扱えません。そのため、セマンティックセグメンテーションで扱えるデータセットの性質にも制限があります。経験上、学習データは単純な形状で色数が少なく、原色に近い特徴的な色を選ぶと効果的なようです。学習データがシンプルであれば、小さなネットワークでも領域抽出が可能になるので、メモリー、認識速度ともに有利に働きます。

複雑なものを扱いたい場合は、入力画像サイズ、カーネルサイズ、また重ねる層数を調整する必要があります。カーネルサイズがメモリーに与えるインパクトは小さいのですが、重ねる層数と特徴マップの数はメモリー消費量に大きなインパクトを与えるので注意が必要です。

実際のアプリケーションでは、単純な形状の原色(例えば、赤(255,0,0))のマークを覚えさせ、同じ形状・色の蛍光マーカーを物体に貼り付けてマークの位置を検出させる方法が考えられます。例えば、円形赤(255,0,0)のデータセットを使った学習済モデルで、赤丸蛍光シールを認識させ、切り出し領域を類推させる、といった具合です。この場合、赤の原色で学習させることで、赤色要素に感度の高い学習済モデルができるので、多少変動のあるカメラ越しの画像でも赤色に反応しやすくなります。また原色の背景色は少ないので、このような極端な色を選ぶと背景と分離しやすくなり、検出もしやすくなります。

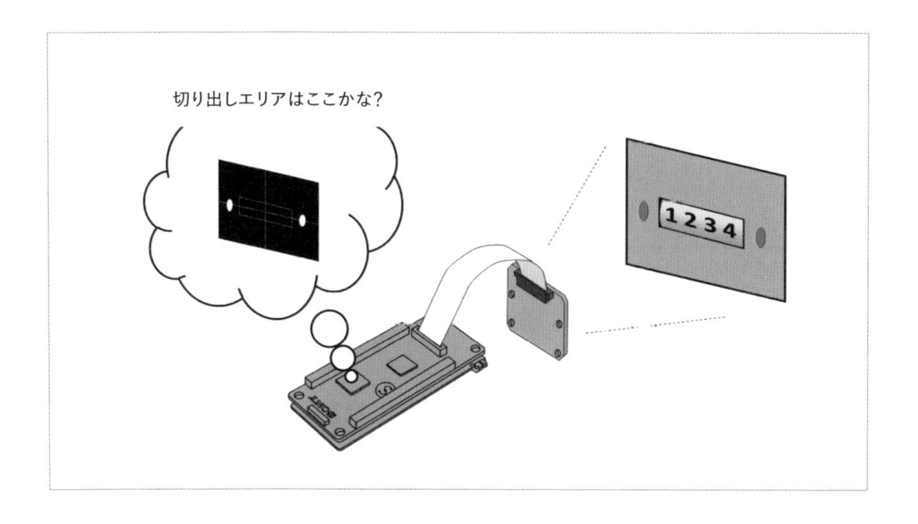

学習データ生成Pythonプログラムの使い方

ディレクトリ構成と準備するデータ

データ生成プログラムを利用するにあたり、次のようなファイル構造を準備してください。「image」ディレクトリには、認識対象の画像（image.png）を置きます。対象物以外のピクセルは透過にしてください。「mask」ディレクトリには対象物の領域を「白」、背景を「黒」としたマスク画像（mask.png）を置きます。image.pngとmask.pngは同じ大きさでなければなりません。また、マスク画像の背景画像となる、黒のみの任意の大きさの画像（black.png）を置きます。背景画像（background.jpg）は、認識対象の画像を合成する背景画像になります。この画像は1920×1080を前提としています。この画像の一部を切り抜き、学習データの背景として用います。

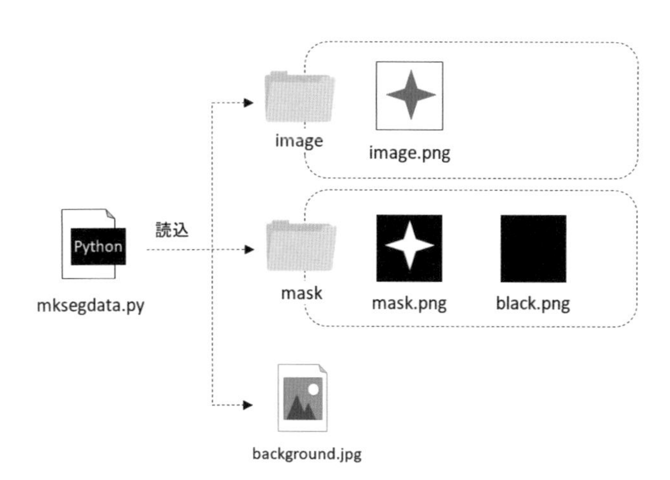

mksegdata.py を実行すると、次のようなデータセットが生成されます。Neural Network Consoleに登録できるCSV管理ファイルも生成されますので、そのままデータセットに登録できます。

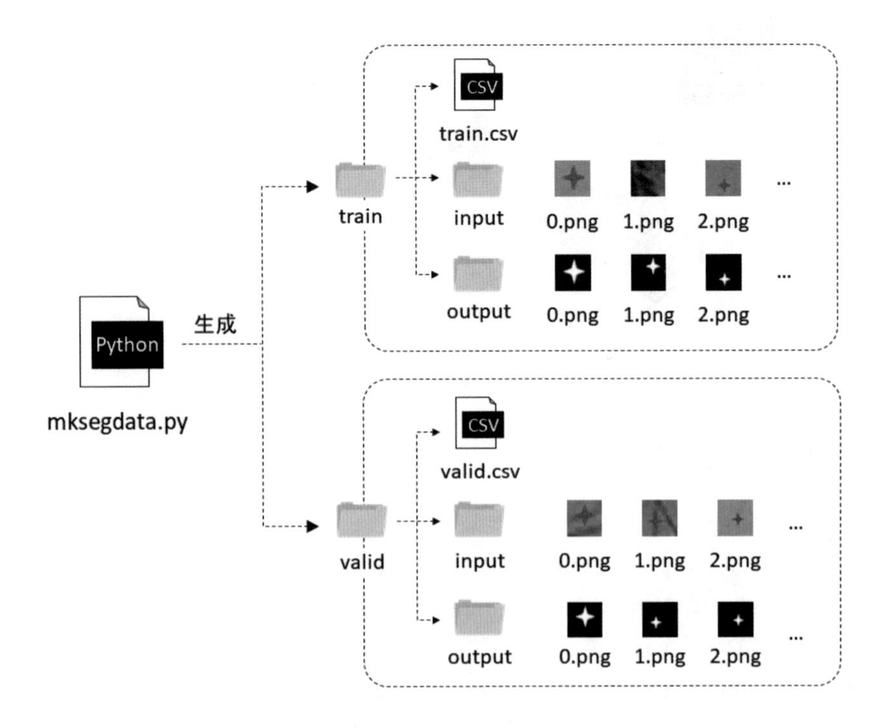

プログラムの使い方

プログラムはPythonスクリプトになっており、5つの引数を設定できます。省略した場合はデフォルト値が適用されます。

プログラムのコマンド形式

```
# python mksegdata.py -x (width) -y (height) -b (filename) -t (num of data) -v (num of data)
```

引数	指定する値	デフォルト値
-x	生成する画像の幅	28
-y	生成する画像の高さ	28
-b	背景画像のファイル名	background.jpg
-t	生成する学習データの数	600
-v	生成する評価データの数	200

学習データを生成するまでの処理は次のようになります。

1. 認識対象画像（image.png）マスク画像（mask.png）マスク背景画像（black.png）を -x,-yで指定されたサイズにリサイズ
2. 背景画像（background.jpg）から -x, -y で指定されたサイズの画像をランダムに切り抜き（cropped_image）
3. 1.0〜0.5のランダムな値を縮小率として算出し、認識対象画像（image.png）、マスク画像（mask.png）を同じ倍率で縮小
4. 背景画像に対して、縮小した画像を貼り付ける座標をランダムに算出し、縮小した認識対象画像（image.png）と背景画像の切り抜き画像（cropped_image）を合成、縮小したマスク画像（mask.png）とマスク背景画像（black.png）を合成
5. データセット管理ファイルを更新する

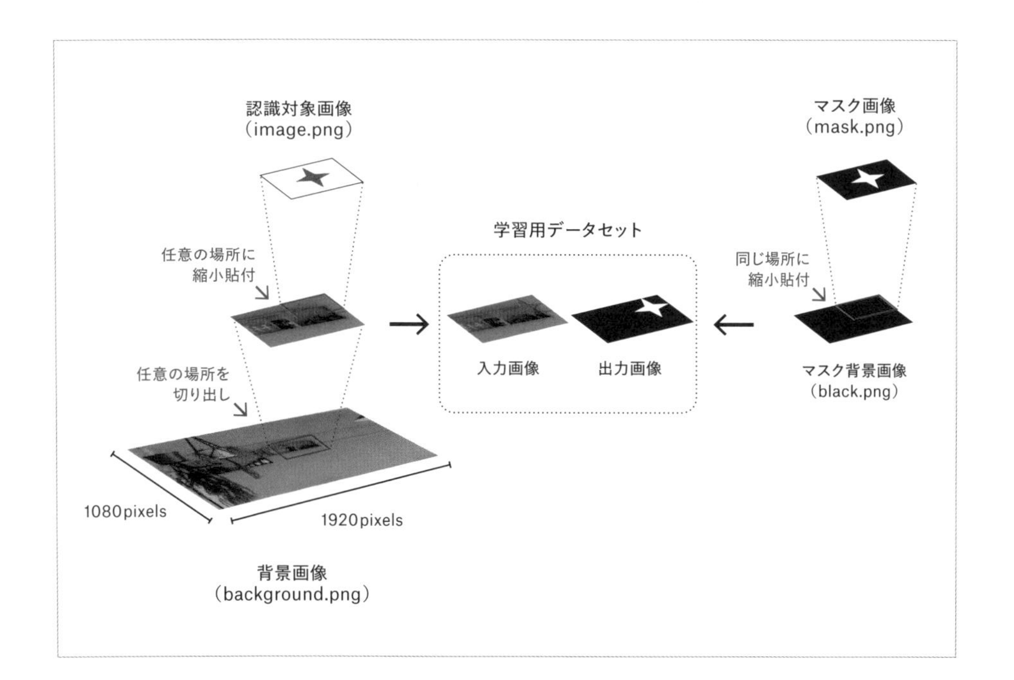

学習データ生成Pythonプログラムの概略

読者の皆さんが学習データ生成のPythonプログラムをカスタマイズして利用できるように解説します。プログラムは比較的単純で、①プログラムの引数の解析、②環境のチェック、③学習データの生成、④評価データの生成——の大きく4つの処理で構成しています。学習データの生成と評価データの生成は同じループで処理されます。

● mksegdata.py

```
def main():
  global g_imgSizeW, g_imgSizeH, g_nTrain, g_nValid
  # 1.  プログラム引数の解析
  g_imgSizeW, g_imgSizeH, bg_filename, g_nTrain, g_nValid \
    = check_arguments()
  # 2.  環境のチェック
  environment_check(bg_filename)
  # 3.  学習データの生成
  dataset_make_loop(g_nTrain, "train")
  # 4.  評価データの生成
  dataset_make_loop(g_nValid, "valid")
```

コマンドライン引数の解析（check_arguments）

コマンドライン引数の解析を行う check_arguments は、Python の ArgumentParser を使っています。デフォルト値やヘルプなど簡単に設定できるので非常に便利です。この関数の戻り値には、引数で与えた学習データの幅、学習データの高さ、背景画像のファイル名、学習データの生成数、評価データの生成数を返します。

● mksegdata.py

```
def check_arguments():
  parse = argparse.ArgumentParser()
  parse.add_argument('-x', action='store', dest='iwidth', \
    default='28', help='-w: output image width')
  parse.add_argument('-y', action='store', dest='iheight',\
    default='28', help='-h: output image height')
  parse.add_argument('-b', action='store', dest='bgimage',\
    default='background.jpg', help='-b: background image')
  parse.add_argument('-t', action='store', dest='train', \
```

```
    default='600', help='-t: quantity of generated training
data')
  parse.add_argument('-v', action='store', dest='valid', \
    default='200', help='-v: quantity of generated validation
data')
  results = parse.parse_args()
  return int(results.iwidth), int(results.iheight), \
    results.bgimage, int(results.train), int(results.valid)
```


データ生成環境の確認(environment_check)

データ生成のためのディレクトリ構成、ファイルが揃っているかを確認します。関数の引数には、コマンドラインで与えた背景画像のファイル名を与えます。ディレクトリの存在のチェックと各画像へのパスをグローバル変数に格納します。

● mksegdata.py

```
def environment_check(bg):
  global g_bgPath, g_imagePath, g_maskPath, g_blackPath
  path = os.getcwd()   # 現在のパスを取得
  g_bgPath = path + "/" + bg    # 背景画像へのパス
    ... 省略 ...

  # 認識対象画像(image.png)を確認
  g_imagePath = path + "/image"  #フォルダーへのパス
    ... 省略 ...
    g_imagePath += "/image.png" # 認識対象画像

  # マスク画像(mask.pngの有無を確認
  mask_dir_path = path + "/mask" # フォルダーへのパス
    ...省略...
    g_maskPath = mask_dir_path + "/mask.png" #マスク画像
    g_blackPath = mask_dir_path + "/black.png" #マスク背景画像

  # 学習データ格納フォルダー(train)の準備
  train_dir_path = path + "/train" # フォルダーへのパス
    ...「train」フォルダーが無ければ生成する...
  # trainフォルダー内のinput/outputフォルダーの準備
  check_input_output_dir(train_dir_path)
  # 評価データ格納フォルダー(valid)の準備
```

```
  valid_dir_path = path + "/valid"
    ...「valid」フォルダーが無ければ生成する...
  # validフォルダー内のinput/outputフォルダーの準備
  check_input_output_dir(valid_dir_path)
```

データ生成処理（data_make_loop）

学習データならびに評価データを生成します。関数の引数に学習データもしくは評価データのディレクトリへのパスを与えます。ここでは認識対象の画像（image.png）と背景画像（background.jpg）を合成、マスク画像（mask.png）とマスク背景画像（black.png）を合成し、コマンドの引数で与えたぶんの学習データを生成します。

● **mksegdata.py**

```
def dataset_make_loop(quantity, arg_path):
  path = os.getcwd() # 現在のフォルダーのパスを取得
  background = Image.open(g_bgPath) # 背景画像をオープン
  image = Image.open(g_imagePath).resize(\
           (g_imgSizeW, g_imgSizeH)) # 認識対象画像をオープン
  mask = Image.open(g_maskPath).resize(\
           (g_imgSizeW, g_imgSizeH)) # マスク画像をオープン
  black = Image.open(g_blackPath).resize(\
           (g_imgSizeW, g_imgSizeH)) # マスク背景画像をオープン

  # 引数で指定された名前の管理ファイルを生成、
  csv_file_path = path + "/" + arg_path + "/" + \
                               arg_path + ".csv"
  if os.path.isfile(csv_file_path):
    os.remove(csv_file_path)
  csvfile = open(csv_file_path, 'w')  # 管理ファイルを作成
  csvfile.write("x:in,y:out\n")   # 管理ファイルのヘッダー書き込み
  for i in range(quantity): # 指定した数量を繰り返す
    # 背景画像を切り抜く座標をランダムに生成
    rand_x = BACKGROUND_X - g_imgSizeW
    rand_y = BACKGROUND_Y - g_imgSizeH
    start_x = random.randint(0, rand_x)
    start_y = random.randint(0, rand_y)
    end_x = start_x + g_imgSizeW
    end_y = start_y + g_imgSizeH
```

```
    # 背景画像から画像を切り抜き
    cropped_image = \
    background.crop((start_x, start_y, end_x, end_y))

    # 認識対象画像とマスク画像の縮小
    rand_s = random.uniform(1.0, 2.0) # 縮小率をランダムに生成
    shrink_w = round(g_imgSizeW/rand_s) # 横幅の縮小率
    shrink_h = round(g_imgSizeH/rand_s) # 縦幅の縮小率
    resize_image = image.resize((shrink_w, shrink_h)) # の縮小
    resize_mask = mask.resize((shrink_w, shrink_h)) # マスク画像の
縮小

    # 認識対象画像と背景、マスクとマスク背景画像の合成
    range_x = g_imgSizeW - shrink_w
    range_y = g_imgSizeH - shrink_h
    paste_x = random.randint(0, range_x) # 合成座標(x)をランダムに生成
    paste_y = random.randint(0, range_y) # 合成座標(y)をランダムに生成
    ## 背景画像と認識対象画像の合成
    cropped_image.paste(resize_image,
      (paste_x, paste_y), resize_image.split()[3]) # 入力画像を合成
    cropped_image.convert('RGB') # 入力画像を24ビット化
    ## マスク画像とマスク背景画像の合成
    tmp_black = black.copy()
    ## マスク画像を合成
    tmp_black.paste(resize_mask, (paste_x, paste_y))
    gray_out = ImageOps.grayscale(tmp_black) # マスク画像を8ビット化

    # 画像の保存
    ## 入力画像(input)の保存
    inp_path = path+"/"+arg_path+"/input/"+str(i)+".png"
    cropped_image.save(inp_path)
    out_path = path+"/"+arg_path+"/output/"+str(i)+".png"
    ## マスク画像(output)の保存
    gray_out.save(out_path)
    # 管理ファイルに入力画像と出力画像のパスを追加
    csvfile.write(inp_path + "," + out_path + "\n")

  csvfile.close() # 管理ファイルをクローズ
```

10 スペクトログラムを使って音声コマンドを実現する

7章のオートエンコーダによる音響認識では、
パイプやモーターなど周期的な音の認識方法について解説しました。
しかし、音声のような時系列で変化していくものには応用できません。
本章では、スペクトログラムという周波数成分が時系列に変化するグラフを使い、
短い音声コマンドを認識してみましょう。

スペクトログラムを使って音声コマンドを認識する

スペクトログラムは、縦軸が周波数、横軸が時間軸、そして信号強度（周波数スペクトル）を色や濃淡で表現したグラフです。声紋分析などによく使われています。ここでは、音声コマンドとして、「開始」、「終了」、「次」といった1秒に満たない3種類の短いフレーズの認識を試してみます。SpresenseでこれらのフレーズをFFT演算したのち、スペクトログラムを生成し、画像として畳み込みニューラルネットワークに入力することで認識処理を実現します。

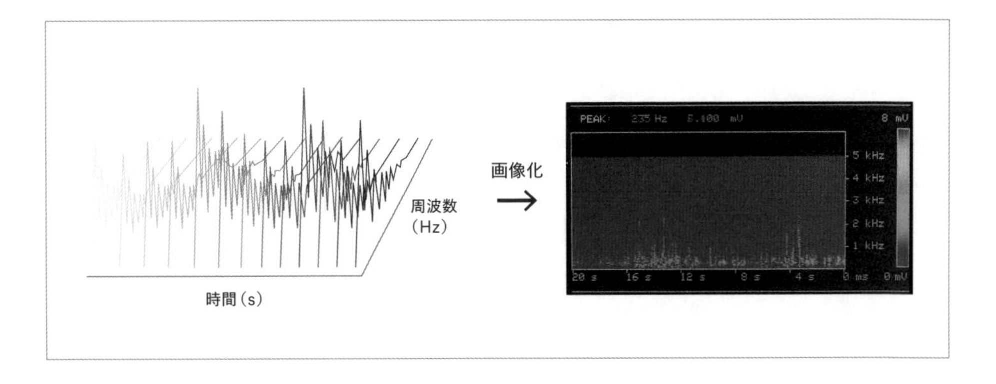

データセットには筆者の声を使っていますので、読者の声では良い結果が出ないかもしれません。動作確認の際は、ダウンロードドキュメントにある筆者の声を録音したものを使用してください。ご自身の声で認識率の高い結果を得るには、学習データを自分で収集して試してみることをお勧めします。学習データの収集方法は、本章の最後に紹介します。

〈 解説の流れ 〉

1. Spresenseの検証環境を準備する
2. Spresenseでスペクトログラムを表示する
3. スペクトログラムの認識領域を抽出する
4. スペクトログラムの学習済モデルを生成する
5. 音声コマンドの動作を確認する
6. 学習データの収集

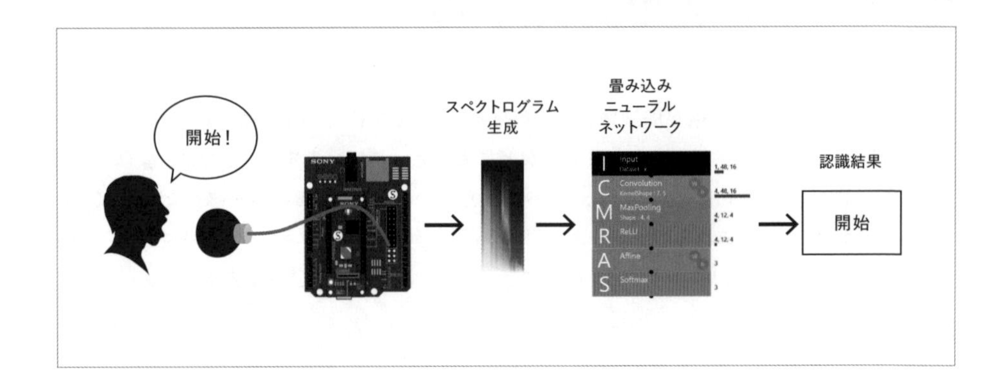

Spresenseの検証環境を準備する

使用するのは、Spresenseメインボード、Spresense拡張ボード、ILI9341液晶ディスプレイ、2つのマイク、microSDカードです。液晶ディスプレイやマイクの使い方については、2章「Spresenseの周辺機器を動かす」を参照してください。液晶ディスプレイはSpresenseで生成したスペクトログラムの表示用、マイクは音声と背景音を録るために2つ使用します。Spresenseの学習キットをお使いの方は、各社から提供されている使用方法に従って接続してください。

システムの構成
パターンアート学習キット
AUTOLAB学習キット

用意するもの

1. Spresenseメインボード
2. Spresense拡張ボード
3. ピンマイク（インピーダンス：2.2kΩ）×2
4. マイク接続基板×2 、もしくはマイク接続基板（学習キット）
5. ILI9341液晶ディスプレイ
6. 液晶ディスプレイ接続用ワイヤー、もしくは液晶ディスプレイ接続基板（学習キット）
7. microSDカード（32GBまで）

Spresenseでスペクトログラムを表示する

スペクトログラムを液晶ディスプレイに表示するための処理について解説します。始める前に次の準備を行ってください。

1. 液晶ディスプレイを接続し、Spresense用の液晶ディスプレイ用ライブラリをインストールする（2章を参照）
2. マイクをSpresesen拡張ボードのMIC-A、MIC-B入力に接続し、信号処理用のDSPファイルをインストールする（3章を参照）

サンプリングレートとサンプル数を決定する

録音する際のサンプリングレートとサンプル数は、「認識したい音の長さ」と「認識したい音の周波数上限」で決まります。音の長さと周波数上限は次式で表せます。ここでは、FFTの演算結果の単位をフレームと呼びます。

$$\text{周波数分解能：} \Delta f(Hz) = \frac{\text{サンプリングレート}}{\text{サンプル数}}$$

$$\text{認識音の周波数上限：} f_{max}(Hz) = \Delta f \times n^{*}$$

＊ nの上限はサンプル数 /2.56

$$\text{サンプル取得時間：} \Delta t\,(\text{秒}) = \frac{\text{サンプル数}}{\text{サンプリングレート}}$$

$$\text{認識したい音の長さ：} T(\text{秒}) = \Delta t \times n\ \text{フレーム数}$$

この式を見てわかるように、「認識音の周波数上限」は周波数分解能Δfに依存します。

また「認識したい音の長さ」はサンプル取得時間Δtに依存します。Δf、Δtともにサンプリングレートとサンプル数によって決まります。認識したい音によって、これらのパラメーターを注意深く設定してください。

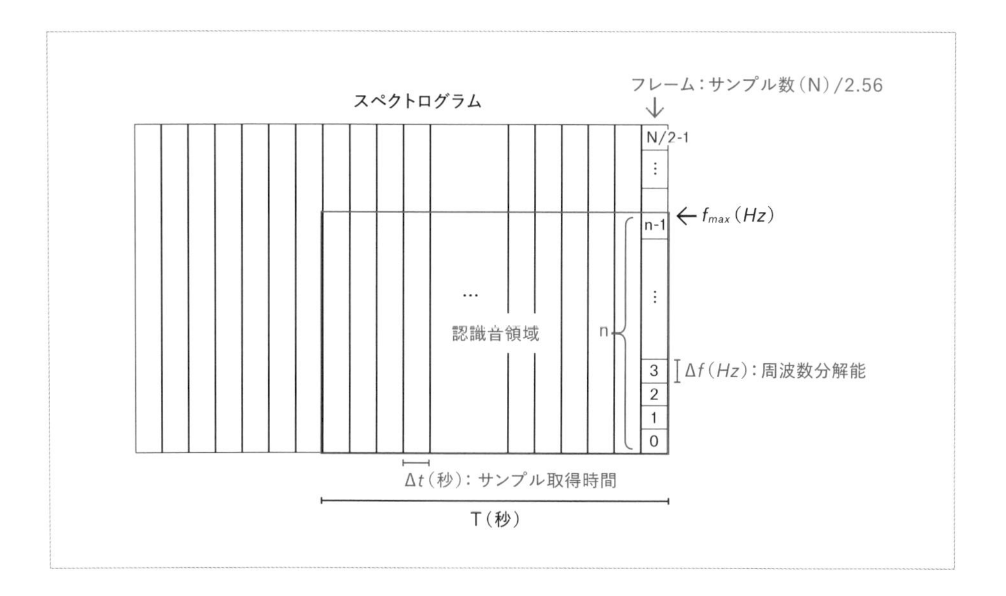

周波数分解能について少しわかりにくいので補足します。周波数分解能は、FFT演算結果の1ステップの周波数幅を示しています。周波数分解能の数値が大きいと、周波数スペクトルは大雑把なグラフになりますし、周波数分解能の数値が小さいと、細かい周波数スペクトルを観測できます。

Spresenseでスペクトログラムをディスプレイに表示する

Spresenseでスペクトログラムを液晶ディスプレイに表示する方法を解説します。このスケッチはマルチコアで記述されているため、メインコア用、サブコア用の2つのスケッチで構成されています。これらのスケッチは、本書ダウンロードドキュメントの次の場所にあります。

⇨ **メインコア用スケッチ**

Chap10/sketches/MainAudioMono/MainAudioMono.ino

⇨ **サブコア用スケッチ**

Chap10/sketches/SubDisp/SubDisp.ino

メインコアのスケッチ（FFT演算処理）

メインコアは、録音処理とFFT演算を行っています。録音処理時のサンプリングレートは16000Hz、サンプル数は512です。ディスプレイ処理をするサブコアには、FFT演算結果の3000Hzまでのデータの96サンプル*を送っています。

＊ 周波数分解能：31.25（16000/512）Hz x96 = 3000Hz

スケッチをSpresenseに書きこむ前に、「ファイル」→「スケッチ例」から「src_installer」を開き、サンプリングレート変換用のDSPファイルをSDカードにインストールしておきます（詳細は7章を参照）。

● **MainAudioMono.ino**

```
#include <Audio.h>
#include <FFT.h>
#define FFT_LEN 512
// モノラル、512サンプルでFFTを初期化
FFTClass<AS_CHANNEL_MONO, FFT_LEN> FFT;
AudioClass* theAudio = AudioClass::getInstance();
#include <MP.h>
#include <MPMutex.h>  // サブコア間の同期ライブラリ
MPMutex mutex(MP_MUTEX_ID0);  // ID0のMPMutex
const int subcore = 1;  // サブコアの番号

void setup() {
  Serial.begin(115200);  // シリアル出力を開始
  // ハミング窓、モノラル、オーバーラップ50%
  FFT.begin(WindowHamming, AS_CHANNEL_MONO, (FFT_LEN/2));
  theAudio->begin();
  // 入力をマイクに設定
  theAudio->setRecorderMode(AS_SETRECDR_STS_INPUTDEVICE_MIC);
  // 録音設定：フォーマットはPCM (16ビットRAWデータ)、
  // DSPコーデックの場所の指定 (SDカード上のBINディレクトリ)、
  // サンプリングレート 16000Hz、モノラル入力
  theAudio->initRecorder(AS_CODECTYPE_PCM
    ,"/mnt/sd0/BIN", AS_SAMPLINGRATE_16000 ,AS_CHANNEL_MONO);

  theAudio->startRecorder();  // 録音開始
  MP.begin(subcore);  // サブコア開始
}

void loop() {
  static const uint32_t buffering_time =
      FFT_LEN*1000/AS_SAMPLINGRATE_16000;
  static const uint32_t buffer_size = FFT_LEN*sizeof(int16_t);
  static char buff[buffer_size]; // 音声データを格納するバッファー
  static float pDst[FFT_LEN]; // FFT演算結果を格納するバッファー
  uint32_t read_size;
```

```
  // buffer_sizeで要求されたデータをbuffに格納する
  theAudio->readFrames(buff, buffer_size, &read_size);
  // 読み込みサイズがbuffer_sizeに満たない場合
  if (read_size < buffer_size) {
    delay(buffering_time); // データが蓄積されるまで待つ
    return;
  }
  FFT.put((q15_t*)buff, FFT_LEN); // FFTを実行
  FFT.get(pDst, 0); // MIC-AのFFT演算結果を取得
  if (mutex.Trylock() != 0) return;  // サブコア処理中のためリターン
  int8_t sndid = 100;
  static const int disp_samples = 96; // サブコアに渡すサンプル数
  static float data[disp_samples]; // サブコアに渡すデータバッファー
  memcpy(data, pDst, disp_samples*sizeof(float)); // データコピー
  MP.Send(sndid, &data, subcore);  // データをサブコアに送信
  mutex.Unlock();  // MPMutexを解放
}
```


サブコアのスケッチ（スペクトログラムの表示）

サブコアは、スペクトログラムをディスプレイへ表示する処理を行っています。ディスプレイ表示には時間がかかるため、録音処理（512/16000=32msec）が間に合いません。サブコアで描画処理を行っている間に周波数スペクトル転送しないようにするため、Spresense独自のマイコン間同期システムであるMPMutex を使っています。

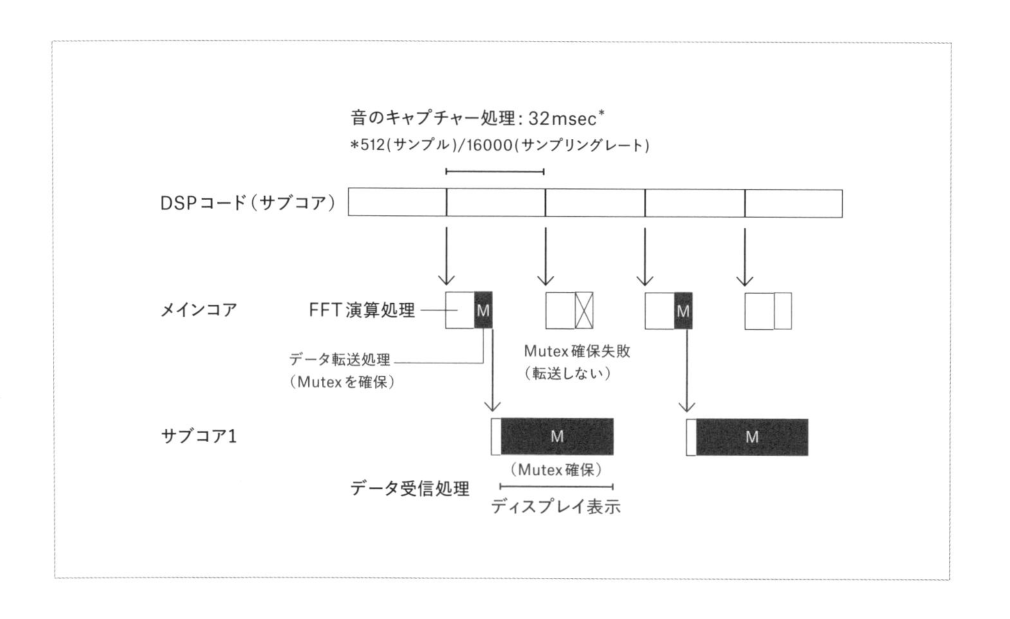

サブコアで表示するスペクトログラムの座標系は下図のようになります。これは、ディスプレイの座標系のsetRotation(2)の設定であることに注意してください。スペクトログラムに表示する周波数上限は、メインコアから渡される96サンプルぶんの3000Hzです。

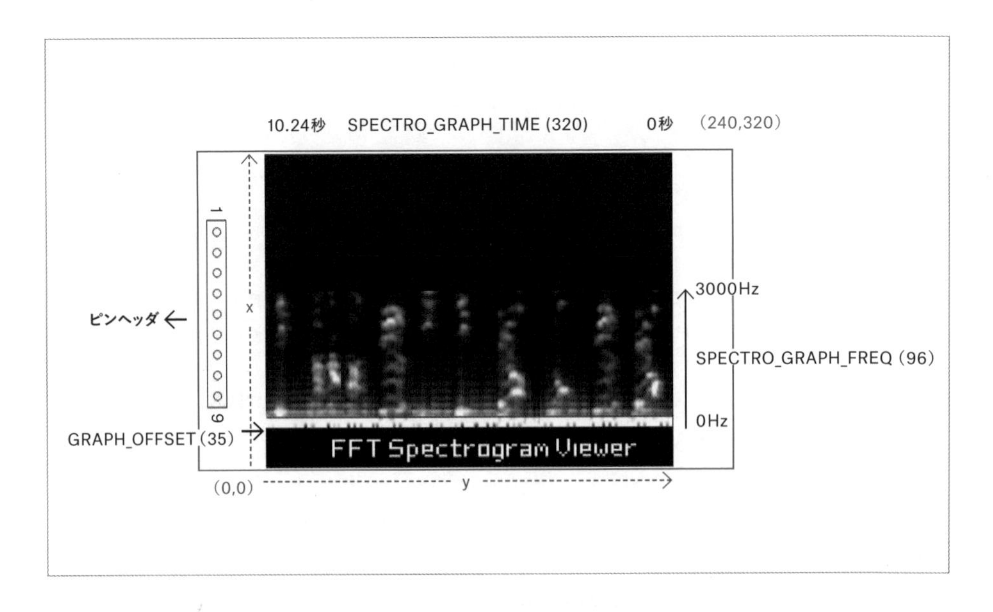

ディスプレイ表示と周波数データを格納するframeBufferの対応が少しわかりづらいので解説します。frameBufferには、FFT演算結果が古い処理順を先頭に格納されています。新しいデータが到着するとデータをシフトし、最新のデータが配列の終端に追加されます。

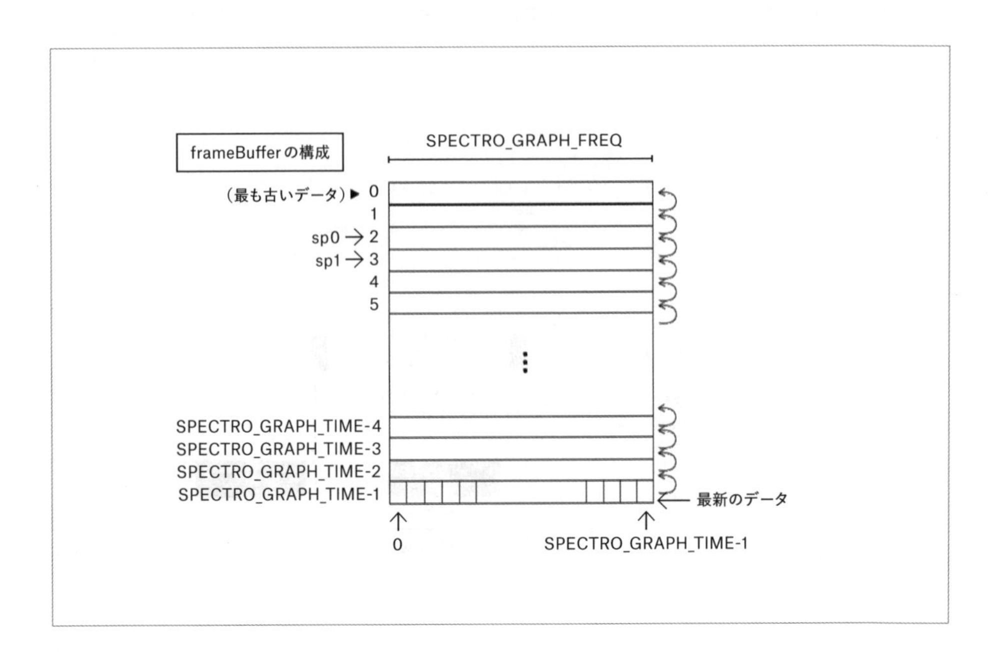

一方、ディスプレイの表示は、スペクトログラムが右から左に流れるように見えます。これは、縦表示のディスプレイ表示を横倒しにして見ているためです。テキストの描画方向によって横方向のディスプレイのように見えているに過ぎません。座標系で混乱しそうになったら、このグラフは縦表示であることを思い出してください。

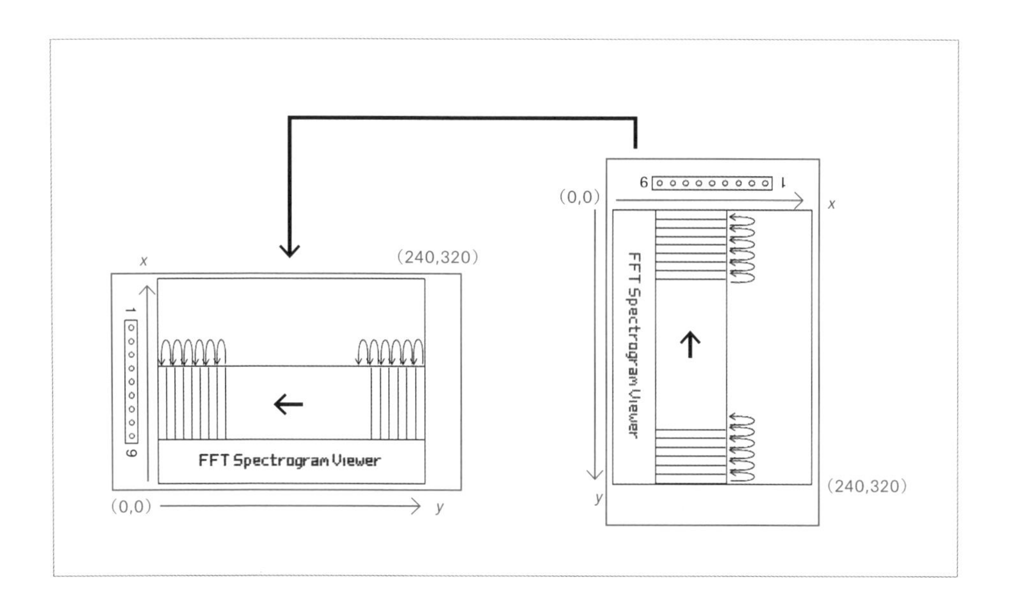

● displayUtil.ino

```
// グラフの幅（周波数）と高さ（時間）：縦向きなのに注）
#define SPECTRO_GRAPH_FREQ (96)
#define SPECTRO_GRAPH_TIME (320)
// グラフの描画位置
#define GRAPH_OFFSET (35)
// フレームバッファーを確保
uint16_t frameBuffer[SPECTRO_GRAPH_TIME*SPECTRO_GRAPH_FREQ];
const int disp_samples = 96; // データのサンプル数

void displayLcd(float *data) {
  // グラフ全体をシフト
  uint16_t* top = frameBuffer;
  for (int t = 1; t < SPECTRO_GRAPH_TIME; ++t) {
    uint16_t* bf0 = top+(t-1)*SPECTRO_GRAPH_FREQ;
    uint16_t* bf1 = top+(t)  *SPECTRO_GRAPH_FREQ;
    memcpy(bf0, bf1, SPECTRO_GRAPH_FREQ*sizeof(uint16_t));
  }
```

```
  // フレームバッファーに最新のデータを追加
  uint16_t val_6, val_5, val16;
  for (int f = 0; f < disp_samples; ++f) {
    float val = data[f] < 0 ? 0 : data[f];
    val_6 = (uint16_t)(val*64) >= 64 ?
              64 : (uint16_t)(val*64);
    val_5 = (uint16_t)(val*32) >= 32 ?
              32 : (uint16_t)(val*32);
    val16 = val_5 << 11 | val_6 << 5 | val_5;
    frameBuffer[
   (SPECTRO_GRAPH_TIME-1)*SPECTRO_GRAPH_FREQ + f]=val16;
  }

  // ディスプレイに転送
  display.drawRGBBitmap(GRAPH_OFFSET, 0,
    frameBuffer, SPECTRO_GRAPH_FREQ, SPECTRO_GRAPH_TIME);
}
```

スペクトログラムの認識領域を抽出する

今回は短いフレーズで認識するので、一音一音を認識するのではなく、フレーズ全体のスペクトログラムのグラフを切り出して渡します。つまり、「開始」、「終了」、「次」という音声コマンドの音のまとまりを切り出す必要があります。

そのための前処理として、音声コマンドの音節を検出します。通常、音声コマンドを発声する前後は、少しの間の静寂があるはずなので、それを利用して音を切り出します。その際に問題となるのが音声用マイクに紛れ込む背景ノイズです。音声用マイクに背景ノイズが混入すると、静寂を検出できないだけでなく、音声に背景ノイズも混入するため認識率が悪化します。高い認識率を得るにはマイクで観測したデータからできるだけ背景ノイズを除去する必要があります。

ここでは、①2つの外部マイクを使って背景ノイズを除去する方法、②音声コマンドのフレーズの切り出し方、③学習済モデルに入力するためのスペクトログラムを生成する方法——の3つについて解説します。

2つのマイクを使って背景ノイズを除去する

音声を検出する際に問題となるのが背景ノイズです。背景ノイズが大きな音圧になるような環境では、背景ノイズが音声用マイクに回り込んで混入するため、周波数スペクトルだけを見ても音声と背景ノイズの区別がつきません。

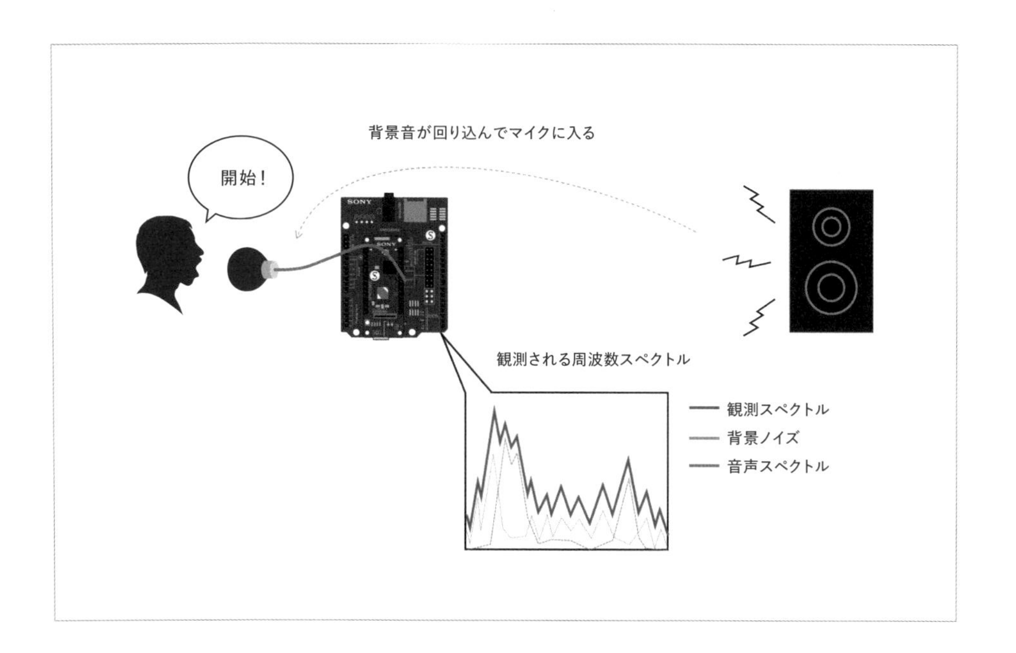

この問題を解決するため、背景ノイズを収録するマイク（外部マイク）を準備します。音声用マイクのFFT演算結果（観測スペクトル）に対して、外部マイクのFFT演算結果の差分を取ることで、バックグラウンドノイズの影響を低減できます。

このとき、差分が負になることがありますが、その場合は、その周波数における背景ノイズの音圧が強いことが原因のため出力は負ではなくゼロとします。

差分をとる際には、外部マイクのFFT演算結果に対して係数をかけます。外部マイクと音声用マイクの背景ノイズの音圧レベルに差があるためです。この係数は、マイクの方向やマイク同士の距離、マイクの特性の違いにも影響しますので、実験的に求める必要があります。

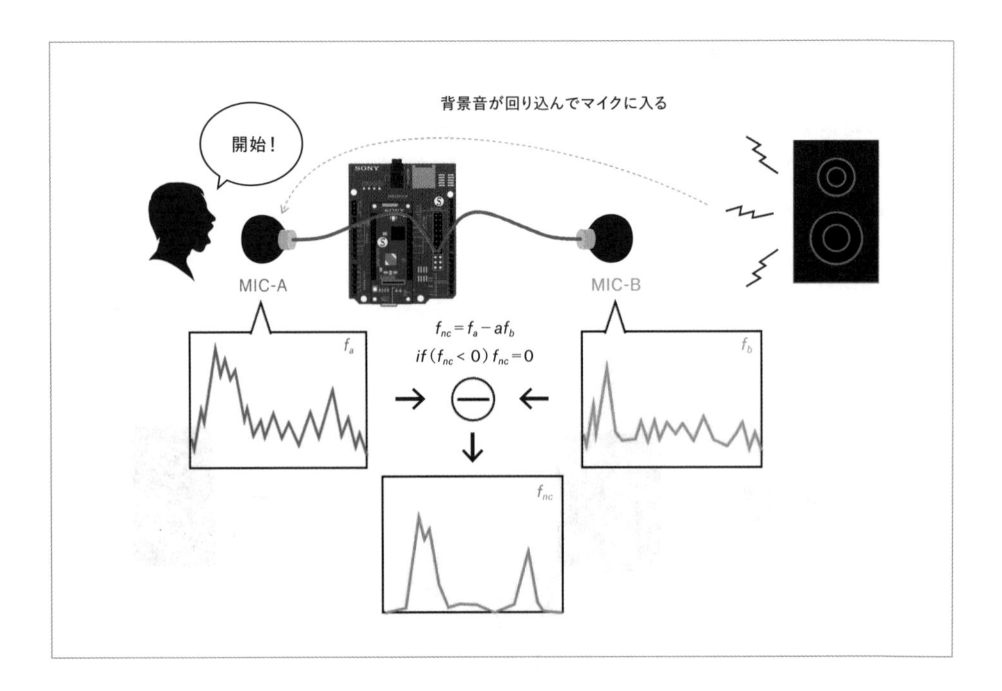

背景ノイズを除去するスケッチは以下の場所にあります。サブコアのスケッチは、スペクトログラムを表示するスケッチをそのまま使ってください。実験の際には、SpresenseのMIC-Aに音声用マイク、MIC-Bに外部マイクを接続してください。

⇨ **メインコア用スケッチ**

Chap10/sketches/MainAudioNC/MainAudioNC.ino

⇨ **サブコア用スケッチ**

Chap10/sketches/SubDisp/SubDisp.ino

● MainAudioNC.ino

```
#include <Audio.h>
#include <FFT.h>
#define FFT_LEN 512
// ステレオ、512サンプルでFFTを初期化
FFTClass<AS_CHANNEL_STEREO, FFT_LEN> FFT;
AudioClass* theAudio = AudioClass::getInstance();

#include <MP.h>
#include <MPMutex.h>     // サブコア間の同期ライブラリ
MPMutex mutex(MP_MUTEX_ID0);
```

```
const int subcore = 1;  // サブコアの番号
void setup() {
  Serial.begin(115200);
  // ハミング窓、ステレオ、オーバーラップ50%
  FFT.begin(WindowHamming, AS_CHANNEL_STEREO, (FFT_LEN/2));

  theAudio->begin();
  // 入力をマイクに設定
  theAudio->setRecorderMode(AS_SETRECDR_STS_INPUTDEVICE_MIC);
  // 録音設定：フォーマットはPCM (16ビットRAWデータ)、
  // DSPコーデックの場所の指定 (SDカード上のBINディレクトリ)、
  // サンプリングレート 16000Hz、ステレオ入力
  int err = theAudio->initRecorder(AS_CODECTYPE_PCM,
    "/mnt/sd0/BIN", AS_SAMPLINGRATE_16000, AS_CHANNEL_STEREO);

  theAudio->startRecorder();  // 録音開始
  MP.begin(subcore);  // サブコア開始
}

void loop() {
  static const uint32_t buffering_time =
      FFT_LEN*1000/AS_SAMPLINGRATE_16000;
  static const uint32_t buffer_size =
      FFT_LEN*sizeof(int16_t)*AS_CHANNEL_STEREO;
  static char buff[buffer_size]; // 音声データを格納するバッファ
  static float pDstFG[FFT_LEN];  // MIC-A FFT演算結果を格納するバッファ
  static float pDstBG[FFT_LEN];  // MIC-B FFT演算結果を格納するバッファ
  static float pDst[FFT_LEN/2];  // MIC-A/B の差分を格納するバッファ
  uint32_t read_size;

  // buffer_sizeで要求されたデータをbuffに格納する
  theAudio->readFrames(buff, buffer_size, &read_size);

  // 読み込みサイズがbuffer_sizeに満たない場合
  if (read_size < buffer_size) {
    delay(buffering_time); // データが蓄積されるまで待つ
    return;
  }

  FFT.put((q15_t*)buff, FFT_LEN);  // FFTを実行
  FFT.get(pDstFG, 0);  //マイクA(音声用)の演算結果は0番
```

```
  FFT.get(pDstBG, 1);  //マイクB(外部用)の演算結果は1番

  // MIC-A/BのFFT演算結果の差分を計算
  const float alpha = 0.8;
  for (int f = 0;  f < FFT_LEN/2; ++f)  {
    float fval = pDstFG[f] - alpha*pDstBG[f];
    pDst[f] = fval < 0 ? 0 : fval;
  }

  if (mutex.Trylock() != 0) return;  // サブコア処理中のためリターン
  //サブコアにFFTデータの64サンプルを渡す
  int8_t sndid = 100;
  static const int disp_samples = 96; // サブコアに渡すサンプル数
  static float data[disp_samples]; // サブコアに渡すデータバッファー
  memcpy(data, pDst, disp_samples*sizeof(float)); // データコピー
  MP.Send(sndid, &data, subcore);  // サブコアにデータ送信
  mutex.Unlock();  // MPMutex を解放
}
```

スケッチでは、音声用マイク、外部マイク、それぞれのFFT演算を行い、それらの差分の合計を出力するようにしました。FFT演算結果の合計は物理的には32ミリ秒間*の音圧レベルを示します(*サンプルの取得時間=512/16000)。

このスケッチから得られたグラフを次に示します。このグラフから、本方式によって背景ノイズが除去され、音声をうまく抽出できていることがわかると思います。またサブコアには差分データが送信されるので、背景ノイズが除去されたスペクトログラムが表示されていることを確認してください。

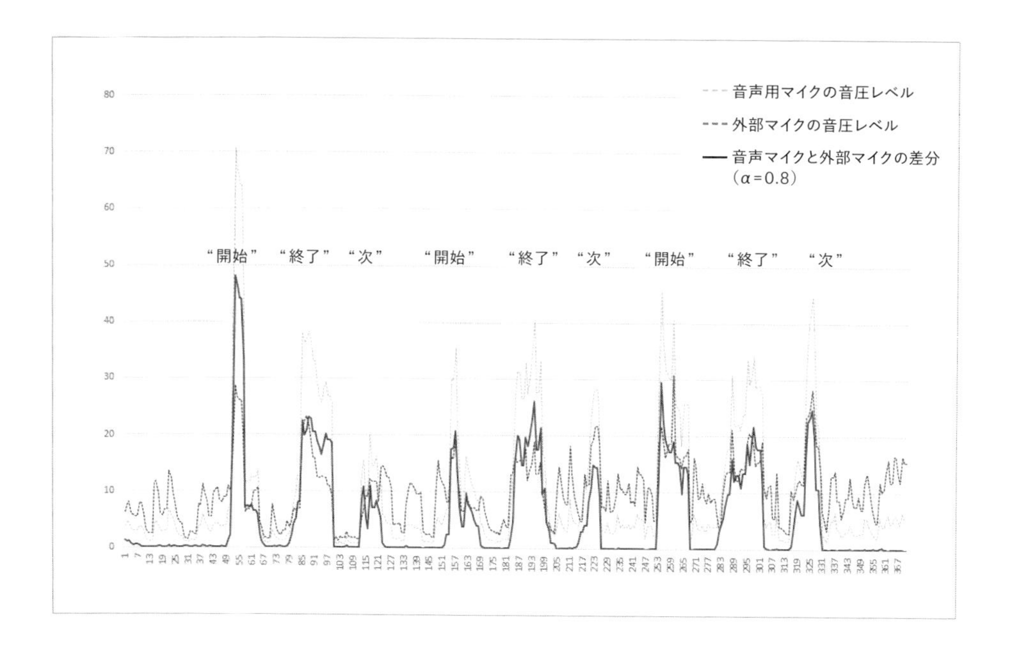

音声コマンドのフレーズを切り出す

音声マイクから背景ノイズをうまく除去できたら、次はフレーズの検出です。音声コマンドのフレーズは、「開始」、「終了」、「次」という短いセンテンスです。フレーズの前後に少しの間、発声しない時間があることをうまく使います。「開始」、「終了」、「次」の音圧レベルの観測結果は次のようになっています。

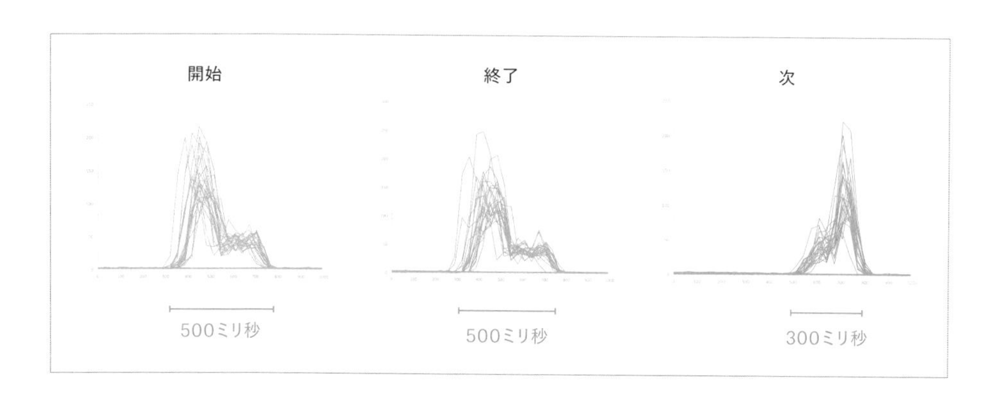

若干「終了」が長めですが、だいたいフレーズ全体で最大500ミリ秒程度なので、フレーズ前後に250ミリ秒ほどの静寂があれば音声コマンドが発声されたとみてよさそうです。検出には、前後250ミリ秒、中央500ミリ秒の音圧レベルの合計をそれぞれ閾値を設けて比較すれば実現できそうです。

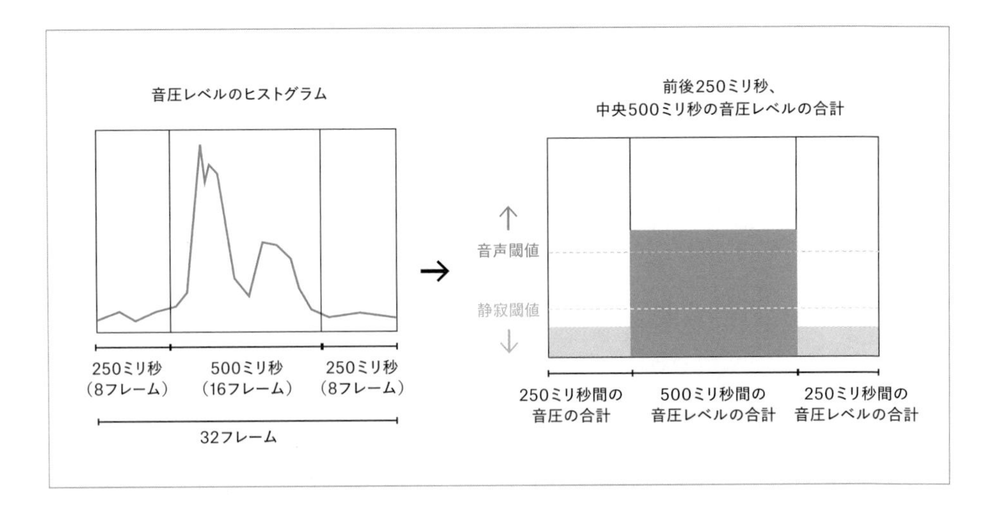

前後中央の音圧レベルの合計値を算出するために32フレームの音圧レベルのヒストグラムを生成します。ヒストグラムから前後250ミリ秒、中央500ミリ秒の音圧レベルの合計値を算出し、音声閾値を上回るか、静寂閾値を下回るかを判定します。

閾値やフレーム分割の割合は、フレーズの長さはもちろんのこと、置かれた環境やマイクの特性、声の質、喋り方の速さ、声の抑揚によっても大きく変わるため、実験的に決定する必要があります。ご自身の声で実習をする際には、次に紹介するスケッチを使ってご自身の声の音圧レベルの変化から、適切な間隔と閾値を決定してください。

音圧レベルのヒストグラムを生成するスケッチ

音圧レベルのヒストグラムを生成するスケッチは次の場所にあります。ディスプレイ表示用のサブコアのコードに変更はありません。今まで使用してきたものを流用します。

⇨ **メインコア用スケッチ**

Chap10/sketches/MainAudioHST/MainAudioHST.ino

⇨ **サブコア用スケッチ**

Chap10/sketches/SubDisp/ SubDisp.ino

ヒストグラムは、最新のデータは配列の最後に、最も古いデータは配列の先頭にあります。FFT演算のたびにデータを配列の先頭方向にシフトして、最新のデータを配列の終端に追加しています。またフレーズを検出したあとは、多重検出を避けるためヒストグラム全体のデータをクリアしています。

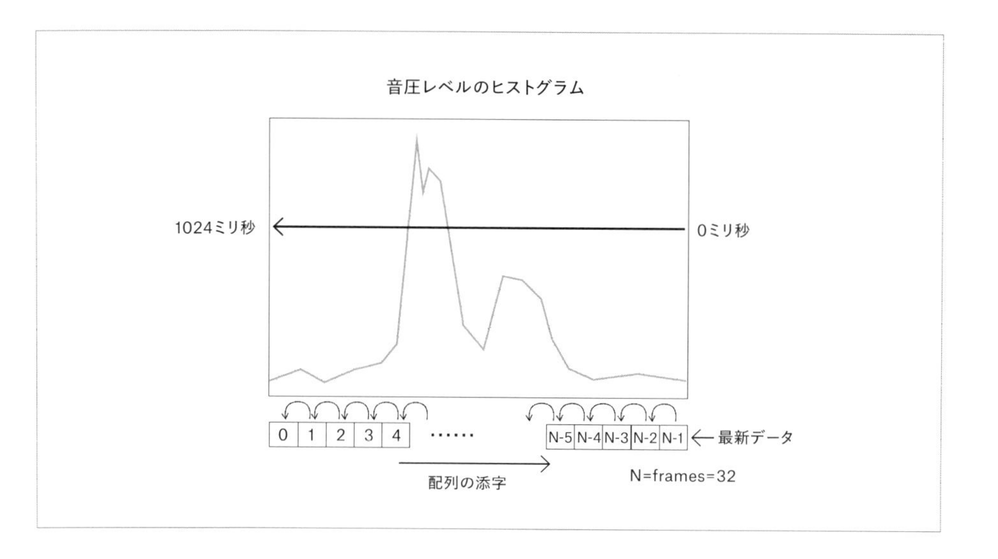

● MainAudioHST.ino

```
void loop() {
 ... 省略（音のキャプチャとFFT処理）...
  // MIC-A/BのFFT演算結果の差分を計算
  const float alpha = 0.8;
  for (int f = 0;  f < FFT_LEN/2; ++f)  {
    float fval = pDstFG[f] - alpha*pDstBG[f];
    pDst[f] = fval < 0 ? 0 : fval;
  }

  // 音圧データのヒストグラム用バッファー
  static const int frames =  32;
  static float hist[frames];
  // ヒストグラムをシフト
  for (int t = 1;  t < frames; ++t)  hist[t-1] = hist[t];
  // 背景ノイズ低減後の音圧レベルの合計
  float sound_power_nc =  0;
  for (int f = 0; f < FFT_LEN/2; ++f) {
    sound_power_nc += pDst[f];
  }
  // 最新の音圧レベルデータを追加
  hist[frames-1] = sound_power_nc;
  // 音声閾値、静寂閾値を設定
  const float sound_th = 70;
  const float silent_th = 10;
  float pre_area = 0;
```

```
    float post_area = 0;
    float target_area = 0;
    // 前半250ミリ秒、中央500ミリ秒、後半250ミリ秒
    // の音圧レベルを合計
    for (int t = 0; t < frames; ++t) {
      if (t < frames/4) pre_area += hist[t];
      else if (t >= frames/4 && t < frames*3/4)
        target_area += hist[t];
      else if (t >= frames*3/4) post_area += hist[t];
    }
    // 前後半250ミリ秒が静寂閾値未満で
    // 中央500ミリ秒が音声閾値以上か判定
    if (pre_area < silent_th
      && target_area >= sound_th && post_area < silent_th) {
      for (int t = 0; t < frames; ++t) {
        Serial.println(String(t) + "," + String(hist[t]));
      }
      // 多重判定にならないようヒストグラムをリセット
      memset(hist, 0, frames*sizeof(float));
    }
    ... 省略（データをサブコアに送信）...
  }
```

学習モデルに入力するためのスペクトログラムを生成する

スペクトログラムの観測結果から音声コマンドの検出領域は、音の長さを約1秒、また周波数上限を3000Hzと設定しました。今回は筆者の声でデータを録りましたが、ご自身で実習する場合はスペクトログラムの変化から適切な値を設定してください。

認識用のスペクトログラムの配列の大きさは、時間軸32フレーム（1024ミリ秒）、周波数軸はFFT演算結果の96サンプル（3000Hz）となっています。ヒストグラムに格納されている様子を図示すると次のようになります。これはディスプレイに表示されているスペクトログラムを横倒しにしたグラフです。ヒストグラムと同じく、0番目の行には最も古いデータが入り、最後の行に最新のデータが格納されるようにしています。

さらに、スペクトログラムのノイズ成分を低減するために現在データと過去の3回（128ミリ秒）のデータの計4回の平均値を出力しています。

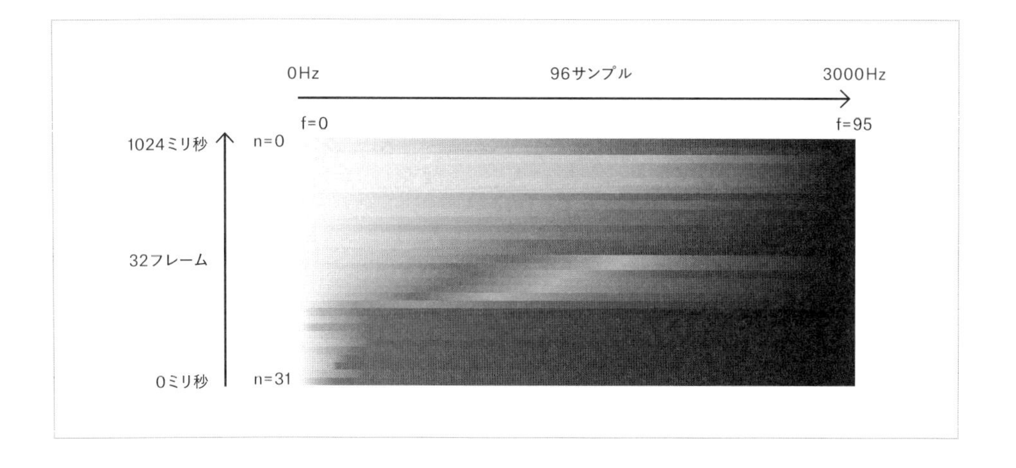

認識用スペクトログラムの生成

認識用のスペクトログラムを生成するスケッチは以下の場所にあります。サブコアのスケッチは変更なく、そのまま流用しています。

⇨ **メインコア用スケッチ**

Chap10/sketches/MainAudioSPC/MainAudioSPC.ino

⇨ **サブコア用スケッチ**

Chap10/sketches/SubDisp/SubDisp.ino

● **MainAudioSPC.ino**

```
void loop() {
  ... 省略（音のキャプチャとFFT処理）...
  // MIC-A/BのFFT演算結果の差分を計算
  const float alpha = 0.8;
  for (int f = 0;  f < FFT_LEN/2; ++f)  {
    float fval = pDstFG[f] - alpha*pDstBG[f];
    pDst[f] = fval < 0. ? 0. : fval;
  }
  averageSmooth(pDst); // データをスムース化
   // 音圧データのヒストグラム用バッファー
  static const int frames =  32;
  static float hist[frames];
  // スペクトログラム用バッファー
  static const int fft_samples = 96; // 3000Hz
  static float spc_data[frames*fft_samples];
```

```
  // ヒストグラムとスペクトログラムのデータをシフト
  for (int t = 1; t < frames; ++t) {
    float* sp0 = spc_data+(t-1)*fft_samples;
    float* sp1 = spc_data+(t  )*fft_samples;
    memcpy(sp0, sp1, fft_samples*sizeof(float));
    hist[t-1] = hist[t];
  }
  // 背景ノイズ低減後の音圧レベルの合計
  float sound_power_nc =  0;
  for (int f = 0; f < FFT_LEN/2; ++f) {
    sound_power_nc += pDst[f];
  }
  // 最新の音圧レベルデータをヒストグラムに追加
  hist[frames-1] = sound_power_nc;
  // 最新のFFT演算結果をスペクトログラムに追加
  float* sp_last = spc_data + (frames-1)*fft_samples;
  memcpy(sp_last, pDst, fft_samples*sizeof(float));

  ... 省略（データをサブコアに送信）...
}

void averageSmooth(float* dst) {
  static const int array_size = 4;
  static float pArray[array_size][FFT_LEN/2];
  static int g_counter = 0;
  if (g_counter == array_size) g_counter = 0;
  for (int i = 0; i < FFT_LEN/2; ++i) {
    pArray[g_counter][i] = dst[i];
    float sum = 0;
    for (int j = 0; j < array_size; ++j) {
      sum += pArray[j][i];
    }
    dst[i] = sum / array_size;
  }
  ++g_counter;
}
```

スペクトログラムの学習済モデルを生成する

ここでは、事前に準備したデータセットを使ってNeural Network Consoleで学習済モデルを生成します。データセットは筆者の声を使っています。ご自身の声でデータセットを作成する方法については、本章の最後を参照してください。

データセット

Chap10/nnc_dataset/spectro_recog.zip

Neural Network Consple プロジェクト

Chap10/nnc_project/ spectro_recog.sdcproj

データセットの構成

データセットは「開始」、「終了」、「次」の3つの音声のスペクトログラムのモノクロ画像が格納されています。フォルダー構成は次のとおりです。

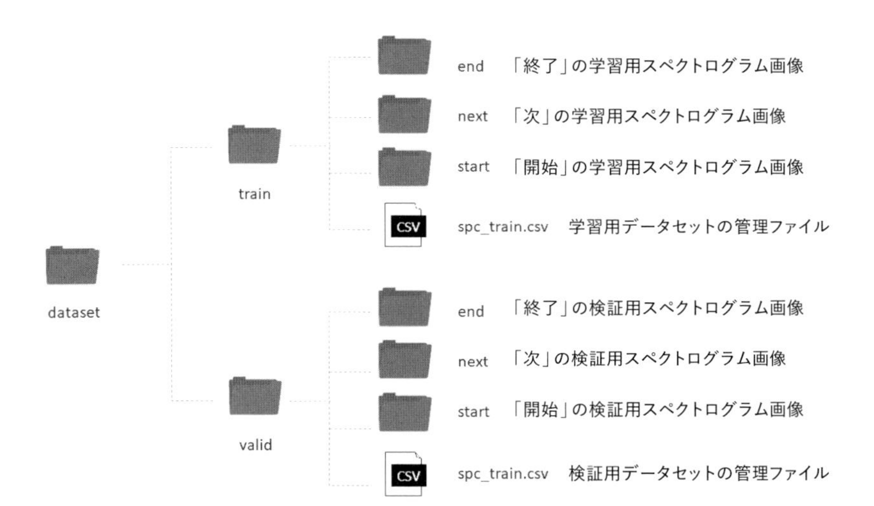

「train」フォルダーが学習用のデータセット、「valid」フォルダーが評価用の学習セットです。それぞれのフォルダー内にあるデータセット管理ファイルである「spc_train.csv」、「spc_valid.csv」をNeural Network Consoleから開いて登録してください（登録方法は4章を参照）。

データセットの画像は、認識用スペクトログラムの配列サイズとは異なります。時間軸フレーム数は16で周波数軸は48サンプルと、それぞれスペクトログラム配列の半分です。時間軸は音声データとして有効な中央の16フレーム（500ミリ秒）を抜き出し、周波数軸は2分の1に平均縮小しています。メモリー容量が限られるため、入力画像の特徴を損なわずにデータ量を小さくする工夫を加えています。

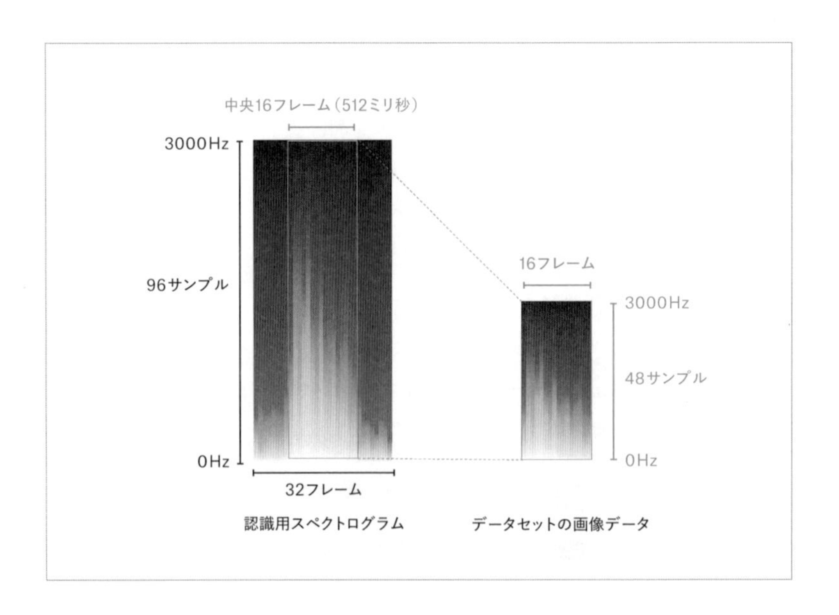

それぞれのデータのラベル番号とスペクトログラムの画像の対応は表のようになっています。認識の結果にはこのラベル番号が出力されます。

音声コマンド	フォルダー名	ラベル番号
「終了」	”end“	0
「次」	”next“	1
「開始」	“start”	2

ニューラルネットワークの構成

ニューラルネットワークは5章で紹介した畳み込みニューラルネットワークを応用します。スペクトログラム画像は16 ×48 ピクセルのモノクロ画像ですが、縦横の順番が逆なので、Inputレイヤーには(1, 48, 16)を指定してください。出力は「開始」、「終了」、「次」の3つの分類問題なので「Softmax」を使い、損失関数には「Categorical Cross Entropy」を使用します。

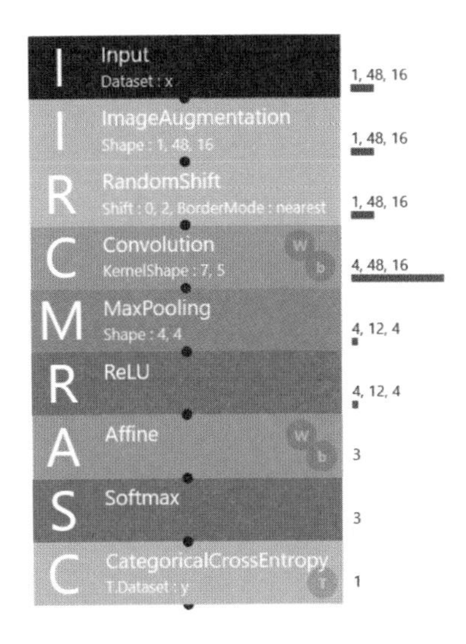

本ネットワークは、学習用データが少ないため、ImageAugmentation, RandomShift を用いてデータの水増しを行っています。スペクトログラムというグラフの性質上、縦方向(周波数)に変化を与えるパラメーターは必要ありません。画像の濃淡に関しては、音圧レベルに変動があることを考慮し、ブライトネス、コントラスト、ノイズを加えます。また多少のタイミングのゆらぎを考慮して、RandomShift は左右のみの変化を加えるようにします。

mageAugumentation パラメーター設定値

パラメーター	数値	コメント
Brightness	0.1	明るさを0.9から1.1倍でランダムに変更を加える
Contrast	1.2	コントラストは1/0.8～1/1.2倍でランダムに変更を加える
Noise	0.2	0から0.2の範囲でランダムにノイズを加える

RandumShift パラメーター設定値

パラメーター	数値	コメント
Shift	0, 2	左右に2ピクセルランダムにシフト

学習の結果

ImageAugmentation/RandomShiftの効果を最大限に有効活用してデータを水増しするため、Epoch数を300にしました。学習曲線は、データが少ないためか、やや特徴的な動きを示しますが、収束はしているようです。

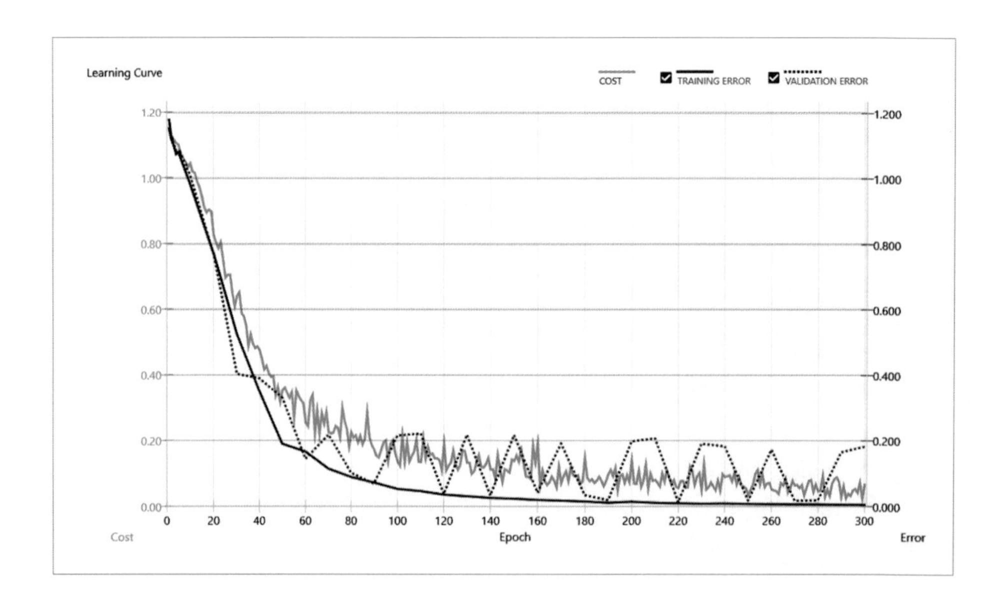

評価用データも各20点とあまり多くはないですが、正確さ（Accuracy）が98%と、かなり高い結果を得ることができました。これは音声コマンドの検出の部分で音声部分がうまく抽出できたことが寄与したものだと思います。

	y'__0	y'__1	y'__2	Recall
y:label=0	20	0	0	1
y:label=1	0	19	1	0.95
y:label=2	0	0	20	1
Precision	1	1	0.9523	
F-Measures	1	0.9743	0.9755	

Accuracy	0.9833
Avg.Precision	0.9841
Avg.Recall	0.9833
Avg.F-Measures	0.9833

学習済モデル（nnbファイル）は、評価結果画面から出力できます。詳細は4章をご参照ください。

音声コマンドの動作を確認する

Neural Network Consoleで出力した学習済モデルをSpresenseに組み込み、音声コマンド認識を実現します。スケッチならびに学習済モデルは以下の場所にあります。ここでは解説しませんが、認識結果をディスプレイに表示するようにサブコアのスケッチ（SubDispAI.ino）も変更しています。詳細についてはスケッチを参照してください。また、学習済モデルは筆者の声で作成しています。そのため動作確認用に筆者の声が必要になります。筆者の音声はvoice_command.zipに収録していますので、動作確認の際にご使用ください。

⇨ **メインコア用スケッチ**

Chap10/sketches/MainAudio/MainAudio.ino

⇨ **サブコア用スケッチ**

Chap10/sketches/SubDispAI/SubDispAI.ino

⇨ **学習済モデル**

Chap10/nnc_model/model.nnb

⇨ **テスト用データ**

Chap10/dnnrt_test/voice_command.zip

認識処理を追加する

音声コマンドの検出用のメインコアのスケッチに認識処理を追加していきます。学習済モデルに入力するデータ（DNNVariable）のサイズはスペクトログラムデータの最大値と最小値で、0.0-1.0に正規化する必要があります。

認識用スペクトログラム配列から入力データ（DNNVariable）に値を与えるときは、画像の向きが異なるのでデータの与え方に注意します。スペクトログラム配列は、横軸が周波数、縦軸が時間軸です。一方、学習モデルへの入力データは縦軸が周波数、横軸が時間軸です。したがって、入力データ（DNNVariable）に値を代入する際には、座標変換が必要です。注意が必要なのは、スペクトログラムのゼロ点座標が周波数0Hzなのに対して、入力画像は3000Hzがゼロ点座標となっている点です。周波数と配列の関係が逆転することにも注意して、データを代入していきます。

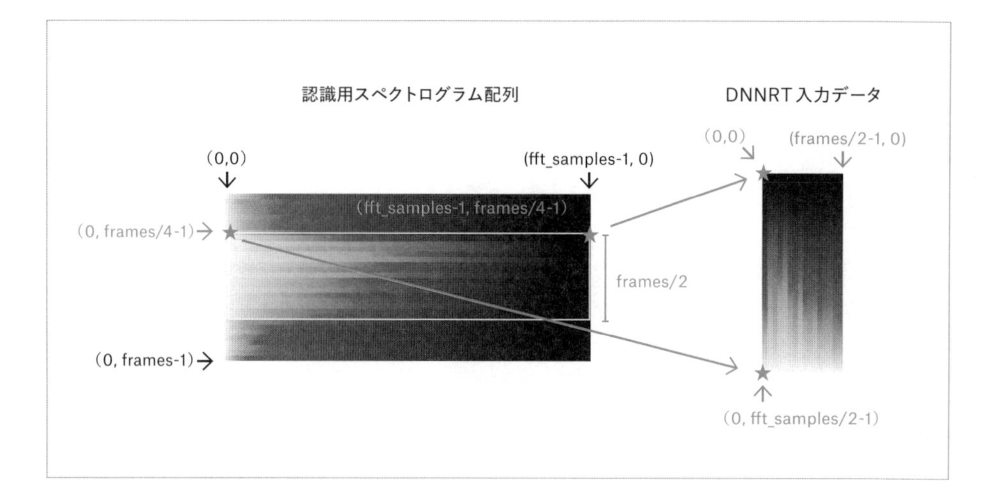

● MainAudioAI.ino

```
void loop() {
    ... 省略（録音、FFT、ヒストグラム、スペクトログラム処理）...
  int index = -1; // サブコアに渡す認識結果
  float value = -1; // サブコアに渡す認識結果の確からしさ
  // 前後半250ミリ秒(pre_area, post_area)が静寂閾値(silent_th)未満で
  // 中央500ミリ秒が音声閾値(sound_th)以上か判定
  if (pre_area < silent_th
    && target_area >= sound_th && post_area < silent_th) {
    // 多重判定にならないようヒストグラムをリセット
    memset(hist, 0, frames*sizeof(float));
    // ラベル用テキスト
    static const char label[3][8] = {"end", "next","start"};
    // DNNRTの入力データ用バッファー
    DNNVariable input(frames/2*fft_samples/2);

    // 正規化のために最大値、最小値を算出
    float spmax = FLT_MIN;
    float spmin = FLT_MAX;
    for (int n = 0; n < frames*fft_samples; ++n) {
      if (spc_data[n] > spmax) spmax = spc_data[n];
      if (spc_data[n] < spmin) spmin = spc_data[n];
    }
     // 横軸(周波数)x縦軸(時間)⇒横軸(時間)x縦軸(周波数)に変換
    float* data = input.data();
    int bf = fft_samples/2-1;
```

```
    for (int f = 0; f < fft_samples; f += 2) {
      int bt = 0;
      // 音声部分のみを抽出
      for (int t = frames/4; t < frames*3/4; ++t) {
        // スペクトログラムの最小値・最大値で正規化
        float val0 = (spc_data[fft_samples*t+f] - spmin)
                                    /(spmax - spmin);
        float val1 = (spc_data[fft_samples*t+f+1] - spmin)
                                    /(spmax - spmin);
        float val = (val0 + val1)/2;  // 2ラインの平均
        val = val < 0. ? 0. : val;
        val = val > 1. ? 1. : val;
        data[frames/2*bf+bt] = val;
       ++bt;
      }
     --bf;
    }

    theAudio->stopRecorder(); // レコーダーを一時停止
    // 認識処理
    dnnrt.inputVariable(input, 0);
    dnnrt.forward();
    DNNVariable output = dnnrt.outputVariable(0);
    // 結果出力
    index = output.maxIndex();
    value = output[index];
    theAudio->startRecorder(); // レコーダーを再開
  }
  ... 省略（サブコアにデータ送信） ...
}
```

音声コマンド認識を試してみる

動作確認には、本書ダウンロードドキュメント内の「voice_command.zip」の音声データをご使用ください。解凍すると「start.mp3」、「end.mp3」、「next.mp3」の3種類のMP3データができます。PCなどで再生し、Spresenseによる音声コマンド認識が動作するか試してみてください。

voice_command.zipの中身

ファイル名	フレーズ
start.mp3	"開始"
end.mp3	"終了"
next.mp3	"次"

スケッチを書き込むとスペクトログラムの表示が開始した時点で音声コマンドの検出処理が開始します。検出ならびに認識処理がうまく動作すると、「開始」の場合は「start」、「終了」の場合は「end」、「次」の場合は「next」の文字が画面に現れます。数字は、認識結果の確からしさを示しています。なお、ノートPCの内蔵スピーカーなど低音域の出力が不十分なスピーカーでは、「次」を認識しづらくなります。低音域が十分に出力できるスピーカーをお使いください。

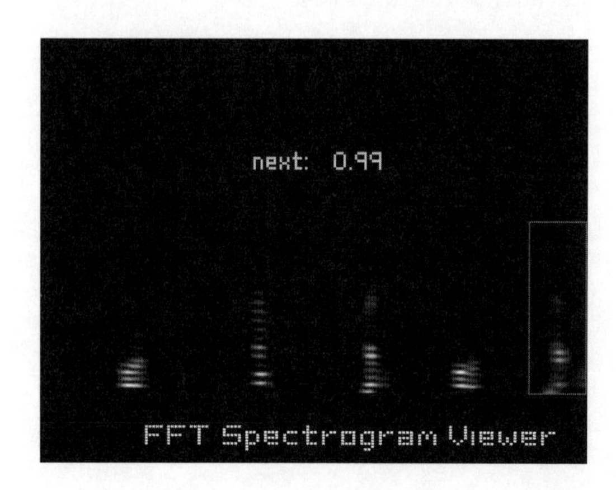

学習データの収集

今回使用したデータセットは筆者の声を使用しているため、読者の声で試すと十分な結果が得られなかったかもしれません。汎用的な音声コマンドを実現するには、さまざまな人の声を使ってデータセットを作るのが望ましいですが、そこまで準備をするのは現実的には難しいです。ここでは、ご自身の声でデータセットを作る方法について解説します。使用するスケッチは次の場所にあります。

⇨ **メインコア用スケッチ**

Chap10/sketches/MainAudioCollection/ MainAudioCollection.ino

⇨ **サブコア用スケッチ**

Chap10/sketches/SubDisp/SubDisp.ino

認識処理を画像出力処理に置き換える

スペクトログラム画像を出力するためのスケッチは、音声コマンド認識スケッチ（MainAudioAI.ino）の認識処理部分を画像出力処理に入れ替えることで実現できます。画像出力にはBMP画像ライブラリを使用します。BMP画像ライブラリは本書ダウンロードドキュメントの以下の場所にあります。

⇨ Libraries/BmpImage_ArduinoLib_master.zip

ニューラルネットワークの構成は、横軸が時間軸、縦軸が周波数軸なので、DNNRTへの入力データを設定したときのように、90度回転しながら認識用スペクトログラムの中央部のみを切り出して縦軸を2分の1に平均縮小します。詳細は、前節の「認識処理を追加する」を参照してください。

BMP画像のSDカードへの保存処理は音声コマンド検出処理の中に記述します。MainAudioAI.inoで認識処理を記述した部分です。スペクトログラムデータは0.0-1.0の値に正規化し、グレースケールの画像データ（0-255）に変換して保存します。

● **MainAudioAI.ino**

```
#include <float.h> // FLT_MAX, FLT_MINの定義ヘッダ
#include <BmpImage.h>
BmpImage bmp;

void loop() {
```

```
    ... 省略（録音、FFT、ヒストグラム、スペクトログラム処理）...
  // 前後半250ミリ秒が静寂閾値未満で
  // 中央500ミリ秒が音声閾値以上か判定
  if (pre_area < silent_th &&
   target_area >= sound_th && post_area < silent_th) {
    // 多重判定にならないようヒストグラムをリセット
    memset(hist, 0, frames*sizeof(float));

    uint8_t bmp_data[frames/2*fft_samples/2]; // BMP用バッファー
    // 正規化のために最大値、最小値を算出
    float spmax = FLT_MIN;
    float spmin = FLT_MAX;
    for (int n = 0; n < frames*fft_samples; ++n) {
      if (spc_data[n] > spmax) spmax = spc_data[n];
      if (spc_data[n] < spmin) spmin = spc_data[n];
    }
    // 周波数:横軸 x 時間:縦軸 を 時間:横軸 x 周波数:縦軸に変換
    int bf = fft_samples/2-1;
    for (int f = 0; f < fft_samples; f += 2) {
      int bt = 0;
      for (int t = frames/4; t < frames*3/4; ++t) {
        // スペクトログラムの最小値・最大値で正規化
        float val0 = (spc_data[fft_samples*t+f]-spmin)
                    /(spmax-spmin);
        float val1 = (spc_data[fft_samples*t+f+1]-spmin)
                    /(spmax-spmin);
        float val = (val0 + val1)/2*255.;  // 2ラインの平均
        val = val <  0  ?  0  : val;
        val = val > 255 ? 255 : val;
        bmp_data[frames/2*bf+bt] = (uint8_t)val;
        ++bt;
      }
      --bf;
    }

    // SDカード書き込みのためにレコーダーを一時停止
    theAudio->stopRecorder();

    static int n = 0; // ファイル名につける追番
    char fname[16]; memset(fname, 0, 16);
    sprintf(fname, "%03d.bmp", n++); // ファイル名生成
```

```
    if (SD.exists(fname)) SD.remove(fname); // ファイルがあったら削除
    File myFile = SD.open(fname, FILE_WRITE); // ファイルをオープン
    bmp.begin(BmpImage::BMP_IMAGE_GRAY8,
        frames/2, fft_samples/2, bmp_data);     // BMP画像を生成
    // 画像を書き込み
    myFile.write(bmp.getBmpBuff(), bmp.getBmpSize());
    myFile.close(); // ファイルを構造
    bmp.end(); // メモリー解放
    Serial.println("save image as " + String(fname));

    theAudio->startRecorder(); // レコーダーを再開
  }
```

スペクトログラム画像をデータセットにする

取得した画像は、それぞれの音ごとにフォルダーに分類し、データセット管理ファイルを作成します。データセット管理ファイルは、それぞれの画像へのパスとラベルの対応を記述したテキストファイルです。管理ファイルのヘッダーの「:」に続いて、アルファベットの短い任意の名称を付けます。詳細は4章を参照してください。

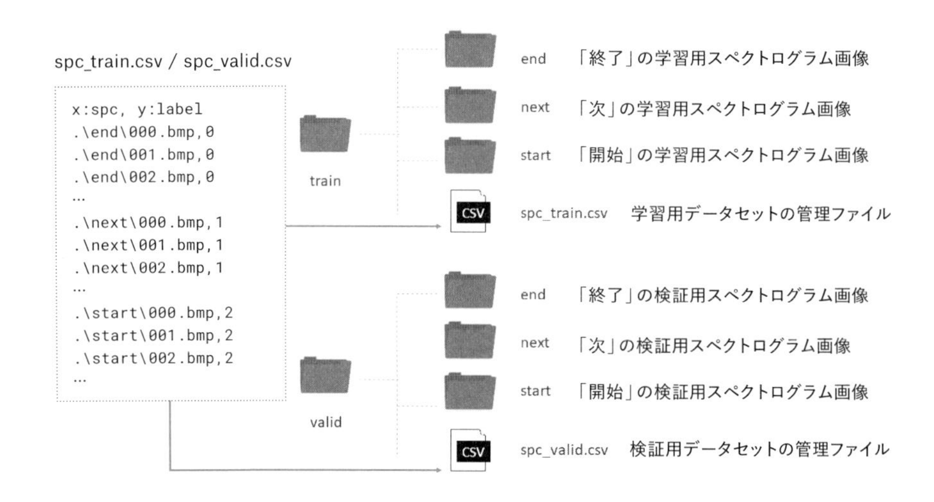

完成したらNeural Network Consoleで管理ファイルを開いてデータセットを登録すると利用できるようになります。ぜひご自身の声で音声コマンド認識を試してみてください。

11 加速度・ジャイロセンサーを使ったモーション認識

ここまで画像や音声とAIを活用した事例を紹介してきました。
最後は、センサーを使ったモーション認識について紹介します。
センサーは多くの誤差を含み、認識に影響を与えるため、
センサーフュージョンで誤差を低減します。
センサーフュージョンで求めた回転速度の時系列データを用いて、
モーションを認識します。

加速度・ジャイロセンサーでジェスチャーを認識させる

センサーには3軸加速度・3軸ジャイロセンサーを使います。今回は腕に装着するために拡張ボードは使用せず、メインボードに加速度・ジャイロセンサーを付けて実験します。ジェスチャーは、次の3つを認識させることにします。

[1] 腕をツイストする動作(シングルツイスト)
[2] 腕を2回ツイストする動作(ダブルツイスト)
[3] Spresenseを2回叩く動作(ダブルタップ)

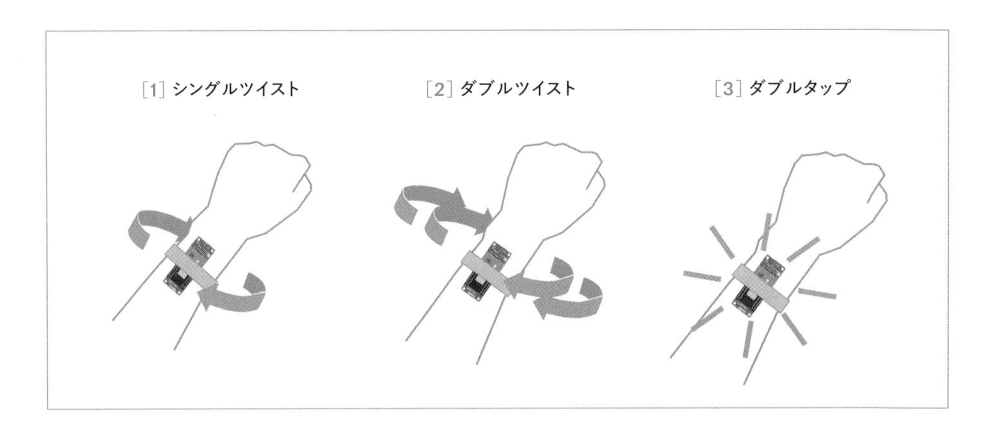

加速度・ジャイロセンサーにはSpresenseのアドオンボードとして発売されているボッシュ社のBMI160を使います。Spresenseは、Arduinoライブラリが用意されている加速度・ジャイロセンサーを活用できます。今回は携帯性を重視し、Spresenseメインボードに装着できる次のアドオンボードを使います。

Bosch社製BMI160 アドオンボード

「SPRESENSE用3軸加速度・3軸ジャイロ・気圧・温度センサー アドオンボード」は、次の2つのBosch Sensortec製のセンサーが搭載された小型のアドオンボードです。

- BMI160（3軸加速度・3軸ジャイロ）
- BMP280（気圧・温度センサー）

今回の実験では、BMP280は使用しません。仕様ならびに使用方法については、メーカーのサイトを参照してください。

https://www.switch-science.com/catalog/5258/

ここでは、次の順序でジェスチャー認識を実現していきます。

〈 解説の流れ 〉

1. システムの構成
2. 加速度・ジャイロセンサーで角度を測定する
3. ジェスチャー認識開始のトリガーを設定する
4. 学習済モデルを生成する
5. ジェスチャー認識を試してみる
6. 学習データの収集

システムの構成

今回使用するのは、Spresenseメインボード、加速度・ジャイロセンサーアドオンボード、自作USBボタン電池電源です。自作USBボタン電池電源の製作手順を簡単に説明します。なお、製作、使用は自己責任で行ってください。

また、腕に装着する際は、Spresenseメインボードと腕の間に厚紙などを敷き、肌が傷つかないように保護をしてください。Spresenseメインボードの裏面にはソケットピンのハンダ面やUSBコネクタなどの突起物がありますので、肌を傷つける恐れがあります。

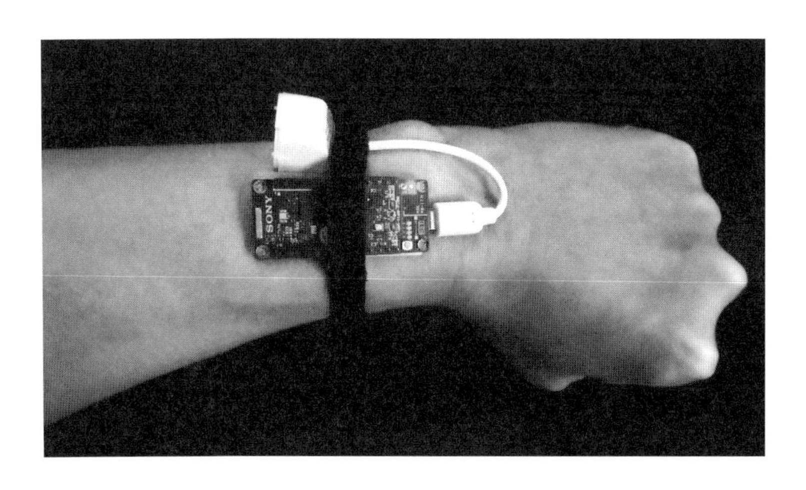

ジェスチャー認識システムで用意するもの

1. Spresenseメインボード
2. BMI160アドオンボード
3. 自作USBボタン電池電源

自作USBボタン電池電源の製作

電子工作は手順や接続を間違えるとSpresenseメインボードを壊す原因になるだけでなく、怪我をすることもあるので十分に注意して作業してください。なお、本節の説明はあくまで一例であり、動作を保証するものではないことをご留意ください。

Spresenseメインボードの電源にLR44型のアルカリボタン電池を3つ使用します。小さく軽くすることがポイントです。ボタン電池の電圧は1.5Vなので、3つで4.5Vになります。ケースは通販で入手したものを利用しました。4.5VはUSBでぎりぎり動かせる範囲ですが、Spresenseメインボードであれば十分動作させることが可能です。ただし、ボタン電池の電流供給能力が低いため連続稼働時間は1時間ほどです。

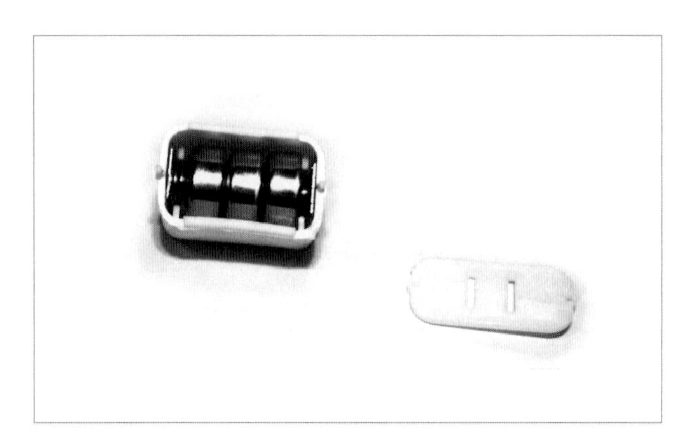

百円ショップなどで入手できる充電専用のUSBケーブルを切断し、このケースの電極にハンダ付けします。プラスとマイナスの接続に注意してください。ワイヤーと電池ケースの電極の接合部は非常にもろいので、グルーなどで固めておくとよいでしょう。

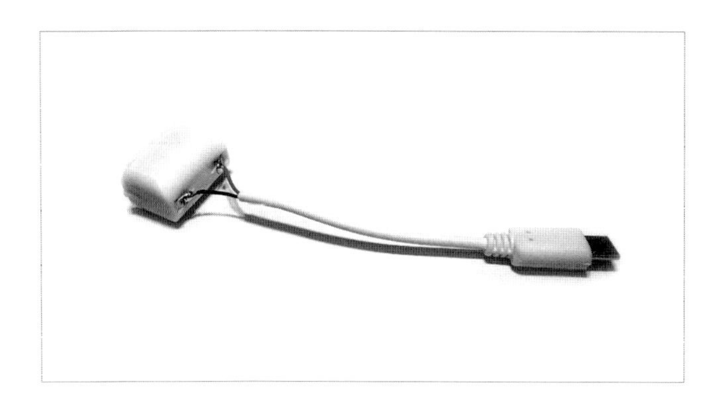

加速度・ジャイロセンサーで角度を測定する

加速度センサーとジャイロセンサーの使い方について解説します。加速度センサーは、XYZの3方向の加速度を出力します。一方ジャイロセンサーは、XYZの回転角の速度である角速度を出力します。出力の単位が加速度と角速度とでは異なりますので注意してください。

ジェスチャー認識はさまざまな方法がありますが、今回はセンサーの座標軸を中心とした回転角を使って検出します。センサーの座標軸は重力方向を基準とした絶対座標軸ではなく、下図で示すように、センサーを基準とした座標を使います。センサーの座標をXYZとしたときのそれぞれの回転角をロール（Roll）、ピッチ（Pitch）、ヨー（Yaw）と呼びます。

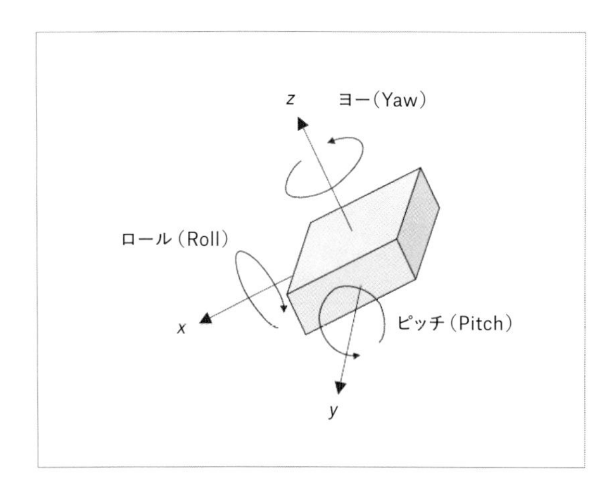

加速度センサーで角度を算出することもできます。重力は常に下方向に加速度を示すので、各軸の加速度から重力との方向の傾きを得ることができます。物体が静止していれば演算した角度は信頼できますが、現実には物体の細かい動きが各軸の加速度に紛れ込むため、演算結果は不規則な動きを示します。そこで、ローパスフィルターに通すことで、おおよその角度を得ることができます。

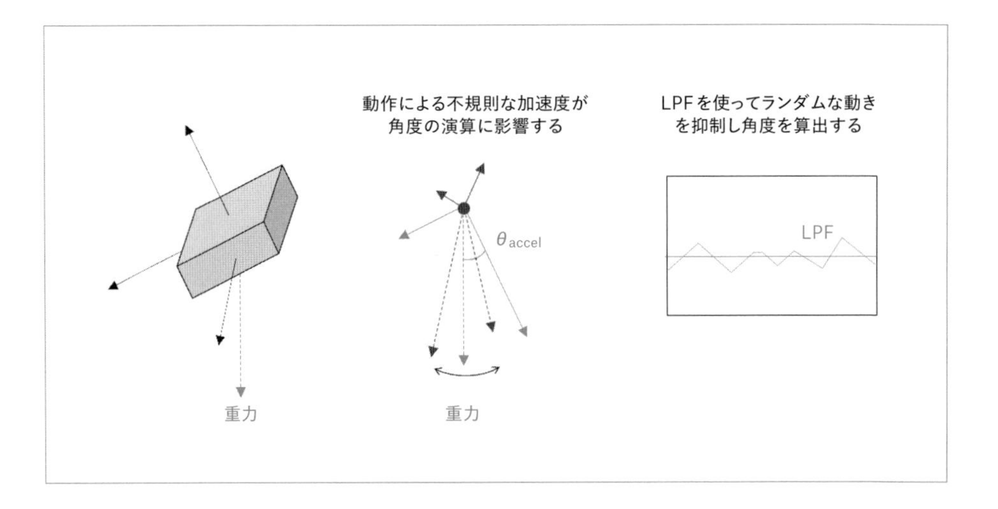

ジャイロは、検出した角速度を時間積分することで角度を得ることができます。ただし、ジャイロセンサーはドリフトと呼ばれる誤差が発生します。ドリフトとは、同じ角度に戻しても元の数値にならないことです。例えば、0°から30°傾けて、次に-30°動かしても演算結果は3°になるなど、0°に戻らないことがあります。これは、積分の過程でドリフト誤差が蓄積されてしまい、無視できない大きさになるからです。ハイパスフィルターを使うことでドリフト誤差は抑制できますが、積分した量はキャンセルされて、結果的に変位しかわからなくなってしまいます。

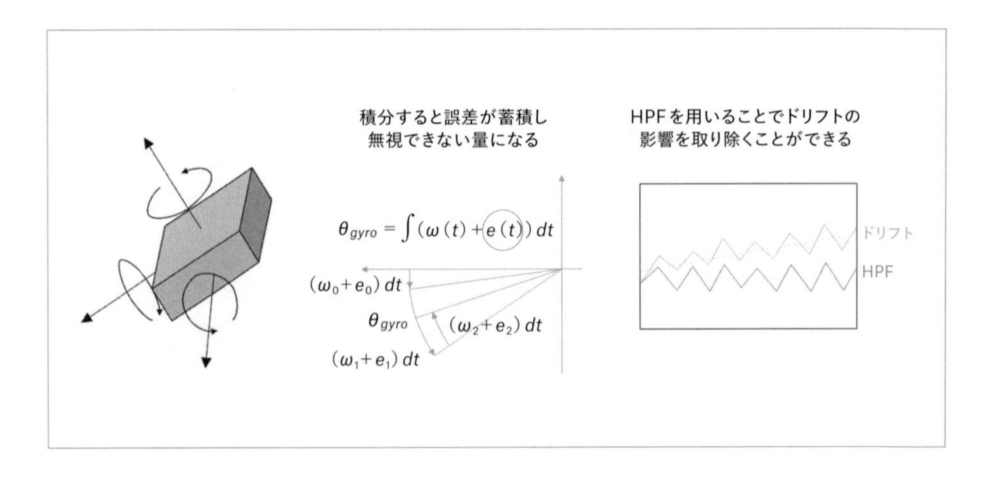

この2つのセンサー出力をフィルターで相互に補完すると、ある程度信頼できる角度を得ることができます。その手法をComplementary Filter（補完的フィルター）と呼びます。Complementary Filterをダイアグラムで表すと次のようになります。

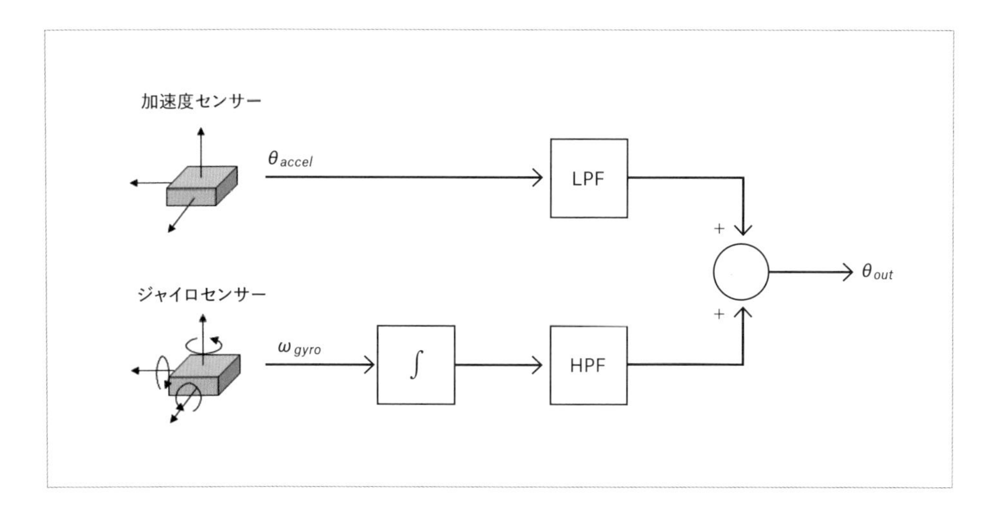

加速度センサーとジャイロの結果を使用するこの方式は、演算に重力を使うのでX軸の回転（Roll）とY軸の回転（Pitch）にしか使えません。Z軸の回転（Yaw）は重力が利用できないため、今回は使用しません。

加速度センサーとジャイロセンサーで角度を得る

加速度センサーで角度を得るには重力を基準とするため、センサーの向きに制限が加わります。今回はセンサーが上向き（Z軸が上向き）であることを前提として演算式を導出します。操作をするときはSpresenseを上向きにする工夫が必要になります。

回転角は、X軸方向の回転角「ロール」とY軸方向の「ピッチ」を算出します。加速度を使って角度を得る演算式を導出するのはやや厄介です。まず、一軸を固定した状態で回転した場合のX軸、Y軸、Z軸について考えます。

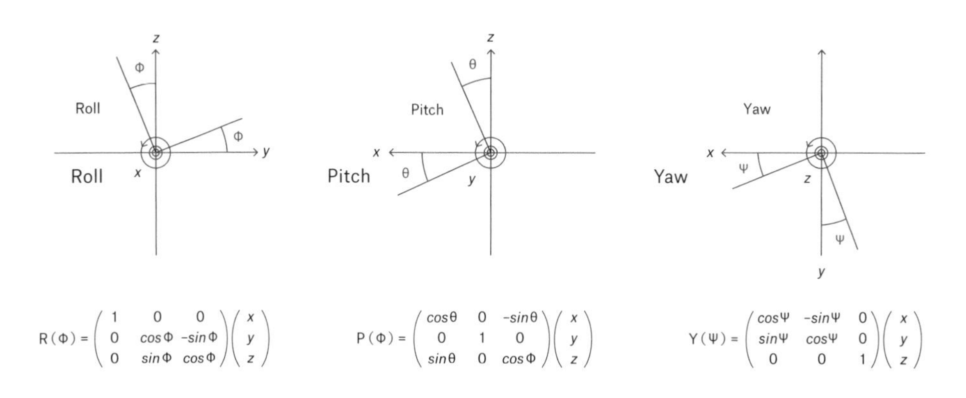

$$R(\Phi) = \begin{pmatrix} 1 & 0 & 0 \\ 0 & \cos\Phi & -\sin\Phi \\ 0 & \sin\Phi & \cos\Phi \end{pmatrix} \begin{pmatrix} x \\ y \\ z \end{pmatrix}$$

$$P(\Phi) = \begin{pmatrix} \cos\theta & 0 & -\sin\theta \\ 0 & 1 & 0 \\ \sin\theta & 0 & \cos\Phi \end{pmatrix} \begin{pmatrix} x \\ y \\ z \end{pmatrix}$$

$$Y(\Psi) = \begin{pmatrix} \cos\Psi & -\sin\Psi & 0 \\ \sin\Psi & \cos\Psi & 0 \\ 0 & 0 & 1 \end{pmatrix} \begin{pmatrix} x \\ y \\ z \end{pmatrix}$$

3軸がそれぞれ回転した際の座標系は上記の行列の合成と考えることができます。今回は重力だけを考えればよいので行列に与える値は(0, 0, 1)となり、式を単純化できます。次の導出式からロール(Φ)とピッチ(θ)を求められます。

$$\Phi = tan^{-1}\frac{a_y}{a_z}$$

$$\theta = tan^{-1}\frac{-a_x}{\sqrt{a_y^2 + a_z^2}}$$

$$\frac{1}{|a|}\begin{pmatrix} a_x \\ a_y \\ a_z \end{pmatrix} = R(\Phi)P(\theta)Y(\Psi)\begin{pmatrix} 0 \\ 0 \\ 1 \end{pmatrix} = \begin{pmatrix} -sin\theta \\ cos\Theta sin\Phi \\ cos\Theta cos\Phi \end{pmatrix}$$

$$tan\Phi = \frac{sin\Phi}{cos\Phi} = \frac{cos\Theta sin\Phi}{cos\Theta cos\Phi} = \frac{a_y}{a_z} \qquad \text{Roll} \qquad \therefore \Phi = tan^{-1}\frac{a_y}{a_z}$$

$$tan\Theta = \frac{sin\Theta}{cos\Theta} = \frac{sin\Theta}{cos\Theta(sin\Phi sin\Phi + cos\Phi cos\Phi)}$$

$$= \frac{-a_x}{a_y sin\Phi + a_z cos\Phi} = \frac{-a_x}{\frac{a_y^2}{cos\theta} + \frac{a_z^2}{cos\theta}}{}^{*}$$

$$= \frac{-a_x}{\sqrt{a_y^2 + a_z^2}} \qquad \text{Pitch} \qquad \therefore \Phi = tan^{-1}\frac{-a_x}{\sqrt{a_y^2 + a_z^2}}$$

*

$$cos\theta = \frac{a_y^2}{cos\theta} + \frac{a_z^2}{cos\theta}$$

$$cos\theta^2 = a_y^2 + a_z^2$$

$$cos\theta = \sqrt{a_y^2 + a_z^2}$$

$$1g = |a| = \sqrt{a_x^2 + a_y^2 + a_z^2}$$

Complementary Filterを使って精度を上げる

Complementary Filter は、加速度による角度の演算結果とジャイロによる角度の演算結果をローパスフィルターとハイパスフィルターを通して合成するフィルターです。Complementary Filterを伝達関数で表現すると次のようになります。ここでの fc はローパスフィルター、ハイパスフィルターのカットオフ周波数です。

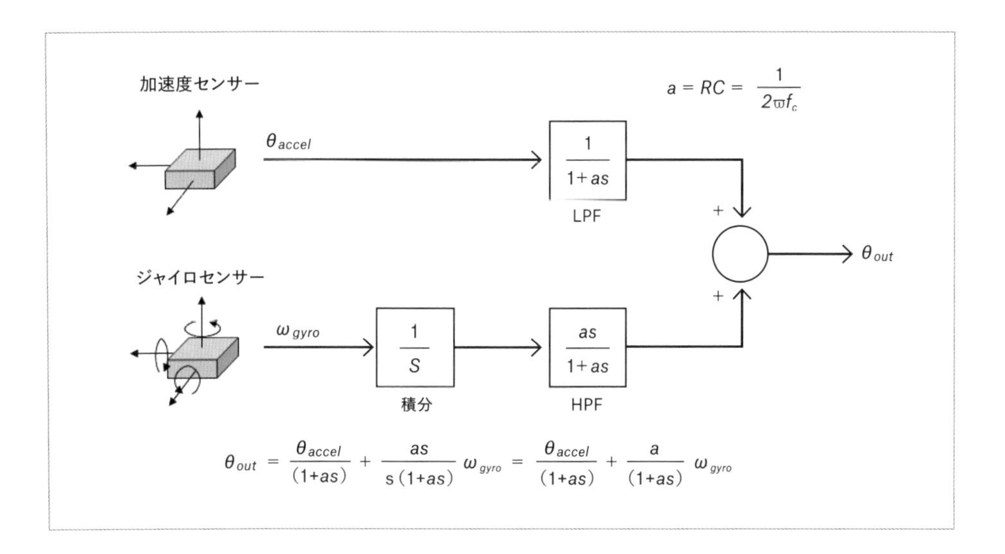

この式に対して逆ラプラス変換を行い、サンプリング周期で微分値を近似するとComplementary Filter は次の数式で表すことができます。

$$\theta_{out}(1+as) = \theta_{accel} + a\omega_{gyro}$$

↓ 逆ラプラス変換

$$\theta_{out}(t) + a\frac{d\theta_{out}(t)}{dt} = \theta_{accel}(t) + a\omega_{gyro}(t)$$

↓ サンプリング間隔で近似 $\frac{d\theta(t)}{dt} = \frac{\theta(n)-\theta(n-1)}{\Delta T}$　　ΔT：サンプリング間隔

$$\theta_{out}(n) + a\frac{\theta_{out}(n)-\theta_{out}(n-1)}{\Delta T} = \theta_{accel}(n) + a\omega_{gyro}(n)$$

↓ 式を変形

$$\theta_{out}(n) = \alpha\{\theta_{out}(n-1) + \omega_{gyro}(n)\Delta T\} + (1-\alpha)\theta_{accel}(n)$$ ここで、$\alpha = \frac{a}{a+\Delta T}$

αの値は、サンプリング間隔ΔTと常数aで決まります。常数aは、$1/(2\pi fc)$のため、ローパス、ハイパスフィルターのカットオフ周波数で決まります。例えば、サンプリング間隔を5ミリ秒(200Hz)、カットオフ周波数を2Hzとするとαの値は次のようになります。

$$\alpha = \frac{a}{a+\Delta T} = \frac{1}{1+2\pi f_c \Delta T} = \frac{1}{1+2\pi 2 * 0.005} = 0.94$$

最終的に、Complementary Filterは次のような単純な式になりました。実験には本数式を用います。

$$\theta_{out}(n) = 0.94\left\{\theta_{out}(n\text{-}1) + \theta_{gyro}(n)\right\} + 0.06\,\theta_{accel}(n)$$

BMI160とComplementary Filterで角度を出力するスケッチ

BMI160のArduino用Library は次のサイトからダウンロードできます。ダウンロードしたZIPファイルをArduino IDEの「メニュー」→「スケッチ」→「.ZIP形式のライブラリをインストール」を選択してインストールしてください。

⇨ https://github.com/hanyazou/BMI160-Arduino

スケッチは効果が確認できるように、Complementary Filterの演算結果だけでなく、ジャイロを積分した結果、ならびに加速度による演算結果も出力しています。

● **Spresense_BMI160.ino**

```
#include <BMI160Gen.h>
// センサー出力更新周期: 25,50,100,200,400,800,1600 (Hz)
const int sense_rate = 200;
// ジャイロセンサー範囲: 125, 250,500,1000,2000 (deg/s)
const int gyro_range = 500;
// 加速度センサー範囲: 2,4,8,16 (G)
const int accl_range = 2;
// Complementary Filter設定値
const float alpha = 0.94;
// センサー出力値の16bit整数(±32768)を浮動小数点に変換
inline float convertRawGyro(int gRaw) {
  return gyro_range * ((float)(gRaw)/32768.0);
}
inline float convertRawAccel(int aRaw) {
  return accl_range *((float)(aRaw)/32768.0);
}
// ラジアン(rad)から角度(° )に変換
inline float rad_to_deg(float r) { return r*180./M_PI; }
void setup() {
  Serial.begin(115200);
  // I2CモードでBMI160を開始
  BMI160.begin(BMI160GenClass::I2C_MODE);
```

```
  // ジャイロセンサーの範囲を設定
  BMI160.setGyroRange(gyro_range);
  // 加速度センサーの範囲を設定
  BMI160.setAccelerometerRange(accl_range);
  // ジャイロセンサーの更新周期を設定
  BMI160.setGyroRate(sense_rate);
  // 加速度センサーの更新周期を設定
  BMI160.setAccelerometerRate(sense_rate);  // 200Hz
  Serial.println("gyro,accel,comp");
}

void loop() {
  static unsigned long last_msec = 0;
  int rollRaw, pitchRaw, yawRaw; // ジャイロセンサー出力値
  int accxRaw, accyRaw, acczRaw; // 加速度センサー出力値
  static float gyro_roll = 0; // ジャイロによるロール角度
  static float gyro_pitch = 0; // ジャイロによるピッチ角度
  static float cmp_roll = 0; // フィルターによるロール角度
  static float cmp_pitch = 0; // フィルターによるピッチ角度

  // 経過時間を測定
  unsigned long curr_msec = millis();
  float dt = (float)(curr_msec - last_msec)/1000.0;
  last_msec = curr_msec;
  if (dt > 0.1) return;

  // ジャイロと加速度の値をセンサーから取得
  BMI160.readGyro(rollRaw, pitchRaw, yawRaw);
  BMI160.readAccelerometer(accxRaw, accyRaw, acczRaw);

  // 取得値を16bit整数から浮動小数点に変換
  float omega_roll  = convertRawGyro(rollRaw);
  float omega_pitch = convertRawGyro(pitchRaw);
  float accel_x = convertRawAccel(accxRaw);
  float accel_y = convertRawAccel(accyRaw);
  float accel_z = convertRawAccel(acczRaw);
  // ジャイロによる角度を算出
  gyro_roll  += omega_roll*dt;
  gyro_pitch += omega_pitch*dt;
  float acc_roll  = rad_to_deg(atan2(accel_y, accel_z));
  float acc_pitch = rad_to_deg(
```

```
    atan2(-accel_x, sqrt(accel_y*accel_y+accel_z*accel_z)));
  // Complementary Filterによるロール・ピッチ算出
  cmp_roll = alpha*(cmp_roll+omega_roll*dt)
             + (1-alpha)*acc_roll;
  cmp_pitch = alpha*(cmp_pitch+omega_pitch*dt)
             + (1-alpha)*acc_pitch;
  // ジャイロ、加速度、フィルターの演算結果を出力
  Serial.println(String(gyro_roll,6)
    +","+String(acc_roll,6)+","+String(cmp_roll,6));
  delay(1000/sense_rate); // データ出力まで待つ
}
```

Complementary Filterの効果を確認する

ジャイロ、加速度、Complementary Filterの回転角の演算結果を比較してみます。ジャイロは時間が経過していくと、次第にズレが大きくなっています。これはドリフト誤差が蓄積した結果によるものです。

一方、加速度による回転角の出力は重力を基準としているのでドリフトのような誤差はありませんが、出力はかなりノイズがのっています。

Complementary Filterの出力は加速度のノイズ成分が抑制されつつ、またジャイロのドリフト誤差もなくなっています。単純な演算ですが非常に効果的な手法であることがわかるでしょう。

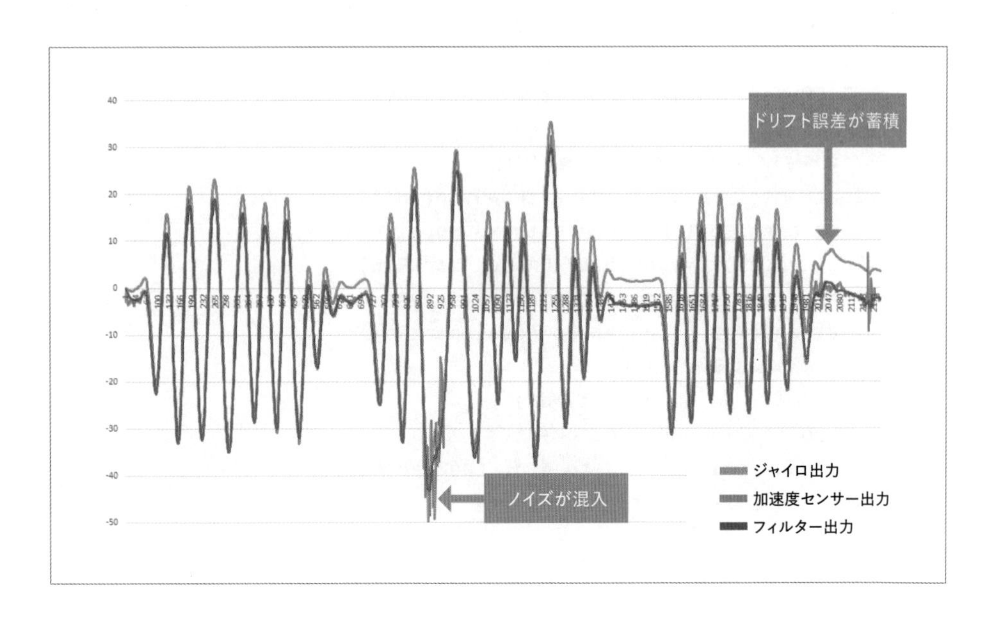

ジェスチャー認識開始のトリガーを設定する

認識処理するためのトリガーについて検討します。今回は腕を1回ツイストする「シングルツイスト」、2回ツイストする「ダブルツイスト」、2回タップの「ダブルタップ」の2種類のジェスチャーを認識させます。採用しているアルゴリズムの関係上、Z軸は上向きである必要があるため、実験をするときはSpresenseは腕に着け、腕時計を見るように覗き込みながら操作するようにしてください。

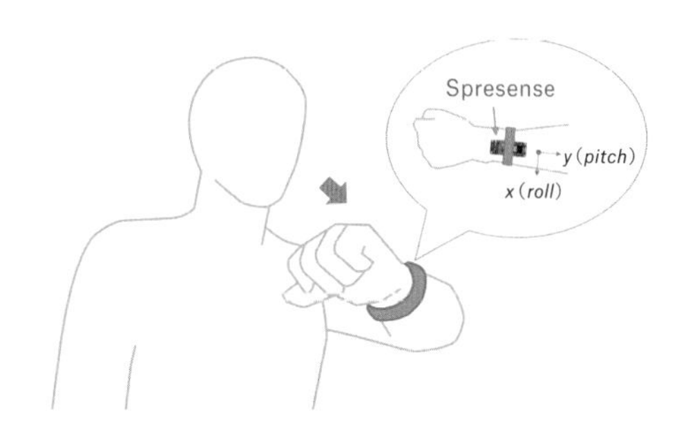

閾値(トリガー)を設定する

データを取得し、それらのジェスチャーの角度変化の特性を見てみます。グラフを見てもわかるとおり、シングルツイスト、ダブルツイストは十分大きく角度が変位していますが、ダブルタップの変化はわずかで、同じ閾値で判定することができません。また、シングルツイスト、ダブルツイストも操作開始時の角度のオフセットにばらつきがあるため、閾値で検出することを難しくしています。

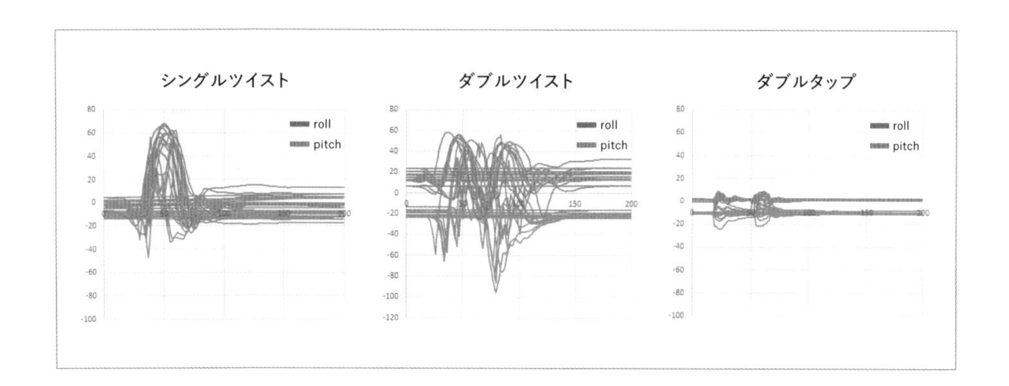

しかし、データをよく観察するとツイストの変化は山なりで、タップの変化は急峻です。つまり、回転速度で比較すれば物理量として比較対象になりそうです。また、動作開始時の角度のオフセットも、回転速度であればキャンセルできます。そこで、ロールとピッチの回転速度を見てみることにしました。ここでは、直感的にわかりやすいように速度をRPM(回転数/分)に変換して表現しています。

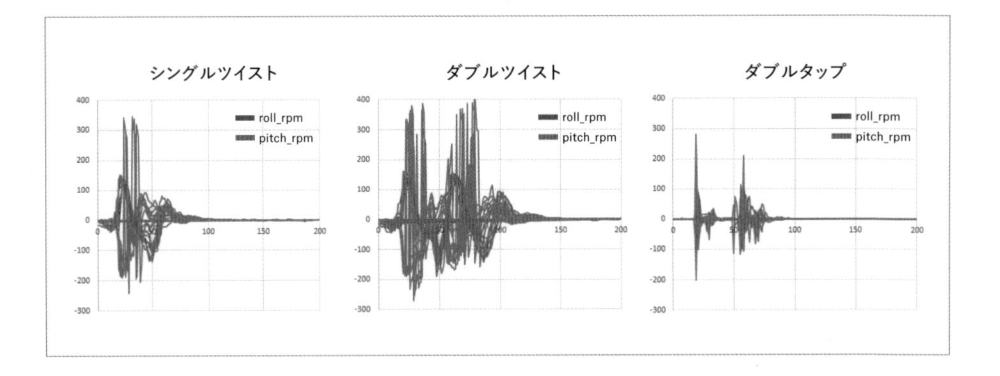

ジェスチャーの動きからも想像できますが、ツイストのロールの動きはかなりランダムです。一方、ピッチのデータはきれいな傾向を示しています。また、ダブルタップはロールの変化が顕著に表れています。タップは上下方向の動きとなるため、ピッチよりもロールの変化のほうが大きいためです。

したがって、認識処理を開始するきっかけとなるトリガーの設定は、ロールとピッチの両方を見ていく必要があります。このグラフから閾値は±80〜±100rpm がよさそうです。また変位を見る位置はジェスチャー開始から20サンプル（100ミリ秒）の位置で80rpmを超えていることがわかります。

ジェスチャー開始から100ミリ秒の位置で±80rpmを超えたかどうかを見ることでジェスチャーが行われたかどうか検知できそうです。

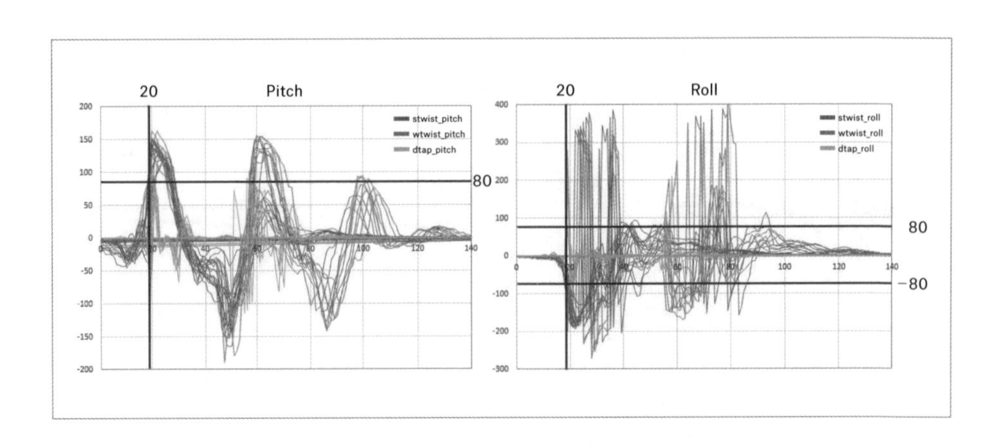

トリガーを追加したスケッチを作成する

スケッチはBMI160の動作確認を行った「Spresense_BMI160.ino」にコードを追加していきます。トリガーを追加したスケッチは本書ダウンロードドキュメントの次の場所に収録しているので確認にお使いください。

⇨ Chap11/sketches/Srepsense_BMI160_trigger/Spresense_BMI160_trigger.ino

このスケッチのフローチャートを右に示します。ここでは、それぞれの処理についてプログラムを交えて解説します。

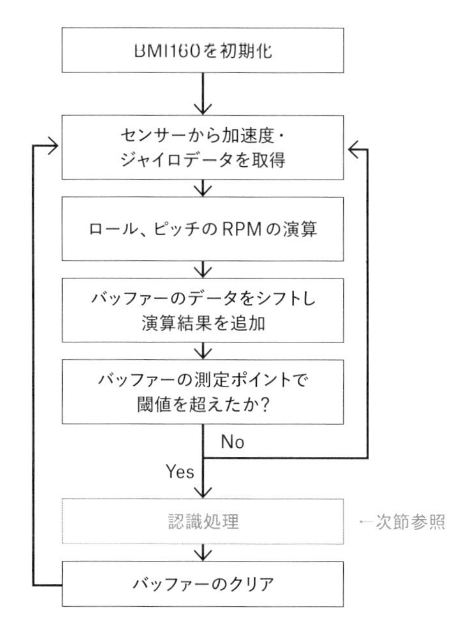

RPMは前の角度と現在の角度の差を経過時間で割ることで回転速度が得られるので、それを60倍して360度で割ることで算出します。

● Spresense_BMI160_trigger.ino

```
// 回転速度をRPM(revolutions per minute)に変換
inline float angv_to_rpm(float avel) {
  return avel*60/360.; // 60秒/360°
}
... 省略 ...
void loop() {
  ... 省略（センサーの読み込みと角度算出）...
  // Complemetary Filter でロール、ピッチを算出
  cmp_roll = alpha*(cmp_roll+omega_roll*dt)
           + (1-alpha)*acc_roll;
```

```
  cmp_pitch = alpha*(cmp_pitch+omega_pitch*dt)
           + (1-alpha)*acc_pitch;
  // ロール、ピッチのRPMを算出
  float rpm_cmp_roll  = angv_to_rpm(
    (cmp_roll - last_cmp_roll)/dt);
  float rpm_cmp_pitch = angv_to_rpm(
    (cmp_pitch - last_cmp_pitch)/dt);
  last_cmp_roll  = cmp_roll;
  last_cmp_pitch = cmp_pitch;
  .. 省略 ...
  delay(1000/sense_rate); // データ出力まで待つ
}
```

バッファーは1秒ぶん（200サンプル）を確保しています。新しいデータが来るたびにバッファーをシフトし、最新のデータをバッファーの最後に追加します。トリガーは先ほどの考察から、20サンプルの時点の変化を見ればよいので、20サンプルの前後19サンプルと21サンプルの間に設定した閾値を超えたかどうかで判定します。

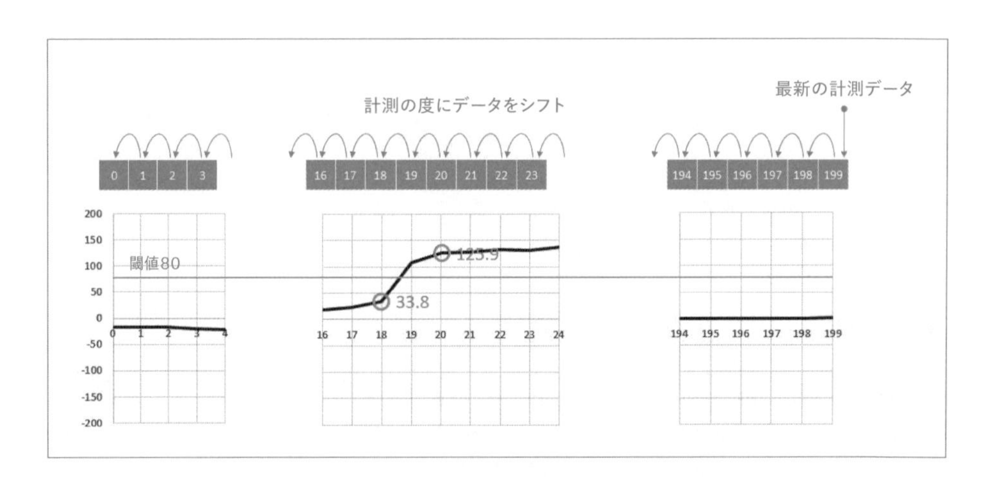

● Spresense_BMI160_trigger.ino

```
void loop() {
  … 省略（センサーの読み込みとRPMの計算） …
  // バッファーを確保
  static float rpm_roll[sense_rate];
  static float rpm_pitch[sense_rate];
  // データをシフト
  for (int n = 1; n < sense_rate; ++n) {
    rpm_roll[n-1]  = rpm_roll[n];
    rpm_pitch[n-1] = rpm_pitch[n];
  }
  // 最新の計測データを最後尾に追加
  rpm_roll[sense_rate-1] = rpm_cmp_roll;
  rpm_pitch[sense_rate-1] = rpm_cmp_pitch;
  // トリガーを設定
  const float threshold = 80.0; /* rpm(80) */
  const int point = 20; /* 測定ポイント(20) */
  if ((abs(rpm_roll[point-2]) < threshold
      && abs(rpm_roll[point]) > threshold)
   || (abs(rpm_pitch[point-2]) < threshold
      && abs(rpm_pitch[point]) > threshold)) {
    // 検出したアクションを出録
    for (int n = 0; n < sense_rate; ++n) {
      Serial.print(String(n)+",");
      Serial.print(String(rpm_roll[n],6)+",");
      Serial.println(String(rpm_pitch[n],6));
    }
    // 多重検出を防ぐためバッファーをクリア
    memset(rpm_roll,  0, sense_rate*sizeof(float));
    memset(rpm_pitch, 0, sense_rate*sizeof(float));
  }
  delay(1000/sense_rate); // データ出力まで待つ
}
```

学習済モデルを生成する

Neural Network Consoleを使って学習済モデルを生成する方法について解説していきます。データセットはあらかじめ用意されたものを使用します。データセットとNeural Network Consoleプロジェクトは、本書ダウンロードドキュメントの次の場所にあるので利用してください。

➡ **データセット**

Chap11/nnc_dataset/gesture_recog.zip

➡ **Neural Network Conole プロジェクト**

CHap11/nnc_project/gesuture_recognition.sdcproj

データセットの構成

データセットは次のような構成となっています。これらのデータセットは、Neural Network Consoleのデータセット管理画面からCSVファイル（管理ファイル）を開くことで登録できます。データセットの登録方法の詳細については4章を参照してください。

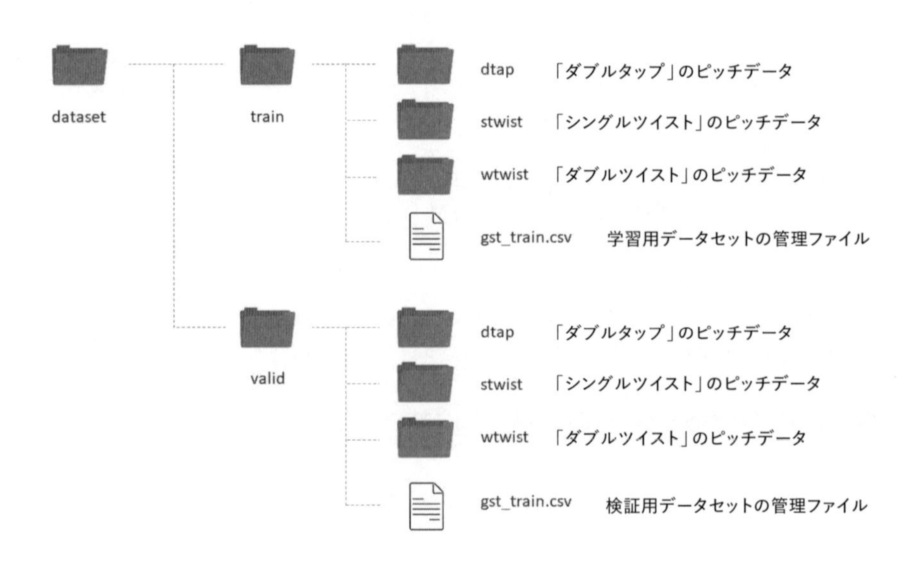

ニューラルネットワークの設計

今回ニューラルネットワークに入力するデータは、特徴がはっきり出ているピッチデータのみを用います。200サンプルとそれほどデータ量は多くありませんので、ここでは全結合層で構成したニューラルネットワークを使います。出力は「ダブルタップ」、「シングルツイスト」、「ダブルツイスト」の3クラスになります。ダブルタップはラベル値が「0」、シングルツイストのラベル値が「1」、ダブルツイストのラベル値は「2」になります。

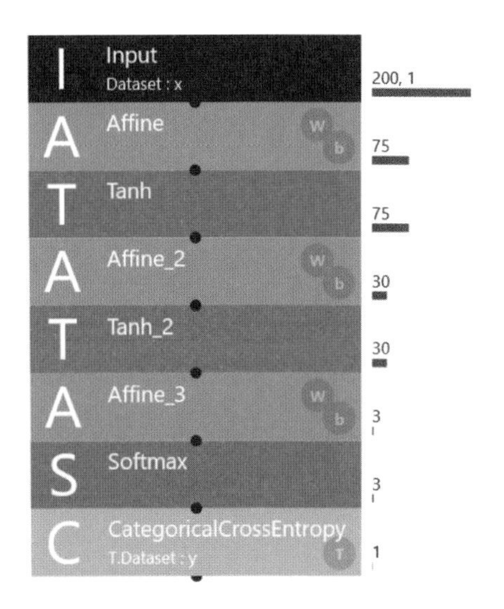

事前にデータのスクリーニングを行ってノイズデータを削除しておいたこともあり、精度が97%と学習はまずまずの結果となりました。ただ、学習データは私ひとりぶんのデータとなっています。さまざまな人の動作の癖にも対応させるためには、より多くのデータを用意したほうがよいでしょう。データセットの作り方は本章の最後に紹介していますので参照してください。

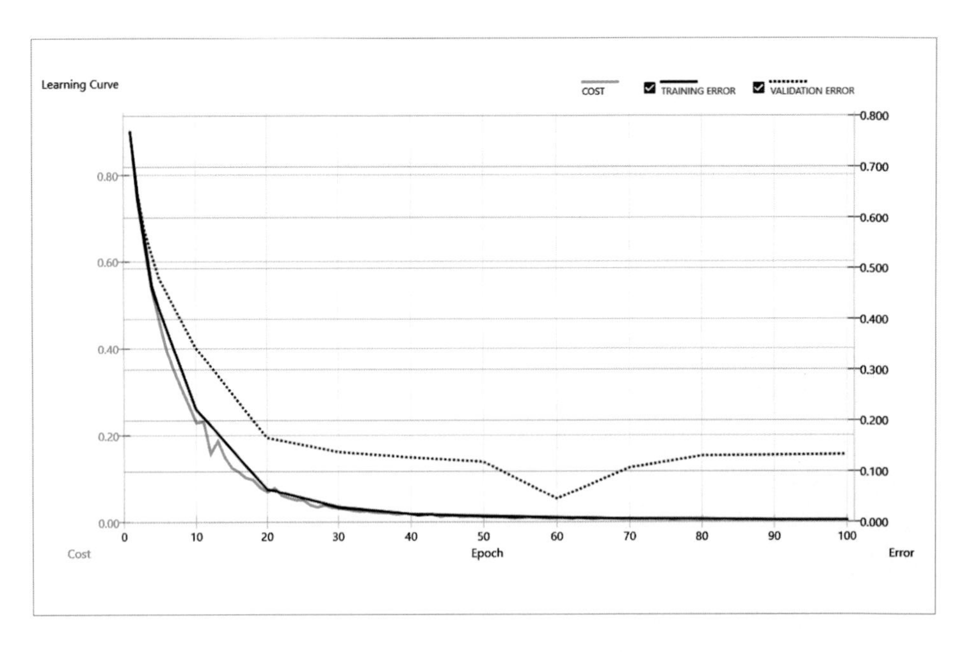

	y'__0	y'__1	y'__2	Recall
y:label=0	24	0	0	1
y:label=1	0	24	0	1
y:label=2	0	2	22	0.9166
Precision	1	0.923	1	
F-Measures	1	0.9599	0.9564	

Accuracy	0.9722
Avg.Precision	0.9743
Avg.Recall	0.9722
Avg.F-Measures	0.9721

学習済モデルを生成する

学習済モデルは、評価画面の学習結果リストの中で対象となる学習結果を右クリックし、「エクスポート」→「NNB(Nnabla C Runtime file format)」で生成できます。拡張子が「*.nnb」のものが学習済モデルになります。Spresenseの組み込み方法については6章「SpresenseでAIを動かす」を参照してください。

ジェスチャー認識を試してみる

ジェスチャー認識をLEDで確認する

学習済モデルまでできあがったので、ここでジェスチャーを認識するスケッチを作成します。スケッチは次の場所にありますので確認用にお使いください。

⇨ Chap11/sketches/gesture_recognition/gesture_recognition.ino

PCと接続する前に、LEDでジェスチャーを認識したかどうかを知らせるようにします。「ダブルタップ」を認識するとLED0が点灯し、「シングルツイスト」を認識するとLED1、「ダブルツイスト」を認識するとLED2が点灯します。

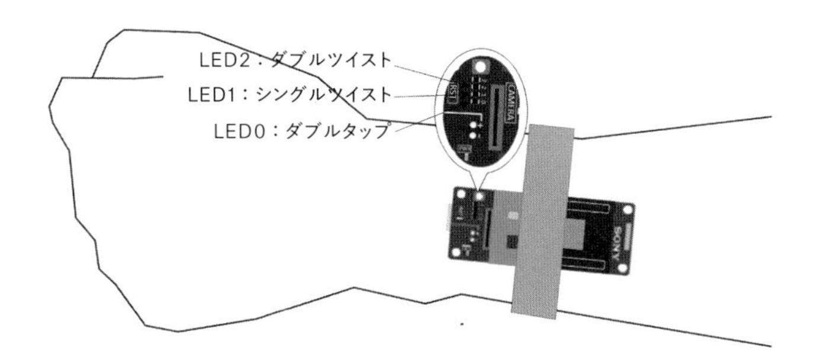

今回は拡張ボードを使用しないため、学習済モデルをSpresenseメインボードのフラッシュROMに送信する必要があります。データ転送用ツール「xmodem_writer」を使用します。各プラットフォーム向けの xmodem_writer の場所は6章の「ファイルシステムライブラリの使い方」の「FLASHライブラリ」を参照してください。

Windowsを利用している場合は、以下のコマンドで転送できます。この例は、COM3に接続されているSpresenseに「model.nnb」を転送しています。xmodem_writerとブートローダのバージョンが同じである必要があります。ブートローダを最新のものに更新してください。

```
$ xmodem_writer -d -c COM3 model.nnb
xmodem
>>> Install files ...
nsh> xmodem /mnt/spif/model.nnb
Install model.nnb
|0%----------------------------50%-----------------------------100%|
######################################################################

nsh>
Transfer completed.
```

認識処理のフローチャートを示します。学習済モデルの入力値は1.0〜−1.0の範囲にする必要があるため、演算結果で得られたセンサーのピッチデータを最大振幅で正規化します。

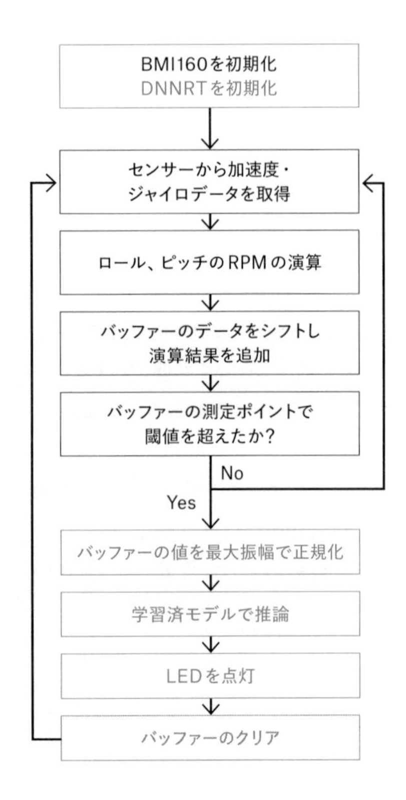

DNNRTの初期化は setup()関数内で行います。DNNRTのエラーの多くはメモリーエラーです。その場合、ニューラルネットワークのサイズを小さくする必要があります。入力データ数の削減ならびに中間層のノードの数を減らしてパラメーター数を調整してみてください。

● Spresense_BMI160_recognition.ino

```
#include <BMI160Gen.h>
#include <Flash.h>
#include <float.h>  // floatの最大値・最小値の定義
#include <DNNRT.h>
DNNRT dnnrt;

void setup() {
  Serial.begin(115200);

  // フラッシュROMにある学習済モデルをオープン
  File nnbfile = Flash.open("model.nnb");
  if (!nnbfile) {
    Serial.println("model.nnb not found");
    return;
  }
  // DNNRTライブラリを学習済モデルで開始
  int ret = dnnrt.begin(nnbfile);
  if (ret < 0) {
    Serial.println("DNNRT error: " + String(ret));
    nnbfile.close();
    return;
  }
  ... 省略（BMI160の設定） ...
}
```

DNNRTに入力するパラメーターは、ニューラルネットワークの構成からすべてのデータが1.0～-1.0の範囲内で収めなくてはならないため、バッファー内のデータを正規化する必要があります。バッファー内のデータの最大振幅を計測し、すべてのバッファー内のデータを最大振幅で割ることで正規化します。ピッチデータはプラスとマイナス両方の値を取りますので、バッファー内の最大値・最小値を探し、その絶対値の大きい方を最大振幅とします。

また、認識結果は確からしさが90%を上回っていることを条件としています。トリガーの判定処理が非常に単純なものなので、誤認識を防ぐためです。

● Spresense_BMI160_recognition.ino

```
void loop() {
  ... 省略（センサーの読み込み、バッファーにRPM格納）...
  // トリガーを設定
  const float threshold = 80.0; /* 回転速度(80rpm) */
  const int point = 20; /* 測定ポイント(20) */
  if ((abs(rpm_roll[point-2])  < threshold
      && abs(rpm_roll[point])  > threshold)
   || (abs(rpm_pitch[point-2]) < threshold
      && abs(rpm_pitch[point]) > threshold)) {
    // 最初のデータはセンサー起動直後のデータを拾うため捨てる
    static bool bInit = true;
    if (bInit) { bInit = false; return; }

    // 1.0~-1.0 の値になるように値を正規化
    float pmax = FLT_MIN;
    float pmin = FLT_MAX;
    for (int n = 0; n < sense_rate; ++n) {
      if (rpm_pitch[n] > pmax) pmax = rpm_pitch[n];
      if (rpm_pitch[n] < pmin) pmin = rpm_pitch[n];
    }

    DNNVariable input(sense_rate);
    float* data = input.data();
    float range = abs(pmax) > abs(pmin) ?
                  abs(pmax) : abs(pmin);
    for (int n = 0; n < sense_rate; ++n) {
      data[n] = rpm_pitch[n]/range;
    }
    // DNNRTで推論を実行
    dnnrt.inputVariable(input, 0);
    dnnrt.forward();
    DNNVariable output = dnnrt.outputVariable(0);

    // 0:ダブルタップ 1:シングルツイスト 2:ダブルツイスト
    int index = output.maxIndex();
    digitalWrite(LED0, LOW);
    digitalWrite(LED1, LOW);
    digitalWrite(LED2, LOW);
    if (output[index] > 0.9) { // 確からしさが90%以上
      switch(index) {
```

```
      //ダブルタップはLED0を点灯
      case 0: digitalWrite(LED0, HIGH); break;
      //シングルツイストはLED1を点灯
      case 1: digitalWrite(LED1, HIGH); break;
      //ダブルツイストはLED2を点灯
      case 2: digitalWrite(LED2, HIGH); break;
      }
    }
    // 多重検出を防ぐためバッファーをゼロクリア
    memset(rpm_roll,  0, sense_rate*sizeof(float));
    memset(rpm_pitch, 0, sense_rate*sizeof(float));
  }
  delay(1000/sense_rate);
}
```

学習データの収集

最後に、学習データの生成方法について解説します。学習データを収集するためのスケッチは、認識処理の部分を保存処理に置き換えることで実現できます。スケッチは次の場所にあるので参考にしてください。

⇨ Chap11/sketches/Spresense_gesture_collector/Spresense_gesture_collector.ino

学習データ収集用のスケッチ

学習データはSpresenseメインボードに搭載されているフラッシュROMに記録していきます。ジェスチャーを行うたびにバッファに蓄積されたデータをフラッシュROMにCSV形式で記録します。異なるジェスチャーを試す場合は、今回設定した閾値やトリガーが適切でない可能性があります。認識させたいジェスチャーのデータをよく観察し、必要に応じて変更してください。

スケッチは、認識処理の部分をファイル出力操作に置き換えるだけです。ファイル名は8文字以下、拡張子は3文字以下という制約があることに注意してください。

```
void loop() {
  ... 省略（センサーの読み込み、バッファにRPM格納）...
  // トリガーを設定
  const float threshold = 80.0; /*回転速度(80rpm)*/
  const int point = 20; /*測定ポイント(20)*/
  if ((abs(rpm_roll[point-2]) < threshold
      && abs(rpm_roll[point]) > threshold)
   || (abs(rpm_pitch[point-2]) < threshold
      && abs(rpm_pitch[point]) > threshold)) {

    static int g_loop = 0; // ファイルに付与する追番
    // 最初のデータはセンサー起動直後のデータを拾うため捨てる
    if (!g_loop++) return;
    // 1.0~-1.0 に正規化するため最大値・最小値を計測
    float pmax = FLT_MIN;
    float pmin = FLT_MAX;
    for (int n = 0; n < sense_rate; ++n) {
      if (rpm_pitch[n] > pmax) pmax = rpm_pitch[n];
      if (rpm_pitch[n] < pmin) pmin = rpm_pitch[n];
    }
    // 最大の絶対値で正規化
    float range = abs(pmax) > abs(pmin) ?
                  abs(pmax) : abs(pmin);
    for (int n = 0; n < sense_rate; ++n) {
      rpm_pitch[n] = rpm_pitch[n]/range;
    }
    char fname[16];
    sprintf(fname, "dt%03d.csv", g_loop); // ファイル名生成
    // すでにファイルがあったら削除
    if (Flash.exists(fname)) Flash.remove(fname);
    File myFile = Flash.open(fname, FILE_WRITE);
    if (!myFile) {
      Serial.println("File Open Error: "+String(fname));
      return;
    }
    // RPMの履歴をファイルに出力
    for (int n = 0; n < sense_rate; ++n) {
      myFile.println(String(rpm_pitch[n],6));
      Serial.println(String(rpm_pitch[n],6));
    }
    myFile.close();
    // 多重検出を防ぐためバッファーをゼロクリア
```

```
      memset(rpm_roll,  0, sense_rate*sizeof(float));
      memset(rpm_pitch, 0, sense_rate*sizeof(float));
    }
    delay(1000/sense_rate);
  }
```


学習データをSDカードに移動する

SpresenseのフラッシュROMに保存されたジェスチャーデータを活用するためにはSDカードに移動する必要があります。SDカードにデータを移動するためのスケッチは次の場所にありますので活用してください。

⇨ Chap11/sketches/Spresense_flash_to_sd/Spresense_flash_to_sd.ino

SDカードを利用するために、Spresenseメインボードを拡張ボードに装着して、このスケッチを書き込みます。書き込みが終了したらすぐにデータの移動を開始するので注意してください。余談になりますが、メインボードと拡張ボードのスペーサーには、Spresenseの技術ドキュメントで紹介されているものを使用すると便利です。

⇨ https://developer.sony.com/develop/spresense/docs/hw_docs_ja.html#メインボードでのミニスペーサーの使用について

念のため、スケッチの内容も解説します。このスケッチは、フラッシュROMのルートディレクトリに記録されたファイルを逐次SDカードに書き込み、コピーが終了したらフラッシュROM上にあるファイルを削除しています。また、SDカードに同じ名前のファイルがあった場合は削除するようにしています。これらは必要に応じて処理を変えてください。

● Spresense_flash_to_sd.ino

```
#include <SDHCI.h>
#include <Flash.h>
SDClass SD;

void setup() {
  Serial.begin(115200);
  while (!SD.begin()) { Serial.println("Insert SD Card"); }
  File flash_root = Flash.open("/");
  while (true) {
    // ルートディレクトリにある次のファイルをオープン
    File from = flash_root.openNextFile();
    if (!from) break; // ファイルがない場合は終了
    if (from.isDirectory()) continue; //ディレクトリはスキップ
    String str(from.name());
    // ファイル名からパス(/mnt/spif/)を削除
    str = str.substring(11);
    // CSVファイルでない場合はスキップ
    if (!str.endsWith(".csv")) continue;
    Serial.println(str);
    // SDカード上の同一名のファイルを削除
    if (SD.exists(str)) SD.remove(str);
    // SDカード保存用のファイルをオープン
    File to = SD.open(str, FILE_WRITE);
    while (from.available()) {
      to.write(from.read()); // データコピー
    }
    Serial.println("Copied " + str);
    from.close(); // フラッシュROM上のファイルをクローズ
    Flash.remove(str); // フラッシュROM上のファイルを削除
    to.close(); // SDカードのファイルをクローズ
  }
  Serial.println("All files copied");
}
void loop() {}
```

Neural Network Consoleに登録する

Neural Network Consoleにデータセットとして登録するには、それぞれのジェスチャーのCSVデータとラベルを対応付けした管理ファイルを生成する必要があります。管理ファイルは非常に簡単な作りで、ヘッダーに入力データと対応する出力（ここではラベル番号）を記述し、あとはCSVファイルへのパスと対応するラベル番号を記述したものです。この例では、ヘッダーに「x:gesture,y:label」と記述しています。これは入力「x」の名前が「gesture」、出力「y」の名前を「label」と定義しています。名前はアルファベットでわかりやすいものを付けるとよいでしょう。

各CSVデータにはラベルが割り付けられます。ここでは、gesture1のデータはラベル番号0、gesture2のデータはラベル番号1、gesture3のデータはラベル番号2が割り当てられています。

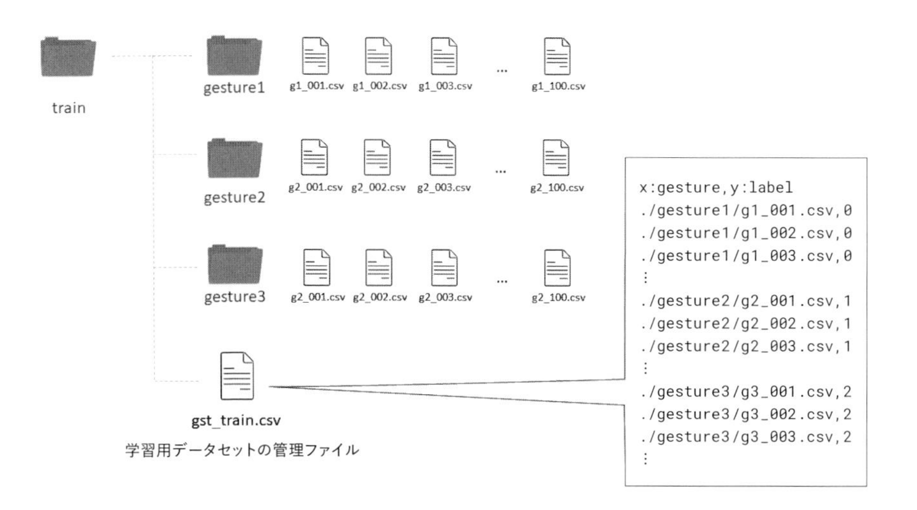

これと同じ構成のデータセットを評価用のものも作成し、Neural Network Consoleのデータセット管理画面で管理ファイルを開くことで登録できます。

データセットの登録方法は、4章を参照してください。

おわりに

2018年にSpresenseを発売してから、多くの方からエッジAIの書籍を出して欲しい、という要望をいただいていました。しかし、当時はエッジAIという言葉さえも一般的ではなく、マイコンでニューラルネットワークを動かそうという試みも始まったばかり。そのためアプリケーションの探索は手探りの状態で、AIを組み込む手法も体系立てて説明できる状態ではありませんでした。

それから3年が経過し、Spresenseを活用したエッジAIの利用シーンも徐々に増え、それに伴いエッジAI特有の課題も見えてきました。多くの場合、エッジAIは限られた環境下で起こる現象の監視に活用されます。マイコンという限られた計算リソースの中で効果を得るには環境を限定する必要があるためです。しかし、限られた環境であるがゆえに、一般のデータセットを活用することができず、独自のデータセットを準備する必要があります。

そのため、本書を執筆するにあたり、認識方法に加えてデータの収集方法についても記述することにしました。本書を読み進めた方ならお気付きだと思いますが、認識処理とデータ収集処理は共通点が多いためプログラムを共通化することが可能です。同じ端末でモードを変更することによってデータ収集と認識処理が行えるので、効率よく現場への導入ができるでしょう。本書によって、ローパワーのエッジAIの導入が一層促進され、環境にやさしく、より安全で安心できる社会の実現の一助になればと願っています。

本書を執筆するにあたり、多くの方たちのご協力をいただきました。ここで御礼を申し上げたいと思います。特にNeural Network Consoleの開発者であるソニーネットワークコミュニケーションズの小林氏には、深層学習の基礎理論を含め多くのご指南をいただきました。ここに深く御礼を申し上げます。

また、ソニーセミコンダクタソリューションズのSpresense関係者の方々には本書をまとめるにあたり多大なご協力をいただきました。誠にありがとうございます。

最後に、本書執筆にあたり休日深夜にわたり私を支えてくれた家族に深く感謝し、お礼を申し上げたいと思います。特に息子には学生の観点から多くのアドバイスをもらいました。この本をきっかけに、技術者を志す若者がローパワーエッジAIに興味を持ってくれたらうれしいです。

索引

記号

ア行

カ行

サ行

タ行

ナ行

ハ行

マ行

ヤ行

ラ行

ワ行

著者紹介

太田 義則

おおた よしのり

東京理科大学工学部卒、東京理科大学電気工学研究科修士課程修了。1993年富士写真フイルム株式会社入社。電子映像関連の開発に携わる。デジタルカメラフォーマット（EXIF）のGPS記録規格化、インターネットプリントサービスの開発・事業化を推進。2000年ソニー株式会社入社。ARIB/JEITAにて地上デジタルテレビ放送規格化とともにソニーのデジタルテレビ開発に従事。主にデータ放送対応機能を担当。その後、インターネット対応テレビの開発やスマートグラスの開発を担当。2016年ソニーセミコンダクタソリューションズ株式会社転籍。「SPRESENSE」の開発・事業化を担当。IoT普及の鍵は低消費電力システムとエッジAIにあると考え、インダストリー領域を中心に、AI/IoTが応用できる市場の探索を行っている。

SPRESENSEではじめるローパワーエッジAI

2022年2月25日　初版第1刷発行

著者　太田 義則（おおた よしのり）
発行人　ティム・オライリー

デザイン　STUDIO PT.、寺脇 裕子
編集協力　松下 典子
カバー写真撮影　ただ（ゆかい）

印刷・製本　日経印刷株式会社

発行所　株式会社オライリー・ジャパン
〒160-0002 東京都新宿区四谷坂町12番22号
Tel (03) 3356-5227　Fax (03) 3356-5263
電子メール japan@oreilly.co.jp

発売元　株式会社オーム社
〒101-8460 東京都千代田区神田錦町3-1
Tel (03) 3233-0641（代表）　Fax (03) 3233-3440

Printed in Japan (ISBN978-4-87311-967-0)